基礎からの統計学

早見 均・新保 一成 共著

培風館

本書の無断複写は，著作権法上での例外を除き，禁じられています。
本書を複写される場合は，その都度当社の許諾を得てください。

はじめに

　統計学が日常的に使われていることに気づいていない人も多い。そして，必要性に迫られて統計学を勉強しなければならず，ともかく手っ取り早くわかるHow To本に手を伸ばしている社会人や大学生も多いに違いない。確かに無駄に難しいことに時間をとられるのは頭が悪いとしかいいようがないが，統計学をものごとを簡単に判断するための道具としてだけ使っていると足元をすくわれることになる。2010年10月26日，英国の控訴院 (the Court of Appeal)で，ベイズの理論と尤度比をDNA鑑定以外の場合について「確かな」データにもとづかない限り使ってはいけないという判断が下された (R v T [2010] EWCA Crim 2439, www.bailii.org)。問題になったのは78万6千足のナイキの靴 (うち3%が容疑者と同じサイズ) が1996年から2006年の間に売られたという数値であるが，批判はベイジアンと尤度比の利用全体にわたった。鑑識は，容疑者のものであるという尤度と別人のものであるという尤度の比を計算し5という値，靴底のすり減り具合についても尤度比2，等々の値を得て，これらの尤度比を乗じて最終的に100というオッズ (ベイズ・ファクター) を得た。鑑識の証言は足跡は容疑者のものである可能性が高い「科学的証拠」と主張されていた。これが覆ったわけである。確かに，陪審員の判断が，専門家の証人に「同一になる確率はそうでない場合の100倍です」といわれると信用しすぎて誤ってしまう恐れもある。これを判断するには，どうやってその数字が計算されたのかそのメカニズムと前提を知る必要がある。

　この教科書は，利用している公式がどうやって導かれたのかをひととおり解

説してある．理解するのに必要な数学は，初級レベルの微積分である．しかし，難しいところは著者の「ひとりごと」と思って利用して欲しい．だいたいひどい部分は文字を小さくしてあったり，D. E. クヌースの TeX Book に使われた急カーブあり注意⚠記号を使っている．それから，統計学を築き上げてきた科学者たちの奮闘を知ってもらいたいこともあって，オリジナルが発表されたときの参考文献も注につけるようにした．これは統計学がおもしろくなってきたときに，やはりもとをたどればどういうことなのかという知識が必要になるからである．いまでも統計学の考え方は，1つではなく頻度論，ベイジアン，信託論 (少数派) にわかれている．この本は入門書なので，主流といわれている頻度論に近い立場でかかれているが，著者は統計学を応用する分野が専門なので，それほど真剣に論争に加わろうとは思わない．しかし，それぞれの考え方をごちゃまぜにして教えることはしたくないと考えている．

この本を書く上で影響を受けた本を紹介しておくと，統計的概念の考察には，小尾恵一郎・尾崎　巌・松野一彦・宮内　環 (2000)『統計学』NTT 出版に教えられるところが多かった．これまでずっと頼ってきた岩田暁一 (1983)『経済分析のための統計的方法』第 2 版，東洋経済新報社からは大きな影響を受けているといえる．ほかには，学部上級クラスで利用してきた以下の教科書である．基本概念を考えさせる D. Williams (2001) *Weighing the Odds*, Cambridge University Press，標準的な教科書である G. Casella and R. L. Berger (2002) *Statistical Inference*, 2nd ed., Duxbury や，G. A. Young and R. L. Smith (2005) *Essentials of Statistical Inference*, Cambridge University Press．統計的推論の基本問題を考えさせられたものとしては D. R. Cox (2006) *Principles of Statistical Inference*, Cambridge University Press．これらの著作が刊行されていくなかで 1990 年代半ばから始まったマルコフ連鎖モンテ・カルロ (MCMC) 法の流行もかなり落ち着いたが，ブートストラップ法とともに数値計算の好きな研究者にはこれからも利用されるに違いない．

培風館の松本和宣氏には，完成まで辛抱強くお待ちいただいて大変お世話になった．ここに記して感謝したい．

2012 年 2 月　　　　　　　　　　　　　　　　　　　　　　　　著　　者

目　次

はじめに　　　　　　　　　　　　　　　　　　　　　　　　　　　　i

1　確率の基礎　　　　　　　　　　　　　　　　　　　　　　　　1
1.1　確率とは —— 統計との関係で ・・・・・・・・・・・・・・　1
1.2　確率の定義・・・・・・・・・・・・・・・・・・・・・・・　4
1.3　確率変数と確率分布 ・・・・・・・・・・・・・・・・・・　13
1.4　確率変数の期待値 ・・・・・・・・・・・・・・・・・・・　20
　　　1.4.1　期待値と平均　　20
　　　1.4.2　分散　　24
1.5　大数の法則♣ ・・・・・・・・・・・・・・・・・・・・・　28
1.6　補論：普通の数列の収束と違うわけ♣ ・・・・・・・・・・　30

2　標本の統計理論　　　　　　　　　　　　　　　　　　　　　　33
2.1　母集団と標本抽出 ・・・・・・・・・・・・・・・・・・・　33
2.2　標本平均と標本分散の性質 ・・・・・・・・・・・・・・・　45
2.3　正規分布と中心極限定理 ・・・・・・・・・・・・・・・・　56
2.4　正規分布から導かれる分布♣ ・・・・・・・・・・・・・・　67

3　推定方法の基礎　　　　　　　　　　　　　　　　　　　　　　83
3.1　推定量の性質・点推定 ・・・・・・・・・・・・・・・・・　83

3.2	平均の区間推定 ････････････････････････	88
3.3	割合の区間推定 ････････････････････････	92
3.4	平均 μ の区間推定：分散が未知の場合 ･･････････	95
	3.4.1　大標本の場合　95	
	3.4.2　小標本の場合　96	
3.5	分散 σ^2 の区間推定 ･････････････････････	99
3.6	補論：最尤法♣ ････････････････････････	101

4 仮説検定の基礎　　　　　　　　　　　　　　　　111

4.1	統計学における仮説 ･･････････････････････	111
4.2	平均の検定 (分散は既知) ･･･････････････････	112
4.3	平均の差の検定 ････････････････････････	118
4.4	割合の検定 ･･････････････････････････	124
4.5	割合の差の検定 ････････････････････････	128
4.6	小標本の場合の仮説検定 ･･･････････････････	130
4.7	補論：尤度比検定♣ ･･････････････････････	135
4.8	補論：検定力とネイマン・ピアソンの補題♣ ･･････････	138
4.9	補論：ベイジアンの仮説検定♣ ･･･････････････	142

5 多変量分布　　　　　　　　　　　　　　　　　　145

5.1	結合確率分布 ･････････････････････････	145
5.2	条件付き分布 ･････････････････････････	152
5.3	分割表と適合度検定 ･･････････････････････	157
5.4	補論 1：変数変換♣ ･･････････････････････	162
5.5	補論 2：モーメント母関数♣ ････････････････	168
5.6	補論 3：適合度検定の分布♣ ････････････････	172

6 回帰分析　　　　　　　　　　　　　　　　　　　175

6.1	単純線形回帰モデルの定義 ･････････････････	176
6.2	最小 2 乗法による直線の当てはめ ････････････	178
6.3	標本回帰直線の当てはまりとモデル選択 ････････････	183

目　次　　　　　　　　　　　　　　　　　　　　　　　　　　v

　　6.4　最小2乗推定量の標本分布 ･･････････････････････187
　　　　6.4.1　最小2乗推定量の不偏性　187
　　　　6.4.2　最小2乗推定量の分散　192
　　6.5　回帰モデルにおける統計的推測 ･･･････････････････196
　　　　6.5.1　回帰係数の区間推定　198
　　　　6.5.2　回帰係数の仮説検定　199
　　6.6　補論：最小2乗推定量の導出 ･････････････････････202
　　6.7　補論：最尤法，モーメント法による線形回帰モデルの推定 ･208

練習問題解答　　　　　　　　　　　　　　　　　　　　　211

分 布 表　　　　　　　　　　　　　　　　　　　　　　　219

　標準正規分布表 ･････････････････････････････････････219
　χ^2 分布表 ･･･････････････････････････････････････220
　t 分布表 ･･221
　F 分布表 ･･･222

標準的な分布関数　　　　　　　　　　　　　　　　　　　227

　離散分布 ･･･227
　連続分布 ･･･229

索　引　　　　　　　　　　　　　　　　　　　　　　　　233

1 確率の基礎

1.1 確率とは ― 統計との関係で

　確率を正確に定義したのはそれほど古い話ではない。ロシアの数学者コルモゴロフが 1933 年に定義したとされている[1]。それまでは，たぶん読者と同じようになんとなく使ってきた。たとえば，渡ろうとする信号がことごとく赤であるとき，めったにないので今日はついていない，とか，確率は「つき」とかチャンスとして考えらることが多かった。

　統計ということばも同様にかなり適当に使われている。占いですら「統計学」といわれることがある。占いこそ「つき」のあるなしを予測してくれる手法ではないのか。どうして占いは統計学で確率論ではないのか。そもそもどうして統計論や確率学といわず統計学で確率論なのか。統計学の本には必ず確率論がでてくるが，なぜか意味がわからない。いったい確率と統計の関係はなんなんだ，という疑問が生じてきてもおかしくはない。

　こうしたもやもやを解消させる唯一の方法は，使ってみることである。つまり，確率的にものごとを考えてみる，統計的にものごとを考えてみることである。そうしているうちに，間違いをしながら，次第にわかってくるようにな

---

[1] A. N. コルモゴロフ『確率論の基礎概念』根本伸司・一條 洋訳，東京図書，1988 年 (原著 1933 年)。コルモゴロフ (Andrey N. Kolmogorov, 1903–1987) 以前にはラプラス (Pierre Simon de Laplace, 1749–1827) による「同程度確からしい」という概念，あるいはフォン・ミーゼス (Richard E. von Mises, 1883–1953, 経済学者 Ludwig の弟) の頻度解釈があった。

る[2]。

　確率的にものを考えてみる例として，試行回数と成功回数の頻度の比率を確率とするという場合がある．このやり方は確率の定義としてはまずいのだが，別に確率を定義しておけば問題ない．たとえば，正確な確率の定義が必要な確率を求めてみる．人類の数学利用は文明の歴史と同じ長さである．紀元前 1800 年ころのメソポタミアの数学から現在の 2010 年代のおよそ 4000 年のうち，正確な確率の定義が必要だったのは，80 年くらいである．つまり人類の文明にとって「正確な確率」が必要な確率は $80/4000 = 1/50$ である．意外と高いじゃないか．だが，こんな想定計算が正当化されるだろうか．

　もちろん，前提がなりたてば，正確な確率の定義が必要な確率は 1/50 であるといえるのである．現実に起きた歴史からその確率を推定する方法は，統計学の手法なのである[3]．そもそも，誰も「正確な確率の定義が必要な確率」などという確率は必要としていないだろうし，その値はわからないのである．そこをあえて推定しようとするなら 1/50 ということになる．同じ論理でいくと，数学や言語が必要な確率は 1 ということになる．これらがなければ，文明とはいわない．

　少し勉強したことがある人ならば，コインを投げたときに表の出る確率は 1/2 であると信じている．この確率は，実はつぎのように決められている．

　(1) コインには表と裏の 2 とおりのでかたがあり，それ以外はない．言い換えると，表か裏のいずれかが出る (何かが起きる) 確率は 1 であり，それ以外 (何も起きない) が出る確率はゼロである．(2) 表か裏の出る確率は 0 以上である．(3) 表がでれば裏はでない．この場合，表の出る確率と裏の出る確率は合計すると表か裏のいずれかが出る確率になる．以上の 3 つの条件が確率を正確に定義するための決まりの簡略版である．さらに，(4) コインは公平であるから，表と裏は正確に同じ確率である．

---

[2] 統計学 (statistics) には国家 (state) ということばが含まれいているように国の情勢を調べる学問としてのルーツがある．

[3] 年数で割っただけなのであるから，文明の進みかたが 4000 年で一定でなければならない，時間で平均したものと，必要性で平均したものが一致するなど．観察値から未知の値を推定する尤もらしい方法は，統計学で最尤法といわれている．こうした計算の前提がなりたつかどうかを確かめるのも統計学で行われている．

1.1 確率とは——統計との関係で

表 1.1　コイン投げ

	表 (H)	裏 (T)
1200 回	618 回	582 回
1190 回	586 回	604 回
2390 回	1204 回	1186 回

これだけそろうと，表の出る確率が 1/2 と計算されるのである．つまり表 (H, head) の出る確率を $\mathbb{P}(H)$，裏 (T, tail) の出る確率を $\mathbb{P}(T)$ とすると，(1) と (3) から，$\mathbb{P}(H)+\mathbb{P}(T)=1$，(4) から $\mathbb{P}(H)=\mathbb{P}(T)$．以上を解くと $2\mathbb{P}(H)=1$，$\mathbb{P}(H)=1/2$ である．

ここで疑い深い人間がやってきた．「(4) は本当なのか」とその人は主張する．このときその人の考えているコインは，現実のコインになる．勉強したことがある人はコインの確率を考えるとき，現実のコインを考えていたわけではない．理想のコインで思考実験をしていたのである．疑い深い人は，実際にコインを投げるだろう．そして，表 1.1 のような結果を得たとする．3 行目 (計) で表の出る割合を計算すると $1204/2390 = 0.50376569$ である．$1/2 = 0.5$ ではないと考えるだろうか，それともだいたい 0.5 かと考えるだろうか．

疑い深い人間はだいたい大雑把で，まぁこんなものかと思ってしまうに違いない．これが統計学を使っている人の典型である．1/2 の証明をする人は確率をやる人で，理想形を作って正確な確率を計算しようとする．

確率の計算では，理想のコインの表の出る確率 $\mathbb{P}(H) = 1/2$ のように確率の値が決められてからすべてがスタートする．ところが，統計の計算では，現実のコインの表の出る確率 $\mathbb{P}(H)$ そのものはコインを投げ尽くしたあとで得られるもので永遠に知られることがない．そこで有限回の試みの結果から $\mathbb{P}(H)$ の値を推定しようとする．ここに確率論と統計学の違いがある．

統計学では何でも調査をして推定すればよいのである．もちろんその前に常識をはたらかせて，いろいろ説明しなければならないことはあるだろう．「必要」の程度の指標として使っている時間 80 年を選ぶなら，定義にこだわるよりは先に進んだほうがよい．

1.2 確率の定義

確率は，事象という集合に対して，0 以上 1 以下の値を付与する関数である。通常は適当な集合を事象といって問題ないのだが，その要素の数が無限にあるような場合や要素が連続的で数えられないような場合には特別の配慮が必要である。といっても例外を除くように事象を少し狭い範囲に定義しなおすだけなので，数えられない場合には面積や体積が決まる集合と考えておけばよい[4]。

定義 1.1 (全事象，見本空間，Sample space or certain event) 全事象 あるいは見本空間 Ω とは，すべてのありうる結果が含まれる集合である。

例 1.1 (コイン投げ) コインを 1 回投げる試行の見本空間 Ω は，$\Omega = \{\,表,\,裏\,\}$ である。□

例 1.2 (さいころ投げ) さいころを 1 回投げる試行の見本空間 Ω は，
$$\Omega = \{1,2,3,4,5,6\}$$
である。□

定義 1.2 (事象，Event) 事象 A は Ω の部分集合 $A \subset \Omega$ である。

定義 1.3 (余事象，Complement) 事象 A の余事象 A^c とは，Ω の部分集合で，A に属しないものである。つまり事象 A が起きない事象である。全事象 Ω の余事象は，空事象 (impossible event) あるいは空集合 $\emptyset$ である。

例 1.3 (コイン投げ) コインを 1 回投げる試行の事象 A は，$\{\,表\,\}$，$\{\,裏\,\}$，$\{\,表,\,裏\,\}$，$\emptyset$ である。□

---

[4] 気になる読者はデイヴィッド・ウィリアムズ (2004)『マルチンゲールによる確率論』赤堀次郎・原啓介・山田俊雄訳，培風館 (*Probability with Martingales*, Cambridge University Press, 1991) あるいは，伊藤 清 (2004)『確率論の基礎』岩波書店や，さきにあげたコルモゴロフ (1933) など確率論の本を参考にしてほしい。

1.2 確率の定義

例 1.4 (さいころ投げ) さいころを 1 回投げる試行の事象 A は，$\Omega = \{1,2,3,4,5,6\}$ のすべての部分集合なので，6 つの要素から $0, 1, 2, \ldots, 6$ 個を選ぶ組み合わせの数 2^6 だけある[5]。□

なにかの試行 (trial) をしたときに起きる任意の事象 A について，その確率は
$$\mathbb{P}(A) \geq 0 \tag{1.1}$$
である。すべての事象を部分集合としてもつ全事象 Ω を考える。全事象 Ω の起きる確率 $\mathbb{P}(\Omega)$ は 1 である。すなわち，なにか起きる確率は 1 である。
$$\mathbb{P}(\Omega) = 1 \tag{1.2}$$

定義 1.4 (排反事象, Disjoint, or exclusive event) **排反事象**とは，ある事象 A が起きたとき，別の事象 B は起きないことである (図 1.1)。これを，**空事象** $\emptyset$ を使って
$$A \cap B = \emptyset$$
のように記す。

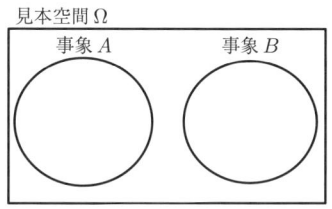

図 1.1 排反事象

例 1.5 (コイン投げ) コインを 1 回投げたときの事象「表」の排反事象は，「裏」である。裏と表は同時に出ることはない。□

---

[5] 2 項定理 $(x+y)^6 = {}_6C_0 x^0 y^6 + {}_6C_1 x^1 y^5 + \cdots + {}_6C_6 x^6 y^0$ を利用して，
$$_6C_0 + {}_6C_1 + {}_6C_2 + {}_6C_3 + {}_6C_4 + {}_6C_5 + {}_6C_6 = (1+1)^6$$

例 1.6 (血液型)　H 君の血液型が O 型である事象は，H 君が他の血液型 A, B, AB である事象と排反事象である。□

例 1.7 (排反ではない事象)　H 君がおやつにパウンドケーキを食べる事象とフィナンシェを食べる事象。同時に両方食べるかもしれない。□

　事象 A と B が排反のとき，ある事象 A と事象 B のいずれかが起きる確率 $\mathbb{P}(A\cup B)$ は，A が起きる確率 $\mathbb{P}(A)$ と B が起きる確率 $\mathbb{P}(B)$ を使ってつぎのように記せる

$$\mathbb{P}(A\cup B) = \mathbb{P}(A) + \mathbb{P}(B)$$

排反事象の列 A_1, A_2, ... を考えたとき，そのいずれかが起きる確率はそれぞれの起きる確率の和である。

$$\mathbb{P}(A_1\cup A_2\cup \cdots) = \sum_{i=1}^{\infty} \mathbb{P}(A_i) \tag{1.3}$$

この最後の前提は抽象的であるが，確率を定義するためにつくりだしたものである (可算加法性という)。要するにこうした条件を満たす関数を確率と呼ぶのである。これらからすべての確率の計算が導かれる。

定義 1.5 (確率, Probability)　確率とは，条件 (1.1), (1.2), (1.3) を満たす関数 $\mathbb{P}$ である。

定理 1.6 (加法定理, Addition rule)　排反事象の定義からは加法定理を導くことができる。加法定理はつぎのように述べられている (図 1.2)。A と B を事象とすると

$$\mathbb{P}(A\cup B) = \mathbb{P}(A) + \mathbb{P}(B) - \mathbb{P}(A\cap B)$$

これは，排反事象の確率を使って以下のようにして求めることができる。A の余事象を A^c と表わすと，$A\cup B = A\cup(B\cap A^c)$ で，A と $B\cap A^c$ は排反事象である。したがって，

$$\mathbb{P}(A\cup B) = \mathbb{P}(A\cup(B\cap A^c)) = \mathbb{P}(A) + \mathbb{P}(B\cap A^c)$$

1.2 確率の定義

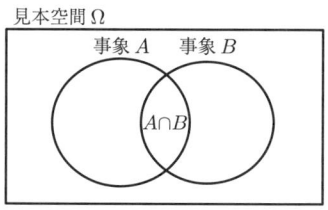

図 1.2 加法定理

ここで，$B = (B \cap A^c) \cup (A \cap B)$ で，$B \cap A^c$ と $B \cap A$ は排反であるから，

$$\mathbb{P}(B) = \mathbb{P}((B \cap A^c) \cup (A \cap B)) = \mathbb{P}(B \cap A^c) + \mathbb{P}(A \cap B)$$

$$\mathbb{P}(B \cap A^c) = \mathbb{P}(B) - \mathbb{P}(A \cap B)$$

を代入して得られる。■

条件付き確率とは，ある事象 B が起きたときに事象 A が起きる確率のことで，$\mathbb{P}(A|B)$ と記す。| の右側が条件となる。

例 1.8 (血液型と誕生星座) 血液型が B 型で，さそり座生まれである確率は，事象 B を血液型が B 型である事象，事象 Sco をさそり座生まれである事象とすると，$\mathbb{P}(Sco|B)$ と書ける。□

定義 1.7 (条件付き確率，Conditional probability) ある事象 B が起きたときに事象 A が起きる確率，条件付き確率はつぎのように定義される。

$$\mathbb{P}(A|B) \equiv \frac{\mathbb{P}(A \cap B)}{\mathbb{P}(B)}$$

☞ 条件付き確率は，条件となる事象が起きたときに起きる事象なので，この二つの事象が同時に起きる確率 $\mathbb{P}(A \cap B)$ に比例すると考えられる。未知の比例定数を s とすると $\mathbb{P}(A|B) = s\mathbb{P}(A \cap B)$ と書ける。s の値は事象 A が条件 B と同じであった場合 $A = B$ を代入すると得られる。すなわち，$\mathbb{P}(B|B) = s\mathbb{P}(B \cap B)$ であり，左辺は事象 B がすでに起きているとき事象 B が起きる確率であるから，$\mathbb{P}(B|B) = 1$ となる。$B \cap B = B$ であるから，$s = 1/\mathbb{P}(B)$ である。■

表 1.2 血液型と誕生星座

誕生星座		A	B	O	AB	小計
おひつじ	(3/21〜4/19)	0.0304	0.0111	0.0235	0.0083	0.0733
おうし	(4/20〜5/20)	0.0290	0.0249	0.0180	0.0166	0.0885
ふたご	(5/21〜6/21)	0.0456	0.0180	0.0180	0.0055	0.0871
かに	(6/22〜7/22)	0.0415	0.0207	0.0235	0.0111	0.0968
しし	(7/23〜8/22)	0.0387	0.0318	0.0415	0.0055	0.1176
おとめ	(8/23〜9/22)	0.0318	0.0180	0.0263	0.0083	0.0844
てんびん	(9/23〜10/23)	0.0415	0.0235	0.0166	0.0083	0.0899
さそり	(10/24〜11/21)	0.0152	0.0221	0.0180	0.0083	0.0636
いて	(11/22〜12/21)	0.0263	0.0207	0.0194	0.0111	0.0775
やぎ	(12/22〜1/19)	0.0249	0.0207	0.0277	0.0069	0.0802
みずがめ	(1/20〜2/18)	0.0249	0.0194	0.0166	0.0111	0.0719
うお	(2/19〜3/20)	0.0207	0.0138	0.0277	0.0069	0.0692
小計		0.3707	0.2448	0.2766	0.1079	1.0000

例 1.9 (血液型と誕生星座) 事象 B を血液型が B 型である事象，事象 Sco をさそり座生まれである事象とする．表 1.2 の数値は著者のクラスの 723 名の合計から求めた．この中から 1 人選んだ場合についての確率と考えればまぎれのない値である．一般的に考える場合には，723 人がどのくらい調べたい対象全体を代表しているかが問題となる (例 1.26 参照)．

血液型が B 型でかつさそり座生まれである確率 $\mathbb{P}(B \cap Sco)$ は，$\mathbb{P}(B \cap Sco) = 0.0221$ であり，B 型である確率は，$\mathbb{P}(B) = 0.2448$ である．B 型であることがわかったとき，さそり座である確率 $\mathbb{P}(Sco|B)$ は，

$$\mathbb{P}(Sco|B) = \frac{\mathbb{P}(B \cap Sco)}{\mathbb{P}(B)} = \frac{0.0221}{0.2448} = 0.0903$$

となる．これは，年平均して出生すると仮定して得られる $1/12 = 0.083$，あるいはデータで得たさそり座の比率 0.0636 よりも高い値だが…□

例 1.10 (就業状態の遷移) 事象 X_t を時点 t で就業している (E) か，無業であるか (N) を示すものとする．一年前の状態 X_{t-1} を条件として，今年の状態がどうなるかを示す確率は，

$$\mathbb{P}(X_t|X_{t-1})$$

と書ける．一年前の状態が就業しているとき，今年も就業している確率は

1.2 確率の定義

表 1.3 就業状態の遷移

		一年前の状態 X_{t-1}	
		就業 E	無業 N
今年の	就業 E	0.9453	0.1026
状態 X_t	無業 N	0.0547	0.8974
	合計	1.0000	1.0000

$$\mathbb{P}(X_t=E \mid X_{t-1}=E)$$

と書くことができる。

表 1.3 の例で，総務省 (2007)「就業構造基本調査」による継続就業の割合を"確率"であるとみなして計算するとつぎのように書ける。

$$\mathbb{P}(X_t=E \mid X_{t-1}=E) = 0.9453$$

以下同様に，一年前に無業であって，今年も無業の割合を確率と考え，

$$\mathbb{P}(X_t=N \mid X_{t-1}=N) = 0.8974$$

一年前に就業していて，今年無業になる割合は，つぎのように求められる。

$$\mathbb{P}(X_t=N \mid X_{t-1}=E) = 1 - 0.9453 = 0.0547$$

こうした計算ができるのは，今年の就業状態は，就業しているか無業かのいずれか (排反) であるためである。排反事象の確率は足し合わせることができ，条件付き確率でも全事象の確率は 1 となる。□

定理 1.8 (乗法定理，Multiplication rule) 条件付き確率の定義を変形すると**乗法定理**が得られる。

$$\mathbb{P}(A \cap B) = \mathbb{P}(B)\mathbb{P}(A|B)$$

定義 1.9 (独立な事象，Independence) 条件付き確率が，

$$\mathbb{P}(A|B) = \mathbb{P}(A), \text{あるいは } \mathbb{P}(A \cap B) = \mathbb{P}(A)\mathbb{P}(B)$$

になる場合，事象 A と事象 B は互いに**独立な事象**であるという。

$A \cap B = B \cap A$ であることを利用すると

$$\mathbb{P}(A|B)\mathbb{P}(B) = \mathbb{P}(A \cap B) = \mathbb{P}(B \cap A) = \mathbb{P}(B|A)\mathbb{P}(A)$$

となる。すなわち

$$\mathbb{P}(A|B) = \frac{\mathbb{P}(B|A)\mathbb{P}(A)}{\mathbb{P}(B)}$$

が得られる。

例 1.11 (血液型と男女比) 事象 A を血液型が A 型である事象,事象 M を男子である事象とする。表の値を確率とみなすと,血液型が A 型でかつ男子である確率 $\mathbb{P}(A \cap M)$ は,$\mathbb{P}(A \cap M) = 0.2650$,A 型である確率は,$\mathbb{P}(A) = 0.3732$,男子である確率は $\mathbb{P}(M) = 0.7063$ と書ける。男子であることがわかったとき,A 型である確率 $\mathbb{P}(A|M)$ は,

$$\mathbb{P}(A|M) = \frac{\mathbb{P}(A \cap M)}{\mathbb{P}(M)} = \frac{0.2650}{0.7063} = 0.3752$$

男子であることがわかったとき A 型である確率 0.3752 と,男女を含めての A 型である確率 0.3732 と非常に近いことがわかる。二つの事象が独立であれば,この値は一致する。□

表 1.4 血液型と男女比

	A	B	O	AB	小計
女性	0.1082	0.0623	0.0839	0.0393	0.2937
男性	0.2650	0.1639	0.2116	0.0658	0.7063
小計	0.3732	0.2261	0.2955	0.1051	1.0000

(数値は著者のクラスの 2264 名から求めた。)

定理 1.10 (ベイズ,Bayes' theorem☆) 一般にもし $A_1, A_2, \ldots, A_n$ が全事象 Ω の分割,すなわち互いに排反で $\Omega = \cup_{i=1}^{n} A_i$ となる場合で,かつ,それぞれの A_i がプラスの確率をもつ場合,$\mathbb{P}(B)$ は

$$\mathbb{P}(B) = \sum_{i=1}^{n} \mathbb{P}(B|A_i)\mathbb{P}(A_i)$$

と書くことができる。なぜなら,$B = B \cap \Omega = B \cap (A_1 \cup A_2 \cup \cdots A_n)$ で,分配律から,$B = (B \cap A_1) \cup (B \cap A_2) \cup \cdots \cup (B \cap A_n)$ となるからである。事象

1.2 確率の定義

A は任意の事象 A_j でかまわないので,

$$\mathbb{P}(A_j|B) = \frac{\mathbb{P}(B|A_j)\mathbb{P}(A_j)}{\sum_{i=1}^n \mathbb{P}(B|A_i)\mathbb{P}(A_i)}$$

が成立する。これをベイズの定理という[6]。■

例 1.12 (医療検査の感度と特異度 1) 医療検査では,その性能を表示するために,感度と特異度という数値を公表している。感度は,ある疾病に罹患している人が検査すると陽性と表示される確率である。

$$\text{感度} = \mathbb{P}\big(\text{陽性}\big|\text{当該の疾病に罹患している}\big)$$

$$\text{特異度} = \mathbb{P}\big(\text{陰性}\big|\text{当該の疾病に罹患していない}\big)$$

たとえば,ピロリ菌の検査の感度と特異度は表 1.5 のとおりである。

表 1.5 感度と特異度

検査法	培養法	鏡検法	迅速ウレアーゼ試験	尿素呼気試験	血清抗体	尿中抗体
感度 (%)	77–94	93–99	86–97	90–100	88–96	89–97
特異度 (%)	100	95–99	86–98	80–99	89–100	77–95

日本医師会編『最新 臨床検査の ABC』医学書院, 2007 年

この情報に対して年齢別にピロリ菌への感染比率の事前確率が,30 歳代で 20%,50 歳代で 50% などとわかっていると,検査後の感染についての事後確率が求められる。30 歳代にピロリ菌の尿中抗体による検査をした場合の事後確率を求める場合,つぎのように計算する。感度・特異度ともに最低の値を用いた場合では,

$$\text{感度}\mathbb{P}\big(\text{陽性}\big|\text{ピロリ菌に感染している}\big) = 0.89$$

$$\text{特異度}\mathbb{P}\big(\text{陰性}\big|\text{ピロリ菌に感染していない}\big) = 0.77$$

30 歳代で罹患していて検査で陽性になるのは,30 歳代の感染比率は 20% だから

$$\mathbb{P}\big(\text{陽性}\big|\text{ピロリ菌に感染している}\big)\mathbb{P}\big(\text{ピロリ菌に感染している}\big)$$

---

[6] ベイズの定理は,Thomas Bayes(1702?–1761) の死後発表された論文で有名になった。しかし,発見したのは誰であるか不明である。デイヴィッド・ハートレーが 1749 年の著書で「才気煥発な友人が逆問題についての解答を知らせてくれた」と書いていてこの定理について言及しているからである。ベイズがハートレーの友人である可能性は低いという。S. M. Stigler (2000) *Statistics on the Table*, Harvard University Press 参照。

罹患していて検査で陰性になるのは

$$\{1-\mathbb{P}(陽性|ピロリ菌に感染している)\}\mathbb{P}(ピロリ菌に感染している)$$
$$=(1-0.89)\times 0.20 = 0.022$$

罹患していないで検査で陰性になるのは

$$\mathbb{P}(陰性|ピロリ菌に感染していない)\mathbb{P}(ピロリ菌に感染していない)$$
$$=0.77\times 0.80 = 0.616$$

罹患していないのに検査で陽性になるのは

$$\{1-\mathbb{P}(陰性|ピロリ菌に感染していない)\}\mathbb{P}(ピロリ菌に感染していない)$$
$$=(1-0.77)\times 0.80 = 0.184$$

したがって,ベイズの定理 1.10 を使って事後確率を求めると

$$\mathbb{P}(ピロリ菌に感染している|検査で陽性) = \frac{0.178}{0.178+0.184} = 0.4917$$

ということで,49.2%ピロリ菌に感染している可能性がある,ということである。これを PPV(Positive Predictive Value) と呼んでいる。

$$\mathbb{P}(ピロリ菌に感染している|検査で陰性) = \frac{0.022}{0.022+0.616} = 0.0345$$

陰性でもピロリ菌がいる可能性は 3.5%である。陰性でピロリ菌がいない事後確率はNPV(Negative Predictive Value)という。この場合は $1-0.0345 = 96.55\%$ である。PPV や NPV の事後確率は,事前確率である検査対象の罹患率に影響されるが,感度と特異度は検査そのものの性能を表している。□

例 1.13 (医療検査の感度と特異度 2) 検査が考案されてから時間が短い場合,検査に対する感度と特異度は調査によって大きく異なることがある。表1.6 の例は,2009 年に流行した新型インフルエンザの迅速診断キットの感度と

表 1.6 新型インフルエンザ (H1N1) 迅速診断キットの診断能

	日本臨床内科医会による中間報告	CDC *MMWR*, 2009; 58:1029–1032.
感度	90.7%	47%
特異度	77.8%	86%

特異度の報告である。新型インフルエンザにかかって何時間後に検査をしたかによっても感度・特異度が大きく変化することが報告されている。□

練習問題

問1 コインを2回投げる場合の事象をすべて列挙しなさい。

問2 つぎの事象のペアは排反か。
   (i) 身長170cm以上と170cm未満。
   (ii) 年間所得300万円未満と貯蓄残高300万円以上。
   (iii) 善人，うそつき。

問3 つぎの条件付き確率を計算しなさい。
   (i) 例1.9の表を使って，さそり座生まれであることがわかったとき，血液型がB型である確率。
   (ii) 例1.10の表を使って，1年前に無業であった人が今年は就業する確率。

問4 例1.10の表が毎年成立しているとする。今年就業している人が100人，無業の人が100人いたとする。合計の人口が変わらないとすると，1年後に就業している人は何人で，無業の人は何人になるか。2年後ではどうか。

問5 例1.12のピロリ菌検査の例を使って，50歳代の人の検査の事後確率を計算しなさい。

問6 例1.13の新型インフルエンザの迅速診断キットの例で，事後確率が二つの報告でどれだけ異なるか計算しなさい。このとき，事前確率を，感染率が1%のときと10%のときで比較しなさい。

1.3 確率変数と確率分布

確率を計算するときに，つねに事象という集合から演算していると面倒なことがある。多くの確率モデルや統計モデルでの関心は，事象が起きた結果の数値である。

たとえば，宝くじには1等2億円，2等1億円などの賞がある。何等をとるかは事象である。しかし，関心は何等かよりも賞金である。

ここに**確率変数**を導入する理由がある。賞金は何等か決まれば一定の数値をとるので，賞金金額の数値とそれが得られる確率を関数関係でつなげるのであ

る。つまり $A=$「1等をとる事象」の確率 $\mathbb{P}(A)$ と表わしていたものを，$X=2$ 億円の確率 $\mathbb{P}(X=2)$ と表現するのである。

定義 1.11 (確率変数，Random variable)　確率変数 X とは，任意の事象に対しある値 (実数) が定義された変数のことである。

事象はどんな事象でも確率が計算できるから，事象と関数でつながっている確率変数 X には確率がつれそっている。このように確率変数が通常の変数と違うのは，確率が背後についている点である。確率変数は観察できる場合もあるし，観察できない場合もある。統計学で扱う確率変数はたいてい観察できる確率変数で，観察してしまったあとは，もはや確率変数ではなくなる。この区別は標本抽出について述べる第2章で基本的なものとなる。

たとえば，コインの公平性を疑問に思った疑い深い人が，コインを投げる前の状態を叙述する変数が確率変数 X であり，投げたあとの表か裏になった状態はもはや確率変数ではない。同じことは宝くじの券についてもいえる。抽選前の宝くじの券の賞金額は確率変数で，抽選後は，1等以外の賞金もあるが無視すると，2億円かゼロになってしまう。抽選前の値を表わすのに便利な変数が確率変数で，抽選後はわざわざ変数をもちださなくても値は確定しているわけである。

より一般に確率変数 X がある実数値 x 以下の値をとる確率を $\mathbb{P}(X \leq x)$ と書くことにする。このとき，一般に x の定義域は，$-\infty$ から $+\infty$ までである。確率 $\mathbb{P}(X \leq x)$ の値域は，0から1までである。

定義 1.12 (分布関数，Distribution function)　確率 $\mathbb{P}(X \leq x)$ を確率変数 X が x 以下の値をとる関数 $F_X(x)$ とみなして

$$\mathbb{P}(X \leq x) \equiv F_X(x), \quad -\infty < x < \infty, \quad 0 \leq F_X(x) \leq 1$$

と記すとき，$F_X(x)$ は確率変数 X の**分布関数**あるいは**累積分布関数** (cumulative distribution function) と呼ばれている。関数 F の添え字として X をつけるのは，確率変数 X についての分布であることを明示するためである。分布関

1.3 確率変数と確率分布

数の性質としては，x を増加していくと，$X \leq x$ となる事象の定義域がより大きくなるので，この事象が起きる確率も一定か増加する。したがって $F_X(x)$ も一定か増加する。これを $F_X(x)$ は x について非減少関数であるという。さらに分布関数は $\mathbb{P}(X \leq x)$ のように等号付きの不等号 $\leq$ で定義されると x を大きな値から極限をとるときには連続になる。すなわち $h \geq 0$ としたとき $\lim_{h \downarrow 0} F_X(x + h) = F_X(x)$ となるので，右連続関数である。

定義 1.13 (離散確率変数，Discrete random variable) x の値を動かしたとき，分布関数 $F_X(x)$ が階段状になる場合，**離散確率変数**とよび，確率変数 X は離散分布をもつという。

定義 1.14 (連続確率変数，Continuous random variable) 分布関数 $F_X(x)$ が連続である場合，**連続確率変数**とよび，確率変数 X は連続分布をもつという。

さきに，確率変数は確率が背後についているといったが，確率変数には分布がついていると言い換えることができる。そして，前節で述べたように確率と統計の関係は，この分布についての扱いの違いにあるといえる。ふつう確率論では確率変数の分布は既知であることを想定して議論をする。しかし統計学では確率変数の分布を決めるパラメーターは未知である。どのような分布関数に従っているかについても未知なことも多い。これらをデータから推定するのが統計学の目的の一つである。

以下では，原則としてローマ文字の場合，確率変数 (分布のある変数) は大文字で X, Y のように表わし，確率変数ではない普通の変数 (分布がない変数) を小文字 x, y と表わす。

例 1.14 (さいころ—離散確率変数) 確率変数 X がさいころの目の場合，$F_X(x)$ は表 1.7 のように書ける。

表 1.7 の 2 段目はみてわかる通り，$x = 1$ 以下の値をとる確率，$x = 2$ 以下の値をとる確率，などが記載されている。3 段目の $f_X(x)$ は x がある値をとる

表 1.7 さいころの目

x	⋯	−1	0	1	1.5	2	3	4	5	6	7	⋯
$F_X(x)$	⋯	0	0	1/6	1/6	2/6	3/6	4/6	5/6	6/6=1	1	⋯
$f_X(x)$	⋯	0	0	1/6	0	1/6	1/6	1/6	1/6	1/6	0	⋯

確率を記している.逆にいえば,2段目は3段目を累積的に合計していった値である.

3段目の値を与える関数 $f_X(x)$ を**確率関数**あるいは**確率質量関数**と呼んでいる.さいころの目の場合,確率質量関数のとる値が一定で $f_X(x) = 1/6$ なので,離散一様分布という.

表 1.7 を図示すると図 1.3 のようになる.離散確率変数なので階段関数となっている累積分布関数 $F_X(x)$ が描け,一方で棒グラフのような確率質量関数 $f_X(x)$ が描かれている.□

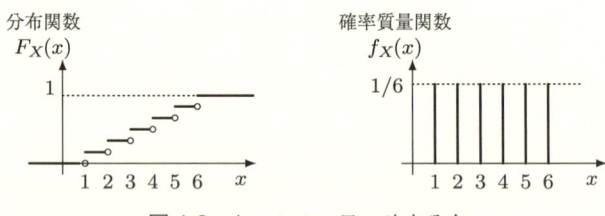

図 1.3 さいころの目の確率分布

定義 1.15 (確率質量関数, Probability mass function, pmf) 離散確率変数の場合で,

$$f_X(x) \equiv \mathbb{P}(X = x) \geq 0$$

となる関数 $f_X(x)$ を確率質量関数という.

例 1.15 (ベルヌーイ事象, Bernoulli event) つぎの確率質量関数をもつ確率変数 X をベルヌーイ事象(試行)という.p のことを成功する確率と呼ぶことが多い.

1.3 確率変数と確率分布

$$f_X(x) = \begin{cases} p & x=1 \text{ のとき} \\ 1-p & x=0 \text{ のとき} \\ 0 & \text{それ以外} \end{cases}$$

□

ベルヌーイ事象は1回のコイン投げに代表されるもっとも基本的な離散確率変数である。コインが表のとき $X=1$，裏のとき $X=0$ と定義しておけばよい。ほかにも，血液型がA型であれば $X=1$，それ以外なら $X=0$ と定義しておけば，ある人がA型である確率をベルヌーイ事象として扱うことができる。

定義 1.16 (離散確率変数の独立) 確率の事象の独立と同じように，離散確率変数 X, Y の独立についてもつぎのように定義できる。x と y を確率変数 X と Y がとる任意の値とする。事象 $\{X=x\}$ と事象 $\{Y=y\}$ が独立であるとは，

$$\mathbb{P}(\{X=x\} \cap \{Y=y\}) = \mathbb{P}(\{X=x\})\mathbb{P}(\{Y=y\})$$

となると定義されたように，すべての x, y について

$$\mathbb{P}(X=x \text{ かつ } Y=y) = \mathbb{P}(X=x)\mathbb{P}(Y=y) = f_X(x)f_Y(y)$$

となるとき，離散確率変数 X, Y は独立である。事象の $\{\ \}$ は適宜省略する。

定義 1.17 (確率密度関数，Probability density function, pdf) 連続確率変数の場合，分布関数 $F_X(x)$ を x で微分したもの $dF_X(x)/dx = f_X(x)$ を**確率密度関数**という。

この定義からわかるように，確率密度関数をマイナス無限大から x まで積分すると分布関数になる。

$$F_X(x) \equiv \int_{-\infty}^{x} f_X(z)dz, \quad -\infty < x < \infty$$

右辺は，積分範囲がマイナス無限大からの広義積分といい

$$\lim_{a \to -\infty} \int_a^x f_X(z)dz, \quad -\infty < x < \infty$$

で定義される。$F_X(x)$ の定義から，

$$F_X(\infty) = \lim_{x \to \infty} F_X(x) = \int_{-\infty}^{\infty} f_X(z)dz = 1$$

である。

確率変数 X が $a < X < b$ の値をとる確率は，つぎのように計算できる。

$$\begin{aligned}\mathbb{P}(a < X < b) &= \int_a^b f_X(x)dx \\ &= \int_{-\infty}^b f_X(x)dx - \int_{-\infty}^a f_X(x)dx \\ &= F_X(b) - F_X(a)\end{aligned}$$

例 1.16 (一様分布，Uniform distribution) 確率変数 X が実数の場合で，とる値が 0 から 1 までの一定の場合，連続一様分布という。この場合は表にはすべての $0 \leq x \leq 1$ の値を書くことができないので，グラフ図 1.4 のみが描ける。式で表現するとつぎのようになる。

$$F_X(x) = \begin{cases} 0 & \text{もし } x < 0 \text{ ならば} \\ x & \text{もし } 0 \leq x \leq 1 \text{ ならば} \\ 1 & \text{もし } 1 < x \text{ ならば} \end{cases} \quad f_X(x) = \begin{cases} 1 & \text{もし } 0 \leq x \leq 1 \text{ ならば} \\ 0 & x < 0 \text{ または } 1 < x \text{ ならば} \end{cases}$$

□

図 1.4 を見ればわかるように，分布関数 $F_X(x)$ は連続関数になっている。

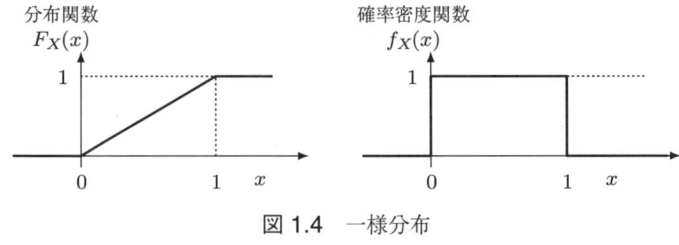

図 1.4 一様分布

1.3 確率変数と確率分布

例 1.17 (正規分布，**Normal distribution**)　これからよく利用する分布に**正規分布**がある。確率密度関数は指数関数で記述できるが，定積分は関数で表すことはできない。そのため積分は常に数値的なものになる。正規分布は，統計学でもっとも使われる分布関数である[7]。

$$F_X(x) = \frac{1}{\sqrt{2\pi\sigma^2}} \int_{-\infty}^{x} e^{-\frac{(z-\mu)^2}{2\sigma^2}} dz,$$

$$f_X(x) = \frac{1}{\sqrt{2\pi\sigma^2}} e^{-\frac{(x-\mu)^2}{2\sigma^2}}, \quad -\infty < x < \infty \tag{1.4}$$

□

例 1.18 (標準正規分布，**Standard normal distribution**)　正規分布で $\mu = 0$, $\sigma^2 = 1$ としたものを，**標準正規分布**という。しばしば X ではなく，Z を使って表される。

$$F_Z(z) = \frac{1}{\sqrt{2\pi}} \int_{-\infty}^{z} e^{-\frac{x^2}{2}} dx,$$

$$f_Z(z) = \frac{1}{\sqrt{2\pi}} e^{-\frac{z^2}{2}}, \quad -\infty < z < \infty \tag{1.5}$$

□

定義 1.18 (連続確率変数の独立)　x と y を確率変数 X と Y がとる任意の値とする。連続確率変数の独立については，事象 $\{X \leq x\}$ と事象 $\{Y \leq y\}$ の独立を利用して定義する。すなわち，

$$\mathbb{P}(\{X \leq x\} \cap \{Y \leq y\}) = \mathbb{P}(\{X \leq x\})\mathbb{P}(\{Y \leq y\})$$

のとき，事象 $\{X \leq x\}$ と事象 $\{Y \leq y\}$ は独立である。これよりすべての x, y について

$$\mathbb{P}(X \leq x \text{ かつ } Y \leq y) = \mathbb{P}(X \leq x)\mathbb{P}(Y \leq y) = F_X(x)F_Y(y)$$

---

[7] 別名は誤差分布，ガウス分布などともいわれている。名前の通り誤差が従う分布であり，ドイツの数学者 Johann Carl Friedrich Gauss (1777–1855) にちなんでつけられた。ガウスはメートルの基準となったダンケルクからバルセロナまで観測された地点の緯度の誤差の分布を扱っている。また，近代統計学の父といわれるケトレー (Adolphe Quetelet, 1796–1874) によってスコットランド兵士の胸囲の分布などさまざまな社会現象に適用された。最初にこの式を書き下したのはド・モアブル (Abraham De Moivre, 1667–1754) である。

となるとき，連続確率変数 X, Y は独立である．

練習問題

問 1 X は確率変数であるので，すべての X の値についてその確率の合計を計算すると全事象の確率となり 1 である．これをつぎの場合について確かめなさい．

    (i) ベルヌーイ事象の場合

    (ii) さいころの目の場合

    (iii) 区間 [0,1] の一様分布 (連続) の場合 (積分となる)，あるいは区間 $[a,b]$ $(b>a)$ の一様分布

問 2 正規分布の確率密度関数 $f_X(x)$ は平均 μ について左右対称となる．このことから，X が μ 以下である確率 $F_X(\mu)$ の値を求めなさい．

問 3 連続確率変数で，$X=x$ というある 1 点の値をとる確率が 0 であることを説明しなさい．

問 4 区間 [0,1] で定義された一様分布に従う連続確率変数が，$0.2<X<0.5$ となる確率を計算しなさい．

1.4 確率変数の期待値

1.4.1 期待値と平均

期待値ということばは聞いたことがあるかもしれない．たとえば，くじの賞金を考えてみよう．1 等の当たる確率が，$p_1=1/100{,}000$ で，2 等の当たる確率は $p_2=1/50{,}000$ であったとする．1 等の賞金が 10 万円で 2 等の賞金が 5 万円ならこのくじの賞金の期待値はというとつぎの計算をする．

$$\frac{1}{100{,}000}\times 100000 + \frac{1}{50{,}000}\times 50000 = p_1 x_1 + p_2 x_2 + p_3 x_3$$

このとき，1 等の賞金は $X=x_1=100000$, 2 等の賞金は $X=x_2=50000$ と書いたものが右辺である．X はさきに定義した確率変数である．右辺には $p_3 x_3$ という項が加えられている．これははずれの場合である．確率変数と確率はすべての事象について定義しておかなければならないので，はずれ $X=x_3=0$ も定義して，$p_1+p_2+p_3=1$ となるように整えておく必要がある．これをみ

1.4 確率変数の期待値

ればわかるように，期待値は確率変数にその起きる確率を加重とした平均である．実際に計算すると，くじ券1枚の平均金額は，2円である．くじの胴元はくじの印刷コストに賞金額の負担分である1枚2円より高い値段でくじ券を販売すれば必ずもうかる．

期待値の計算をする記号を $\mathbb{E}$ で表わすと，X のとる値が x_1, x_2, x_3 の3種類でその起きる確率が p_1, p_2, p_3 のとき

$$\mathbb{E}[X] = p_1 x_1 + p_2 x_2 + p_3 x_3$$

となる．より一般的に，離散確率変数の場合には確率質量関数 $f_X(x)$，連続確率変数の場合には確率密度関数 $f_X(x)$ を使って，期待値を定義するとつぎようになる．

定義 1.19 (期待値あるいは平均，Expectation, or mean)

$$\text{離散確率変数の場合：} \mathbb{E}[X] \equiv \sum_{\text{すべての } x} x f_X(x)$$

$$\text{連続確率変数の場合：} \mathbb{E}[X] \equiv \int_{-\infty}^{\infty} x f_X(x) dx$$

確率変数 X の期待値 $\mathbb{E}[X]$ は，確率変数 X の分布 $f_X(x)$ の平均 μ_X である．

$$\mu_X \equiv \mathbb{E}[X]$$

平均 (mean) は，ギリシャ文字で m を表す μ(ミュー) で表すことが一般的である．ここでは，添え字 X をつけて，確率変数 X の平均であるということを強調している．

ここで，期待値の記号の中の変数は確率変数であるから大文字の X で表記しているが，左辺の総和や積分のなかは単なる媒介変数なので普通の x であることに注意したい．

例 1.19 (ベルヌーイ事象の期待値・平均)　　ベルヌーイ事象は X のとる値が0と1の2つしかない離散確率変数だから，期待値の計算は，$x_1 = 1$, $x_2 = 0$ とすると

$$\mathbb{E}[X] = px_1 + (1-p)x_2 = p \tag{1.5}$$

となる。□

例 1.20 (一様分布の期待値・平均) 区間 $[0,1]$ の一様分布はもっとも単純な連続確率変数である。この期待値は，

$$\mathbb{E}[X] \equiv \int_{-\infty}^{\infty} xf(x)dx = \int_{0}^{1} x \cdot 1 \cdot dx = \frac{1}{2}x^2 \Big|_{0}^{1} = \frac{1}{2} \tag{1.6}$$

となる。□

例 1.21 (標準正規分布の期待値・平均♣) 標準正規分布にしたがう確率変数 Z の期待値 (平均) を計算してみる。この教科書では，あまり積分の計算は重視していないので，とばして結果だけを覚えておけばよい。右辺の u は積分の媒介変数なので，単なる記号で x でも y でもかまわない。

$$\begin{aligned}\mathbb{E}[Z] &= \int_{-\infty}^{\infty} u \frac{1}{\sqrt{2\pi}} e^{-\frac{u^2}{2}} du \\ &= -\frac{1}{\sqrt{2\pi}} \int_{-\infty}^{\infty} \frac{d\{e^{-u^2/2}\}}{du} du \\ &= -\frac{1}{\sqrt{2\pi}} \int_{-\infty}^{\infty} d\{e^{-u^2/2}\} = -\frac{1}{\sqrt{2\pi}} e^{-u^2/2} \Big|_{-\infty}^{\infty} \\ &= -\frac{1}{\sqrt{2\pi}} \left\{ \lim_{u \to \infty} e^{-u^2/2} - \lim_{u \to -\infty} e^{-u^2/2} \right\} = 0 \end{aligned} \tag{1.7}$$

すなわち，標準正規分布の平均 μ_Z はゼロ，$\mu_Z = 0$ である。□

定理 1.20 (期待値の性質) ここで，期待値の性質について示しておこう。定数 a の期待値は

$$\mathbb{E}[a] = a$$

期待値が計算できる確率変数 X と確率変数 Y について，$Z = aX + bY$ の期待値は，有限の値をとる任意の定数 a と b について

$$\begin{aligned}\mathbb{E}[Z] = \mathbb{E}[aX + bY] &= \mathbb{E}[aX] + \mathbb{E}[bY] \\ &= a\mathbb{E}[X] + b\mathbb{E}[Y] \end{aligned} \tag{1.8}$$

1.4 確率変数の期待値

$X \geq 0$ となる確率変数の期待値は，

$$\mathbb{E}[X] \geq 0$$

ただし，確率変数 X と Y の積の期待値は，期待値の積には必ずしもならない。

$$\mathbb{E}[XY] \neq \mathbb{E}[X]\mathbb{E}[Y]$$

のちに示すように，確率変数 X と Y が独立であれば，

$$\mathbb{E}[XY] = \mathbb{E}[X]\mathbb{E}[Y] \tag{1.9}$$

が成立する (第 5 章 2 節)。■

例 1.22 (正規分布から標準正規分布への変換)　いま標準正規分布に従う確率変数 Z の関数 $X = \mu + \sigma Z$ の期待値を考える。ただし μ は定数，σ は $\sigma > 0$ の定数である。

$$\mathbb{E}[X] = \mathbb{E}[\mu + \sigma Z] = \mu + \sigma \mathbb{E}[Z] = \mu \tag{1.10}$$

ここで，(1.7) 式の結果 $\mathbb{E}[Z] = 0$ を利用した。$z = (x - \mu)/\sigma$ のように積分の変数変換をすると $dz = \frac{dx}{\sigma}$ となるので，標準正規分布の確率密度 $f_Z(z)$ はつぎのように変換される。

$$\begin{aligned}
f_X(x)dx &= f_Z(z)dz = f_Z\left(\frac{x-\mu}{\sigma}\right)\frac{dx}{\sigma} \\
&= \frac{1}{\sqrt{2\pi}\sigma}e^{-\frac{(x-\mu)^2}{2\sigma^2}}dx \\
f_X(x) &= \frac{1}{\sqrt{2\pi\sigma^2}}e^{-\frac{(x-\mu)^2}{2\sigma^2}} \tag{1.11}
\end{aligned}$$

最後の (1.11) 式は，まさに正規分布の密度関数 (1.4) である。したがって，標準正規分布に従う確率変数 Z を $X = \mu + \sigma Z$ と変数変換すると，任意の正規分布に従う確率変数 X が得られることがわかる。(1.10) 式から，正規分布の期待値 (平均) は $\mathbb{E}[X] = \mu$ であることがわかる。□

1.4.2 分散

つぎに確率変数のちらばり度合いを示す指標である分散を定義しよう。図1.5 は，平均が同じ 0 でも，分散の大きい場合と小さい場合について図示している。分散の大小も期待値で定義されている。

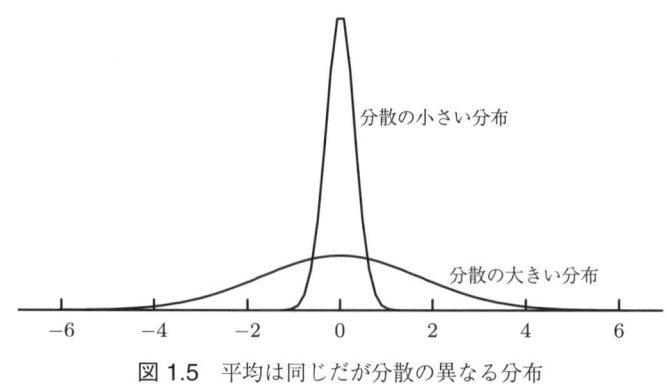

図 1.5 平均は同じだが分散の異なる分布

定義 1.21 (分散, Variance)

離散確率変数の場合： $\mathrm{Var}[X] \equiv \mathbb{E}[(X - \mathbb{E}[X])^2]$
$$\equiv \sum_{\text{すべての } x} (x - \mathbb{E}[X])^2 f_X(x)$$

連続確率変数の場合： $\mathrm{Var}[X] \equiv \mathbb{E}[(X - \mathbb{E}[X])^2]$
$$\equiv \int_{-\infty}^{\infty} (x - \mathbb{E}[X])^2 f_X(x) dx$$

分散は，ギリシャ文字で s の小文字を表す σ(シグマ) を使って，σ^2 と表すことが多い。確率変数 X の分散という意味で，添え字 X をつけて σ_X^2 が使われる。

$$\sigma_X^2 \equiv \mathrm{Var}[X] \equiv \mathbb{E}[(X - \mathbb{E}[X])^2]$$

期待値の記号 $\mathbb{E}$ をもちいると，離散確率変数でも連続確率変数でも同じように表現できるところが便利である。また，期待値の公式 (1.8) を使うとつぎの公式が導ける。

1.4 確率変数の期待値

$$\begin{aligned}
\mathrm{Var}[X] &\equiv \mathbb{E}[(X - \mathbb{E}[X])^2] \\
&= \mathbb{E}[X^2 - 2X\mathbb{E}[X] + \{\mathbb{E}[X]\}^2] \\
&= \mathbb{E}[X^2] - 2\mathbb{E}[X]\mathbb{E}[X] + \{\mathbb{E}[X]\}^2 \\
&= \mathbb{E}[X^2] - \{\mathbb{E}[X]\}^2
\end{aligned} \tag{1.12}$$

定義 1.22 (モーメント, Moment)　$\mathbb{E}[X]$ や $\mathbb{E}[X^2]$ のように，確率変数のべき乗の期待値を**モーメント**(あるいは積率) と呼んでいる。r 乗すると，r 次モーメントという。すなわち，$r = 0, 1, 2, \ldots$ について $\mathbb{E}[X^r]$ を r 次モーメントという。連続確率変数の積分や離散確率変数の総和が無限大に発散しないかぎり，定義できるが，分布関数の形によっては発散することもある。

例 1.23 (ベルヌーイ事象の分散)　離散確率変数 X がとり得る値は 0, 1 であり，1 が現れる成功確率 p を用いると，$f_X(0) = 1 - p$, $f_X(1) = p$ と表せる。先に例 1.19 で示した $\mathbb{E}[X] = p$ を使って，

$$\begin{aligned}
\mathrm{Var}[X] &\equiv \mathbb{E}[(X - \mathbb{E}[X])^2] = \mathbb{E}[(X - p)^2] \\
&= \sum_{x \text{ のすべての値}} (x - p)^2 f_X(x) \\
&= (0 - p)^2 (1 - p) + (1 - p)^2 p \\
&= (p^2 + (1 - p)p)(1 - p) \\
&= p(1 - p)
\end{aligned}$$

ベルヌーイ事象の分散は $p(1 - p)$ である。□

例 1.24 (一様分布の分散)　連続確率変数 X の確率密度関数 $f_X(x)$ は，区間 $[0, 1]$ の一様分布の場合 $f_X(x) = 1$ である。例 1.20 より期待値 $\mathbb{E}[x] = 1/2$ を用いて分散の定義に代入すると，

$$\begin{aligned}
\mathrm{Var}[X] &\equiv \mathbb{E}[(X - \mathbb{E}[X])^2] = \mathbb{E}[(X - 1/2)^2] \\
&= \int_0^1 (x - 1/2)^2 f_X(x) dx
\end{aligned}$$

$$= \int_0^1 (x-1/2)^2 \cdot 1 \cdot dx = \int_0^1 (x^2 - x + 1/4)dx$$
$$= \left[\frac{1}{3}x^3 - \frac{1}{2}x^2 + \frac{1}{4}x\right]_0^1$$
$$= \frac{1}{3} - \frac{1}{2} + \frac{1}{4} = \frac{1}{12}$$

区間 $[0,1]$ の一様分布の平均は $1/2$, 分散は $1/12$ である。□

例 1.25 (正規分布の分散☆)　正規分布の場合は，まず標準正規分布の分散を計算する。

$$\mathrm{Var}[Z] = \mathbb{E}[(Z-0)^2] = \mathbb{E}[Z^2] = \frac{1}{\sqrt{2\pi}}\int_{-\infty}^{\infty} z^2 e^{-\frac{z^2}{2}}dz$$
$$= -\frac{1}{\sqrt{2\pi}}\int_{-\infty}^{\infty} z \cdot d\left\{e^{-z^2/2}\right\} \quad \text{部分積分を用いると}$$
$$= -\frac{1}{\sqrt{2\pi}}\left[ze^{-z^2/2}\right]_{-\infty}^{\infty} + \frac{1}{\sqrt{2\pi}}\int_{-\infty}^{\infty} e^{-z^2/2}dz$$

確率密度関数の定義 $\frac{1}{\sqrt{2\pi}}\int_{-\infty}^{\infty} e^{-z^2/2}dz = 1$ より

$$\mathrm{Var}[Z] = 0 + 1 = 1 \tag{1.13}$$

一般の正規分布に従う確率変数 $X = \mu + \sigma Z$ については，期待値の公式 (1.8) を利用する。

$$\mathbb{E}[X] = \mu, \quad \mathbb{E}[Z^2] = 1 \text{ より}$$
$$\mathrm{Var}[X] = \mathbb{E}[(\mu + \sigma Z - \mu)^2] = \mathbb{E}(\sigma^2 Z^2) = \sigma^2 \mathbb{E}[Z^2]$$
$$= \sigma^2 \quad \square$$

定理 1.23 (和の分散)　それぞれの平均が μ_X, μ_Y, 分散が σ_X^2 と σ_Y^2 と定義された確率変数 X と Y の和 $X+Y$ の分散は，

$$\mathbb{E}[X+Y] = \mathbb{E}[X] + \mathbb{E}[Y] = \mu_X + \mu_Y$$

より

$$\begin{aligned}
\mathrm{Var}[X+Y] &= \mathbb{E}\left[\{X+Y-(\mu_X+\mu_Y)\}^2\right]\\
&= \mathbb{E}\left[(X-\mu_X)^2+(Y-\mu_Y)^2+2(X-\mu_X)(Y-\mu_Y)\right]\\
&= \mathbb{E}\left[(X-\mu_X)^2\right]+\mathbb{E}\left[(Y-\mu_Y)^2\right]+2\mathbb{E}\left[(X-\mu_X)(Y-\mu_Y)\right]\\
&= \mathrm{Var}[X]+\mathrm{Var}[Y]+2\mathbb{E}\left[(X-\mu_X)(Y-\mu_Y)\right]
\end{aligned}$$

ここで,確率変数 X と Y が独立ならば,期待値の性質 (1.9) より,最後の項は

$$\mathbb{E}\left[(X-\mu_X)(Y-\mu_Y)\right] = (\mathbb{E}[X]-\mu_X)\mathbb{E}[Y-\mu_Y] = 0$$

となる。したがって,確率変数 X と Y が独立ならば,

$$\mathrm{Var}[X+Y] = \mathrm{Var}[X]+\mathrm{Var}[Y]$$

あるいは,

$$\sigma^2_{X+Y} = \sigma^2_X + \sigma^2_Y$$

と書ける。4.3 節では差の分散を扱う。■

練習問題

問 1 つぎの値を求めなさい。

(i) 成功する確率がともに p の 2 つの独立なベルヌーイ事象 X_1 と X_2 の和 $Y = X_1 + X_2$ の期待値 $\mathbb{E}[Y]$ と分散 $\mathrm{Var}[Y]$。

(ii) 成功する確率が p の n 個の独立なベルヌーイ事象 $X_1, \ldots, X_n$ の和 $\sum_{i=1}^n X_i$ の期待値 (平均) と分散。

問 2 区間 $[0,1]$ の一様分布に従う 2 つの独立な確率変数 X_1, X_2 について,

(i) 和 $X_1 + X_2$ の期待値 (平均) と分散。

(ii) 差 $X_1 - X_2$ の期待値 (平均) と分散。

問 3 標準正規分布に従う 2 つの独立な確率変数 Z_1, Z_2 について,

(i) 和 $Z_1 + Z_2$ の期待値 (平均) と分散。

(ii) 差 $Z_1 - Z_2$ の期待値 (平均) と分散。

1.5 大数の法則

最後に,確率変数 X の性質の一つを取り上げる。平均 μ と分散 σ^2 が存在する (有限である) 場合につぎの関係がなりたつ。

定理 1.24 (チェビシェフの不等式)

$$\mathbb{P}(|X-\mu|{\geq}t\sigma) \leq \frac{1}{t^2}$$

あるいは同じことであるが,

$$\mathbb{P}\left(\frac{(X-\mu)^2}{\sigma^2}{\geq}t^2\right) \leq \frac{1}{t^2}$$

ただし, $\sigma < \infty$ である[8]。

これは確率変数 X が平均 μ から遠くに発生する確率の上限を示したものである。たとえば, $t = 3$ とすると,

$$\mathbb{P}(|X-\mu|{\geq}3\sigma) \leq \frac{1}{9} \approx 0.111$$

なので, 3σ より離れる確率は高々 10% であるということがいえる。

この不等式の証明には,つぎのインディケータ関数 I_A を使うと便利である。

$$I_A(x) = \begin{cases} 1 & x \in A \\ 0 & x \notin A \end{cases}$$

さらにベルヌーイ事象の期待値はその成功確率に等しいから,つぎの等式がなりたつ。

$$\mathbb{E}[I_A] = 1{\times}\mathbb{P}(X{\in}A) + 0{\times}\mathbb{P}(X{\notin}A) = \mathbb{P}(X{\in}A)$$

ここで,事象 A を $A = \{|X-\mu| \geq t\sigma\}$ とすると, $t\sigma > 0$ について,

$$(X-\mu)^2 \geq t^2\sigma^2 I_A$$

---

[8] チェビシェフ (Pafnuty Lvovich Chebyshev, 1821–1894) は Chebychev, Tchebychev, Cebysev, Tchebychoff などと綴られる。この不等式を見つけたのもチェビシェフではない。ビエニャメ (Irénée-Jules Bienaymé, 1796–1878) の 1853 年の論文をチェビシェフは 1867 年の論文で引用している (C. C. Heyde and E. Seneta (1974) "Studies in the History of Probability and Statistics. XXXI," *Biometrika*, 59(3), pp. 680–683.)。

1.5 大数の法則

と書ける。というのは，$X \in A$ が発生すれば $I_A = 1$ で $|X - \mu| \geq t\sigma$ が成立し，$X \notin A$ が発生すると，$I_A = 0$ となり，やはり $|X - \mu|^2 \geq 0$ だからである。この両辺の期待値をとると，

$$\mathbb{E}[(X-\mu)^2] \geq t^2\sigma^2 \mathbb{E}[I_A]$$

となり，左辺は $\mathbb{E}[(X-\mu)^2] = \sigma^2$ で，右辺は $\mathbb{E}[I_A] = \mathbb{P}(A) = \mathbb{P}(|X-\mu|{\geq}t\sigma)$ となる。したがって，

$$\sigma^2 \geq t^2\sigma^2 \mathbb{P}(|X-\mu|{\geq}t\sigma)$$
$$\mathbb{P}(|X-\mu|{\geq}t\sigma) \leq \frac{1}{t^2}$$

となる。■

チェビシェフの不等式で確率変数 X のところを標本平均 $\bar{X}$ で考えてみる。標本平均は $\bar{X} = \frac{1}{n}\sum_{i=1}^{n} X_i$ であり，標本平均の平均は $\mathbb{E}[\bar{X}] = \mu$，分散は $\mathrm{Var}[X] = \sigma^2/n$ となる。これは定理 2.8 (p.47) で証明する。

定理 1.25 (大数の弱法則)　$X_1,\ldots,X_n$ を独立で同一の分布に従う確率変数とし，分散 σ^2 は有限であるとする。このときすべての固定した $\epsilon > 0$ について

$$\mathbb{P}\left(|\bar{X}-\mu| > \epsilon\right) \leq \frac{\sigma^2}{n\epsilon^2}$$

とすることができる。サンプル・サイズ n を無限に大きくしてくと，右辺は 0 となる。つまり $\bar{X}$ が μ と異なる確率をかぎりなくゼロに近づけることができる。

チェビシェフの不等式の証明のところで，事象 A を $A = \{|\bar{X}-\mu| > \epsilon\}$，$I_A$ をそのインディケータ関数とすると

$$(\bar{X}-\mu)^2 {\geq} \epsilon^2 I_A$$

となり，この期待値を計算すると

$$\mathbb{E}[(\bar{X}-\mu)^2] = \frac{\sigma^2}{n}, \quad \mathbb{E}[I_A] = \mathbb{P}\left(|\bar{X}-\mu| > \epsilon\right)$$

となる (左辺の期待値は定理 2.8 による)。■

例 1.26（コイン投げの場合） コイン投げで，投げた回数 n が無限大になると，表の出る確率 $1/2$ になるという信仰は，大数の法則で確かめられる．成功確率が p のベルヌーイ事象の平均は p で分散は $p(1-p)$ であり，これを n 回投げた平均 $\bar{X}$ が表の出る回数 H の比率 $\bar{X} = H/n$ である．すなわち，

$$\mathbb{P}\left(|\bar{X} - p| > \epsilon\right) \leq \frac{p(1-p)}{n\epsilon^2}$$

となる．$p = 1/2$ のときには，

$$\mathbb{P}(|H/n - 1/2| > \epsilon) \leq \frac{0.25}{n\epsilon^2}$$

となって，n を大きくすると右辺はゼロに収束する．□

表 1.1 の場合 $n = 2390$ であるので，右辺は $0.000104603 \times 1/\epsilon^2$ となる．$\epsilon = 1/100$ の精度とすると，右辺は 1 を超えてしまうので意味がなくなる．試行回数が 2400 回程度だと 0.01 のずれはありうることになる[9]．

1.6 補論：普通の数列の収束と違うわけ🔑

確率や統計で扱う収束の概念には，(1) 大数の強法則に使われている，ほとんど確実に収束 (almost sure convergence)，(2) 大数の弱法則に使われている，確率収束 (convergence in probability)，(3) 中心極限定理 2.15 に使われている，分布収束 (convergence in distribution)，そのほかに平均 2 乗収束などがある．これは先に見たコインの表の出る確率の収束が，普通の数列の収束とは違うので，それを扱えるように考えられた収束の定義なのである．

---

[9] ここで述べた 2 項確率の場合のチェビシェフの不等式は，実はベルヌーイ (Jacob Bernoulli, 1654–1705) の大数の弱法則と呼ばれているつぎの不等式である．任意の小さな $\epsilon > 0$ と任意の大きな $c > 0$ について，ある N が存在して

$$\mathbb{P}\left(\left|\frac{X}{N} - p\right| > \epsilon\right) < \frac{1}{c+1}$$

とすることができる．これはチェビシェフよりも正確であり，100 年以上も前にベルヌーイは 1713 年に導出している．S. M. Stigler (1986) *The History of Statistics: The Measurement of Uncertainty before 1900*, Belknap Harvard University Press, pp. 63–70 や A. Hald (2003) *History of Probability and Statistics and their Applications before 1750*, Wiley, 第 16 章．

1.6 補論：普通の数列の収束と違うわけ

普通の数列の収束は，たとえば，
$$\lim_{n\to\infty}\frac{1}{n}=0$$
という関係である。

コイン投げで表の出る確率が 1/2 であるという場合，投げる回数を多くすると表の出る比率が 1/2 に近づく。これが大数の法則である。この現象は表 1.1 で見るように実験でも確かめられている。

その一方で，表の出る回数が正確に全回数の 1/2 になる確率は理論的に計算できる。たとえば，$2n$ 回投げて n 回表がでれば 1/2 なので，この確率を計算してみる。投げる回数 $2n$ を無限にすればこの事象 (うち n 回表の出る事象) が起きる確率は大きくなるだろうか確かめる必要がある。たとえば公平なコインを 6 回投げて 3 回表の出る確率は，(2 項分布に従うので)
$$_6C_3\left(\frac{1}{2}\right)^3\left(\frac{1}{2}\right)^{6-3}=\frac{6\cdot5\cdot4\cdot3\cdot2\cdot1}{3\cdot2\cdot1\cdot3\cdot2\cdot1}\left(\frac{1}{2}\right)^6=\frac{20}{2^6}=\frac{5}{16}$$
となる。

これを応用して，公平なコインを $2n$ 回投げて n 回表の出る確率は，表の出る回数 (確率変数) を X とすると
$$\mathbb{P}(X=n\mid N=2n,p=1/2)={}_{2n}C_n\left(\frac{1}{2}\right)^n\left(\frac{1}{2}\right)^{2n-n}$$
で計算できる。すなわち
$$\mathbb{P}(X=n\mid N=2n,p=1/2)=\frac{(2n)!}{n!n!}\left(\frac{1}{2}\right)^{2n}$$
このとき (2n)!を計算するのが，大きな値になるので結構大変になる。たとえば，Excel で=fact(171) と入力すると#NUM!（オーバーフロー）する。この計算を上手に行うのが，スターリングの公式という近似式である。x が大きいときに
$$x!\sim\left(\frac{x}{e}\right)^x\sqrt{2\pi x}$$
で計算できる[10]。これを代入すると

---

[10] 証明は高木貞治 (1961, 1983)『解析概論』改訂第 3 版，第 5 章 69 節を参照のこと。そこには剰余項の評価など詳細に記述されている。他には，W. Rudin (1976) *Principles of Mathematical Analysis*, 3rd ed., McGraw-Hill, 第 8 章 22 節を参照。それぞれ異なった証明方法である。実際，まさにこの 2 項分布の近似を行う場合でこの公式をはじめて導いたのも，ド・モアブルである (注 7)。スターリング (James Stirling, 1692–1770) は，ド・モアブルからの手紙でこの定数が $\ln\sqrt{2\pi}$ であることを発見したのである。S. M. Stigler (1986) 前出 pp. 72–77 および A. Hald (2003) 前出，第 24 章。

$$\mathbb{P}(X=n \mid N=2n, p=1/2) \sim \frac{1}{\sqrt{\pi n}}$$

が得られる。注意深く代入するとできるのでやってみよう。つまり，$n \to \infty$ とすると，$N=2n$ 回投げて n 回表の出る確率はゼロになる。これは普通の収束の概念にもとづいた計算だからである。

ここでは説明していない大数の強法則は，注 1 や注 4 にあげた確率論の本で勉強して欲しい。簡単に述べると，何度も繰り返しコインを投げて 1/2 に収束するかどうか実験をするが，この実験を 1 つの実現した経路と考える。そうすると確率 1/2 に収束しない経路が発生する確率はゼロである。これが大数の強法則である。あるいはほとんど確実に収束する経路が発生するという。

2 標本の統計理論

2.1 母集団と標本抽出

第 1 章でコイン投げの実験結果を紹介した (表 1.1)。このような実験を**確率実験**という。

定義 2.1 (確率実験, Random experiments)　つぎの 3 条件が満たされている実験を確率実験という。

- 条件 a　起こり得る 1 つ 1 つの実験結果 (outcome) すべてを事前に (a priori) 知ることができる。
- 条件 b　任意の試行 (trial) における実験結果は事前に予知できない。しかし，実験結果の生じ方に関する規則性 (regularity) を認めることができる (たとえば，ある結果が他の結果よりも起りやすいなど)。
- 条件 c　同じ条件 (identical condition) のもとで実験を繰り返すことができる。

特に同じ条件で実験を繰り返して得られる規則性を**統計的規則性**ということにする。

例 2.1　コイン投げで起こり得る実験結果は，表 (H) と裏 (T) ですべて事前にわかっている (条件 a)。これを 1 章では，事象と呼んだ。表か裏かは投げ

てみるまでわからない。しかし，表 1.1 に示されているように，試行回数を増やしていくと表の出る回数がだいたい 1/2 になってくるという規則性が認められる (条件 b)。同じ条件で何度もコインを投げることができる (条件 c)。よって，コイン投げは確率実験の 3 条件を満たしている。□

例 2.2 製造現場で行われる不良品調査，たとえば乾電池の寿命時間の検査なども確率実験である。起こり得る結果は，0 以上の実数である (条件 a)。乾電池の寿命時間は，すべて同じではないが平均的な値の回りに集中して散らばることは，電池の容量と化学反応の速度からわかる (条件 b)。ある製造メーカーのある特定の乾電池は，同じ条件のもとで生産されているので，不良品調査は同じ条件で繰り返すことができる (条件 c)。□

例 2.3 それでは，統計調査で得られる属性，たとえば家計のエンゲル係数[1]はどうだろう。起こり得る結果は，0 以上の 1 以下の実数である (条件 a)。家計の総消費支出額，居住地域，世帯主年齢，子供の数，菜食主義か否か，職場で食事が与えられるかどうかなどの家計属性，習慣，社会環境などをコントロール(control)[2]すれば，平均的な値の回りに集中して散らばり，何日間か食事をしなければ餓死する一方で食欲は胃袋の大きさで制限されているので規則性がある (条件 b)。

問題は条件 c である。政府が実施する「家計調査」などの統計調査は，毎年実施されている。しかし，景気の善し悪しなど家計を取り巻く経済環境や社会環境は変化しているのだから同じ条件での調査を実施できないという考え方もある。一方で，家計や企業の属性はコントロールできるので，原理的に同じ条件で繰り返し観察できると考えることもできる。以後，後者の考え方にもとづいて，調査データについても条件 c が成り立つものとする。□

---

[1] 家計消費支出額において食費のしめる割合をエンゲル係数という。
[2] 統計学においてコントロールあるいは制御という用語は，(1) 実験によって観察値を得る場合に，ある変数の状態を一定に保つこと，(2) 統計データにおいて同じ属性を持つ個体 (家計や事業者など) を集める，など条件を一定に保つという意味に使われる。分散分析などでは処置群 (treatment group) が何か処置を施したグループを指すのに対して，対照群 (control group) が処置を施さずに状態を一定に保ったグループを指す。

2.1 母集団と標本抽出

例 2.4　東京株式市場において A 社の株の毎日の終り値を観察する。起こり得る結果は，0 以上の実数である (条件 a)。特定の日付の終り値を事前に予知することができない。多くの人々は安く買い，高く売るために株価の情報を利用しているので，規則性は認められる (条件 b)。条件 c は成り立たない。なぜなら，歴史的時間に沿った受身の観察では，同じ条件で株価を観察できることは 2 度とないからである。これも「家計調査」と同じで，株価に関連する経済状況をすべてコントロールして観察すれば，同じ条件で観察しているとみなすことができる。しかし，それが 2 度起きるかどうかは非常にまれで，まして実験する側が決めることはできない。□

確率実験が可能な事象について，分析者が観察できるデータは，対象とする実験において起こり得る 1 つ 1 つの実験結果のすべてを要素とする集合から取り出されたものと考える。

定義 2.2 (母集団，Population)　観察の対象が実験や調査で測定されるごとにとり得るすべての値を要素とする集合を**母集団**と呼ぶ。母集団に属する要素の数を**母集団の大きさ**(population size) という。大きさが無限の母集団を**無限母集団**(infinite population)，大きさが有限の母集団を**有限母集団**(finite population) という。

例 2.5　コイン投げでは，見本空間は表 H と裏 T の 2 つの要素からなる集合であったが，母集団を考える場合には，結果を観察する試行に注目する。すなわち，コイン投げは原理的には何回でも試行することができるので，母集団は H と書かれた玉と T と書かれた玉が無数に入った袋を考えることになる。コイン投げという試行は，無限回繰り返して行うことができるので，袋の中の玉の数，すなわち母集団の大きさは無限である。□

例 2.6　乾電池の寿命時間の検査における母集団の要素は 0 以上の実数で，検査も無限回繰り返すことができるので母集団の大きさは無限である。□

例 2.7 「家計調査」によるエンゲル係数の母集団の要素は 0 以上 1 以下の実数をとる。それと 1 対 1 対応する家計という調査対象がもつ属性には無限の可能性があり，このような仮想的な母集団 (hypothetical population) の大きさは無限である。□

例 2.8 確率実験の条件 c を満たさなくても母集団を定義することは可能である。株価の終値の観察は，確率実験の条件 c を満たさないが，昨日までの株価の終値が与えられたものとして，今日の株価の終値がとり得る値のすべての集合を想定することは可能で，この場合，0 以上の実数が母集団で，やはり母集団の大きさは無限である。□

　確率実験の条件 b は，母集団から取り出された要素の値は，不規則であるが統計的規則性があることを意味している。母集団の各要素は観察の対象である。と同時にどのような値が観察されるかは，実験や調査をしてみなければわからない。そして観察される値にはなんらかの統計的規則性があると考えられるので，これを確率変数 X とそれが従う確率分布で表すことができる。

定義 2.3 (母集団分布, Population distribution)　　母集団の要素が従う分布を**母集団分布**という。

母集団分布は，確率変数 X が離散確率変数のときには確率質量関数 $f_X(x)$ で，連続確率変数の場合には確率密度関数 $f_X(x)$ で表現される。いったん観察の対象が確率変数 X であることを認めると，確率変数には $f_X(x)$ という確率分布が付与されるので，扱っている母集団は無限母集団ということになる。なぜなら，与えられた確率分布のもとで無限回の試行が可能だからである。

例 2.9 (2 項母集団, Binomial population)　　母集団が割合 p で，ある属性を持ち，$1-p$ である属性を持たない場合，**2 項母集団**という。このときの母集団分布はベルヌイ分布である。□

2.1 母集団と標本抽出

例 2.10 (正規母集団, Normal population) 母集団分布が正規分布の母集団を**正規母集団**という。□

母集団に含まれる要素をすべて取り出して見れば，母集団分布 $f_X(x)$ の形を知ることができる。たとえばコイン投げの場合，それが公平なコインであれば，母集団に含まれるすべての表 (H) の場合を数え上げればちょうど全体の 1/2 になっているはずである。歪んだコインであっても，母集団の H の数を数え上げれば，表の出る確率がわかるはずだ。

残念ながら，無限から有限の要素を取り出しても残りは無限なので，無限母集団の要素を全部とり出すことは定義的にできない。乾電池の不良品検査の場合には，生産した乾電池の全部を検査に使用してしまってはビジネスとして成り立たないので，母集団全体を調べることはあり得ない。エンゲル係数の場合には家計の全数調査を実施すればすべてが明らかになると思うかもしれないが，その母集団は，調査されていない家計属性—たとえば家計構成人員の健康状態—がさまざまな状態にあるときのエンゲル係数も含む概念であるから，調査だけですべてを知ることができるわけではない。

したがって，母集団分布 $f_X(x)$ の形を知るためには，母集団から抜き取られた有限の要素を手がかりに，部分から全体を推測するしかないのである。母集団から抜き取られた 1 組の要素の集合を**標本**あるいは**サンプル** (sample) という。そして，母集団からサンプルを抜き出すことを**標本抽出**(sampling) という。抽出されたサンプルの要素がどんな値をとるかは標本抽出の前にはわからないので，事前にはサンプルは**確率変数**の集合である[3]。

定義 2.4 (サンプル, Sample) $X_1, X_2, \ldots, X_n$ を母集団から抽出されたサンプル (標本) とする。$X_1, X_2, \ldots, X_n$ は，母集団分布 $f_X(x)$ に従う n 個の独立な確率変数である。これを**サイズ n のサンプル**あるいは**大きさ n の標本**という (n 個のサンプルあるいは標本ではない)。n を**サンプル・サイズ**あるいは**標本の大きさ**(sample size) という。

---

[3] 抽出されたサンプルを観察したのちには値は確定する。この値は実現した値 (realization) である。実現したサンプルの要素は確率変数ではない。

標本抽出を行うと n 個の確率変数に具体的な実現値が定まり，n 個の**観察値**(observation) を得ることができる．観察値は，もはや確率変数ではない．そのため区別するために，原則として小文字の $x_1, x_2, \ldots, x_n$ で記す．観察値の集合を**データ**(data) と呼ぶこともある．

母集団からサンプルを抽出し，母集団分布についての推測を行うことを**統計的推測**(statistical inference) という．母集団分布の形を2項分布や正規分布に特定して，そのパラメター (2項母集団の p，正規母集団の μ, σ) をサンプルによって推測することを**パラメトリック**(parametric) な方法といい，母集団分布のパラメターを**母数**(parameter) という．また，母集団分布の形を実験や統計データから得られるサンプルによって計算される経験的分布から推測する方法を**ノンパラメトリック**(non-parametric) な方法という．統計学の目的は，対象とする変数の母集団に関する知識を増やすことだといっても過言ではないのである．

サンプルを手がかりに母集団分布の形を推測するためには，サンプルで選んだ部分が母集団分布の形を偏りなく映し出した縮図になっていることが望ましい．たとえば「家計調査」を実施するのに，大都市の高級住宅に居住する家計のみを調査したり，反対にスラムに暮らす人々のみを調査した場合には，そのサンプルは母集団分布の縮図とはいえないであろう．このようなサンプルの偏りを回避する抽出方法に**無作為抽出**がある．

定義 2.5 (無作為抽出，Random sampling)　　無作為抽出とは，母集団を構成するどの要素も他の要素の選ばれ方に無関係に，**相等しい確率で選ばれる**ことが保証されるようにサンプルを抽出する仕方である．抽出されたサンプルを**無作為標本**(ランダム・サンプル，random sample) という．

一度抽出されて観察された要素は二度抽出されず，サンプルに含まれる要素がすべて異なる場合を**非復元抽出**(sampling without replacement) と呼び，同じ要素が2回以上出現することを許す場合を**復元抽出** (sampling with replacement) と呼ぶ．無限母集団の場合には，復元抽出も非復元抽出に差はない．

2.1 母集団と標本抽出

より具体的な標本抽出の方法は，標本調査論という分野で詳細に論じられている。特に，生活状況の調査，テレビの視聴率の調査，世論調査などの社会調査の場合には，調査対象となる主体（調査単位）の数が有限である。こうした調査の目的は，たとえば，現時点で介護が必要な家族をもつ家計の生活状況，ある番組の瞬間視聴率，内閣支持率などの現状がどうなっているかをできるだけ正確に把握することが目的である。

もちろん，母集団分布がどのような形状をしているかという調査目的をまったく逸脱するわけではないが，調査時点が変われば，調査対象の属性も変わり，結果も変わることが前提となっている。つまり，調査対象はパラメーターで固定している母集団分布ではなく，「国勢調査」があった 2010 年 10 月 1 日の日本の人口など，そのときどきのものとなる。このような場合には，無限母集団を前提とした母集団分布の推定ではなく，むしろそのときどきの調査単位の集合を示す有限母集団を前提にした調査方法が議論される。歴史的時間のある断面を調査するような社会調査の場合，復元抽出は不可能で，繰り返し実験もできない状況で，調査単位全体の個数は有限である。有限母集団では，全数調査あるいは悉皆調査 (complete survey) が理想であるが，予算や費用の問題から標本抽出をおこなう調査が行われる。

日本の場合では，「国勢調査」や「事業所企業統計」のような全数調査を母集団のフレームとして，これにもとづいて抽出が行われる。母集団のフレームの情報を用いて標本調査する場合，全くの無作為抽出ではなく，調査区や事業所規模によって層化したあとで乱数にもとづく無作為抽出がおこなわれることが多い。各調査区で抽出率が同じになるように設計したり，大規模事業所については全数調査を行って社会調査としての精度を向上しようとしている。無限母集団を想定した統計的分析の場合でも，有限母集団を扱う標本調査論の場合でも，一部の観察データから母集団を推計する手法は異なるものではない。

大きさ N の母集団からサイズ n のサンプルを非復元で単純無作為抽出してみよう。無作為抽出の手続きは，つぎのように行う。

1. 母集団の各要素に 1 から N の重複のないように通し番号をを振る。
2. 1 から N の整数からなる n 個の**乱数**(random number) を乱数表，乱数賽，あるいはコンピューターによる**擬似乱数**(pseudo-random number)

によって発生させる。非復元抽出の場合，もし選ばれた乱数に重複する番号が出たら，重複がなくなるまで乱数の発生を繰り返す[4]。

3. 母集団から対応する番号の要素を抽出する。

有限母集団の非復元抽出で乱数を発生させて順番に抽出すると，最初にある値を選ぶ確率が $1/N$，残りの $N-1$ 個から 1 つ選ぶ確率は $1/(N-1)$ 等々となり，条件付き確率分布となる。この場合には，どの調査単位についても同じ確率で選ぶ無作為抽出ではなくなることに注意したい。

例 2.11 コンピューターによる擬似乱数を使って標本抽出を実行してみる。10 世帯の家計からなる母集団 U を考える (大きさ 10 の有限母集団)。属性値として各家計のエンゲル係数が与えられている。最初に母集団 U のエンゲル係数の集合をつぎのように設定する。

$$U = \{0.347, 0.652, 0.341, 0.687, 0.423, 0.302, 0.511, 0.772, 0.540, 0.440\}$$

擬似乱数を使って，母集団 U からサイズ 3 のサンプル (X_1, X_2, X_3) を非復元抽出する。この段階では X_1, X_2, X_3 がどんな値をとるのかについては，U の中のどれかというだけであって，具体的に知ることはできない。つまり X_1, X_2, X_3 は確率変数である。擬似乱数によって，8 番目，3 番目，10 番目の家計が選択されたとする。このとき，確率変数 X_1, X_2, X_3 の実現値が $x_1 = 0.772, x_2 = 0.341, x_3 = 0.440$ となって観察される。すでに確定した $0.772, 0.341, 0.440$ は，確率変数ではない。□

例 2.12 データを使ってエンゲル係数の分布を描いてみることにする。サイズ 100 のサンプルでインド家計のエンゲル係数についてのサンプルの頻度分布を描くと図 2.1 のようになる。頻度を縦軸に描いた標本分布をヒストグラム (histogram) という (a)。

　右の図 (b) は，箱髭図 (boxplot) という表現方法である。中央の太い線は，

---

[4] 擬似である理由は，非常に大きな値だが周期があるからである。大量の抽出になると同じ並びで数字が発生してくることがある。乱数表の概念，乱数表による単純無作為抽出のやり方については岩田暁一 (1983)『経済分析のための統計的方法』第 2 版，東洋経済新報社の第 4 章 標本抽出を参考。

2.1 母集団と標本抽出

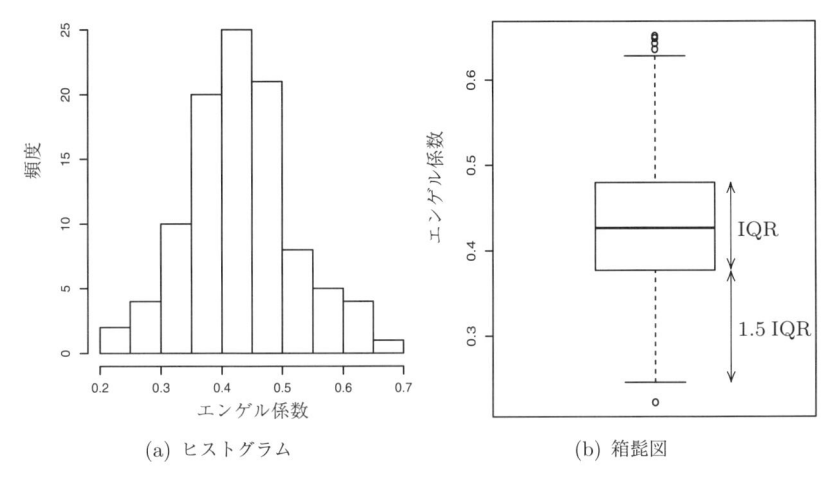

(a) ヒストグラム　　(b) 箱髭図

図 2.1　ヒストグラムと箱髭図による標本分布

資料: The 61st round(July 2004-June 2005) of National Sample Survey on household consumption expenditure, National sample survey organization, Government of India. 都市部に居住し，世帯主年齢が 30 歳以上 40 歳未満，調査時点で過去 30 日間の 1 人あたり家計総消費支出額が 930 ルピー以上 1100 ルピー未満の家計から無作為に抽出したサイズ 100 のサンプル。ちなみに，日本のエンゲル係数の全国平均の値は，23.4%である。総務省 (2009)『家計調査年報』による。

標本中位数または標本中央値 (サンプル・メディアン, sample median) である。この値より小さい観察値の数と大きい観察値の数が等しい値である。母集団の分布 F で 50%の点は，$0.5 = F(\text{median})$ となる値 median で，これは (母集団の) 中位数である。

箱はサンプルの第 1 四分位 (first quartile) と第 3 四分位 (third quartile) の間を示している。標本四分位 (sample quartile) は観察されたデータを小さい順に並べ替えて，各値の間に全体の 1/4 が含まれるような区切りの数である。第 1 四分位はこの値以下に小さい方の 1/4 の観察値が含まれることになる。第 3 四分位はこの値より大きい値が 1/4 の観察値が含まれる。したがって，箱の中には全体の半分の観察値が含まれることになる。母集団の分布 F では，$0.25 = F(\text{第 1 四分位})$, $0.75 = F(\text{第 3 四分位})$ となる値 (母集団の第 1 四分位，第 3 四分位) である。

第 3 四分位と第 1 四分位の差を四分位間範囲 (IQR, interquartile range) という。点線でつながれた直線の位置は，第 3 四分位に四分位間範囲 (IQR)

の 1.5 倍の値を加えた値以下の観察値で最大の値を示している．同様に，下方の点線でつながれた下線の位置は，その値を第 3 四分位から引いた値以上の観察値で最小の値の位置である．直線の外側の〇印ははずれた観察値である．

箱髭図を見ると，左のヒストグラムの形がほぼわかり，**はずれ値** (outliers) がどのくらいあるかもわかる．この場合は，中央の箱がほぼ真ん中にあり，さらにその中央付近に中位数があるのでかなり左右対称に近い分布をしていることがわかる．□

非復元抽出の場合の数は，母集団の要素の個数を N，サンプル・サイズを n とすると，順序が異なると違うものとする場合は，サンプルの選び方は

$$N!/(N-n)!$$

とおりである．同様に，選ばれる順序を問わない場合には，

$$_N C_n \equiv N!/\{n!(N-n)!\}$$

とおりである．

復元抽出する場合には，選ばれる順番が異なると違う組合せとする場合は，サンプルの選び方は N^n とおりある．この場合には，N^n とおりのどのサンプルについても常にサンプルの要素は $1/N$ の確率で選ばれることになるので，無限母集団の無作為抽出と同じことになる．選ばれる順番を問わない場合には，

$$_{N+n-1} C_n = (N+n-1)!/\{n!(N-1)!\}$$

とおりある．

実験にもとづく標本抽出であれば，実験結果を測定することが前提になっている．その場合，結果をもたらす条件，たとえば電圧と磁場を少しずつ変化させて電気抵抗を計測することが可能である．この場合，電気抵抗が結果変数で反応 (response)，電圧や磁場は処置ないし処理 (treatments) と呼ばれている．処置変数以外の材料の状態 (温度，電流の強さ，材料の不純物) に関する属性は人為的に一定に保つことが可能である．しかし，ある政策の経済効果を測定しようとしたり，新製品についての売上予測をするという場合には，標本抽出する側が観察する際の条件を自由に変更できないことが多い．そのため，受動的

な観察にもとづく標本抽出を行う場合，ある政策・処置や処理 (treatment) の影響と，観察される単位 (unit) の属性を独立に保つことの重要性が非常に大きい。

例 2.13　「全国学力テスト」(2008 年) の小中学校の都道府県別成績を見ると，秋田県が高い値を示している。小学校の国語 A,B，算数 A,B，中学校の国語 A では，第 1 位，中学校の国語 B と数学 B は第 3 位，中学校の数学 A は第 2 位の順位である。テストの成績を反応 (response) 変数 R と考えて，秋田県の教育環境・施策 (treatments) の効果かどうか確かめたいとする。

たとえば，秋田県は教員 1 人あたりの小学生児童数は 13.96 人 (2006 年)，中学生生徒数は 12.82 人と少ない方から 7 位，13 位である。同様に児童・生徒 1 人あたりの学校の面積も，小学・中学ともに 1 位でひろびろとした学校で教育を受けている。かりに秋田県だけ学力テスト向けに特別の訓練をしていたということがないとしても，こうした情報では，ある処置 (treatment) T (教員 1 人あたりの児童・生徒数を少なくする) と観察される単位の属性 U_1, U_2(秋田県に特有の特徴ならどんなものでも含まれる) と区別できなくなっていて，全く役に立たない (図 2.2 の U_1, U_2 から T への矢印がある場合)。このような T と U の影響を区別できない状況を**交絡** (confounding) という。

もし教員 1 人あたりの児童・生徒数が，学力テストの成績に影響を与えているかどうか調べたいならば，児童・生徒数以外の属性はすべて同じにコントロールしなければならない。ここで知られているのは，児童・生徒 1 人あたりの学校面積という変数である。

ところが，たとえ，学校面積を一定にできたとしても (U_1 の斜線でコントロールを示す)，さらに未知の属性や環境の影響や施策があるかもしれない。未

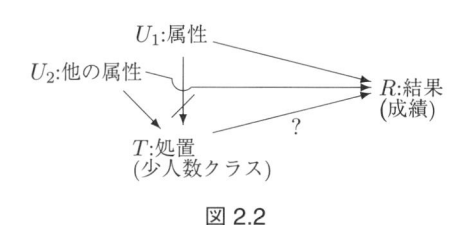

図 2.2

知の属性 U_2 (教育設備が充実している,家計の所得など) と教員1人あたりの児童・生徒数という処置変数 T とが独立ではなくなる可能性を完全に排除できたとはいえない。このような場合,処置を受けたグループとそうではないコントロールされたグループの間で,観察される単位を調べたい処置以外は無作為に配分する (randomization) とよい。その結果,未知の属性についても処置グループとコントロール・グループで同じような分布になり,その影響は相殺される。無作為に配分すると,運が悪く全くの偶然で未知の属性と処置変数が関連性をもってしまわないかぎり,処置変数の影響を分析することができる[5]。□

例 2.14 (サンプル・セレクション・バイアス) 労働時間を観察する場合,就業している人の労働時間と賃金率だけが正の値に観察される。就業していない人にもなんらかの賃金率が提示されて労働時間ゼロが観察されることになる。就業していない人の賃金率は観察されないため,就業している人だけの観察結果から就業行動を計測しようとすると無作為抽出の条件を満たすことができなくなる。

同様に,自動車などの耐久消費財は購入する回数が少なく,観測期間ですべての家計が購入するとは限らない。買ったばかりであるとか,一定の所得や資産以下では,消費量ゼロのみが観察されることになる。このようにして観察される確率変数に制限がかかり,無作為抽出の条件を満たすことができなくなる。観察対象の属性と処置変数 (教育政策であるとかブランドのような要因変数) が独立ではなくなってしまう場合がある[6]。□

例 2.15 (無作為抽出と積分計算) 無作為抽出には,大数の法則が働くため,

---

[5] ここで述べた「無作為に配分する方法」(randomization) は,変数の因果関係を推定する基礎となっている。実験計画法 (Design of Experiments) という分野は,そのやり方について詳述している。最近では,受動的な観察にもとづく調査でも,統計的に類似の状況を実現できないかどうかという研究が行われている。

[6] この分野は,例 2.13 の政策評価や因果推論の問題の特殊ケースとしても知られている。古典的には J. Tobin (1958) "Estimation of relationships for limited dependent variables," *Econometrica*, 26(1), pp. 24–36 や J. J. Heckman (1979) "Sample selection bias as a specification error," *Econometrica*, 47(1), pp. 153-161.

標本平均を計算すると期待値と一致する性質がある．

$$\frac{1}{n}\sum_{i=1}^{n} X_i \to \mathbb{E}[X] \equiv \int_{-\infty}^{\infty} x f_X(x) dx, \quad X_i \sim f_X(x) \text{ 独立で同一の分布}$$

この性質とコンピュータで分布 $f_X(x)$ に従う確率変数 X_i を発生することで，非常に複雑な統計的分布にもとづく推論が可能になっている．

ブートストラップ法 (bootstrap method) では，観察されたサンプルを母集団の**経験分布** (empirical distribution) とみなして，サンプルからの復元抽出による無作為抽出を繰り返して母集団分布のパラメータに関する統計的推測を行っている．このような方法は再抽出あるいはリサンプリング (resampling) と呼ばれている．マルコフ連鎖モンテ・カルロ (MCMC) 法は，事後確率の計算に含まれる複雑な統計的分布の積分の計算を，その分布に従う確率変数を発生させて平均を計算するモンテ・カルロ・シミュレーションによっておこなっている．□

練習問題

問1 テレビ番組の視聴率調査について，無作為抽出をするためにどのような工夫がなされているか調べてみなさい．アンケートで回答する場合と，機械で記録する場合ではどちらが正確と考えられるか．自宅でテレビを見ている場合，ワンセグで見ている場合についてはどう対応しているか．

問2 ダイエット効果を示す宣伝で，使用前・使用後の写真が掲載されていることが多い．かりに写真が修正されておらず本物であったとしても，このような宣伝は処置グループとコントロールグループの選び方としてどのような点が適当な抽出方法とはいえないか．

問3 何千年も前からある占いは，長い間の経験からある規則性があると考えて予測をしているといわれている．そのため統計学であるというテレビ解説者がいる．これについてどう評価するか．

2.2 標本平均と標本分散の性質

この節では，無作為抽出によって得られたサンプルの確率変数としての性質を検討する．無作為抽出されたサイズ n のサンプル $(X_1, X_2, \ldots, X_n)$ は，確

率論の用語で表現すると，独立で同一の分布に従う確率変数である．すなわち，すべての X_i について，

$$X_i \sim f_X(x), \quad i = 1, 2, \ldots, n$$

が成立する．$f_X(x)$ は，確率変数 X_i が従う確率分布（密度関数あるいは質量関数）である．

統計学の目的の一つが，母集団分布 $f_X(x)$ の形状を知ることであると述べたが，関数 $f_X(x)$ がわかると平均 μ と分散 σ^2 が計算できることは第 1 章 4 節で解説した．分布関数 (母集団分布の関数形) の位置 (location) を示す値が平均 μ で，広がりの尺度 (scale) を表す値が分散 σ^2 または標準偏差 σ である．

平均 μ は，期待値 $\mathbb{E}[X]$(1 次のモーメント) で定義されたが，分布関数のパラメターの値は一般には未知である．どのようなパラメータであるかを推定するもっとも古い方法が，標本モーメントを計算するモーメント法である．

サンプル $(X_1, X_2, \ldots, X_n)$ は，無作為抽出されたのでどれも同じ確率で観察されているはずである．そのため X_i のそれぞれを同じ $1/n$ という値で加重した和をサンプルにおける平均と考えてみる．すなわち，

定義 2.6 (標本平均，Sample mean)　　無作為抽出されたサンプル $(X_1, X_2, \ldots, X_n)$ の標本平均 $\bar{X}$ とは，

$$\bar{X} \equiv \frac{1}{n} \sum_{i=1}^{n} X_i \tag{2.1}$$

ここで X_i は分布 $f_X(x)$ をもつ確率変数である．X_i はどれも同じ分布 $f_X(x)$ に従う確率変数なので，その期待値は平均 $\mu = \mathbb{E}[X_i]$ である．

定理 2.7 (標本平均の期待値・平均)　　平均 μ の母集団からサイズ n で無作為抽出したサンプルの標本平均 $\bar{X}$ の期待値 (平均 $\mu_{\bar{X}}$) は，母集団の平均 μ である．

$$\mu_{\bar{X}} \equiv \mathbb{E}[\bar{X}] = \mu \tag{2.2}$$

定理 1.20 の (1.8) 式で，$a = b = 1/n$，$X = X_1$，$Y = X_2 + \cdots + X_n$ と考

2.2 標本平均と標本分散の性質

えて繰り返し適用すると，

$$\mathbb{E}[\bar{X}] = \mathbb{E}\left[\frac{1}{n}\sum_{i=1}^{n}X_i\right] = \frac{1}{n}\mathbb{E}\left[X_1 + X_2 + \cdots + X_n\right]$$

$$= \frac{1}{n}\left(\mathbb{E}[X_1] + \mathbb{E}[X_2] + \cdots + \mathbb{E}[X_n]\right)$$

$$= \frac{1}{n}(\mu + \cdots + \mu)$$

$$= \frac{1}{n}n\mu = \mu \quad \blacksquare$$

定理 2.8 (標本平均の分散 $\sigma_{\bar{X}}^2$) 平均 μ，分散 σ^2 の母集団から，サイズ n で無作為抽出したサンプルの標本平均 $\bar{X}$ の分散 $\sigma_{\bar{X}}^2$ は，母集団の分散 σ^2 をサンプル・サイズ n で割った値になる。

$$\sigma_{\bar{X}}^2 \equiv \text{Var}[\bar{X}] \equiv \mathbb{E}[(\bar{X} - \mu_{\bar{X}})^2] = \frac{\sigma^2}{n} \tag{2.3}$$

定理 2.7 より得られた $\mu_{\bar{X}} = \mu$ を使って，(2.3) 式の最後の恒等式の期待値のなかを整理する。

$$(\bar{X} - \mu_{\bar{X}})^2 = (\bar{X} - \mu)^2$$

$$= \left(\frac{1}{n}\sum_{i=1}^{n}X_i - \mu\right)^2 = \left\{\frac{1}{n}\sum_{i=1}^{n}(X_i - \mu)\right\}^2$$

$$= \left\{\frac{1}{n}\sum_{i=1}^{n}(X_i - \mu)\right\}\left\{\frac{1}{n}\sum_{j=1}^{n}(X_j - \mu)\right\}$$

$$= \frac{1}{n^2}\sum_{i=1}^{n}\sum_{j=1}^{n}(X_i - \mu)(X_j - \mu)$$

ここで期待値の計算をするが，$\sum$ 記号は足し算なので，期待値を計算する順番を入れ替えることができる。すなわち，

$$\mathbb{E}\left[\sum_{i=1}^{n}\sum_{j=1}^{n}(X_i - \mu)(X_j - \mu)\right] = \sum_{i=1}^{n}\sum_{j=1}^{n}\mathbb{E}\left[(X_i - \mu)(X_j - \mu)\right]$$

ここで，$i \neq j$ であれば X_i と X_j は独立なので第 1 章 1.4.1 節の (1.9) 式で

$$X = X_i - \mu, \quad Y = X_j - \mu$$

とおくと，$i \neq j$ のときはゼロとなることがわかる．

$$\mathbb{E}\left[(X_i - \mu)(X_j - \mu)\right] = \mathbb{E}[X_i - \mu]\mathbb{E}[X_j - \mu]$$
$$= (\mu - \mu)(\mu - \mu) = 0$$

$i = j$ のときには，分散 σ^2 の定義と等しくなる．

$$\mathbb{E}\left[(X_i - \mu)(X_i - \mu)\right] = \mathbb{E}\left[(X_i - \mu)^2\right] = \sigma^2$$

以上より，

$$\mathbb{E}\left[(\bar{X} - \mu_{\bar{X}})^2\right] = \frac{1}{n^2} \sum_{i=1}^{n} \sum_{j=1}^{n} \mathbb{E}\left[(X_i - \mu)(X_j - \mu)\right]$$
$$= \frac{1}{n^2} \sum_{i=1}^{n} \mathbb{E}\left[(X_i - \mu)^2\right] = \frac{1}{n^2} \sum_{i=1}^{n} \sigma^2 = \frac{1}{n^2} n\sigma^2$$
$$= \frac{\sigma^2}{n} \quad \blacksquare$$

総和記号 $\sum$ の扱いに慣れないうちは，$n = 2$ か $n = 3$ の場合で

$$\sum_{i=1}^{n} X_i = X_1 + X_2 + \cdots$$

とおいて確かめてみるとよい．

定理 2.8 から，サンプル・サイズ n を大きくすれば，標本平均 $\bar{X}$ の分散 σ^2/n はいくらでも小さくできることがわかる．標本平均の分散 $\sigma_{\bar{X}}^2$ は，標本平均 $\bar{X}$ の分布の広がりの程度を示しているので，サンプル・サイズが大きくなるにつれて分布は標本平均の平均 $\mu_{\bar{X}} = \mu$ の付近に集中してくることがわかる．

例 2.16 男子大学生の身長について，過去のデータから標準偏差 σ が $\sigma = 5.5$cm であることが知られている．そこで新たに入学してきた学生について，平均身長を調査したいが，どの程度のばらつきがあるか，事前に調査の精度を知っておくことは重要である．サンプル・サイズ n をいろいろ変えて調査したとき，身長の標本平均 $\bar{X}$ の分散が，どのような値をとるかを計算することができる．

2.2 標本平均と標本分散の性質

表 2.1 サンプル・サイズと標本平均の分散

n	1	2	4	8	16	32	64	128	512	1024
$\sigma_{\bar{X}}^2$	30.25	15.125	7.562	3.781	1.891	0.945	0.473	0.236	0.059	0.030
$\sigma_{\bar{X}}$	5.5	3.889	2.750	1.945	1.375	0.972	0.688	0.486	0.243	0.172

実際に調査を何度も行うことはできないが,分散 σ^2 の値が,$5.5^2 = 30.25$ であることがわかっているときに理論値として標本平均 $\bar{X}$ の分散 $\sigma_{\bar{X}}^2$ と標準偏差 $\sigma_{\bar{X}}$ が計算できる (表 2.1)。当然のことだが,標本平均 $\bar{X}$ のばらつきは,$\sqrt{n}$ に反比例して小さくなる。4 人調べただけで 2 分の 1 の精度に向上するが,100 人調べないと,10 分の 1 の精度にならない。調査費用とのかねあいでサンプル・サイズが決められる。□

例 2.17 樹木の成長量は乾燥したときの重さ kg で計測されている。過去の計測から 5 年目の樹木の 1 年間の成長量の標準偏差 σ が 2kg であるとわかっているとする。標本平均 $\bar{X}$ の誤差 (標準偏差) $\sigma/\sqrt{n}$ を 100g 以内にするには,サンプル・サイズ n をいくらにする必要があるかを求めることができる。ϵ を目標としている標準偏差の最大値とすると,

$$\frac{\sigma}{\sqrt{n}} \leq \epsilon \quad \text{であるから} \quad \frac{\sigma^2}{\epsilon^2} \leq n$$

数値を代入すると

$$n \geq \frac{\sigma^2}{\epsilon^2} = \frac{2^2}{0.1^2} = 400$$

以上より,400 本以上計測すればよいことになる。ただし,400 本の成長量を厳密に計測することは,それだけの量を伐採して乾燥するため実際には困難である。伐採しなくても,樹木に穴をあけて年輪の増加分を調べる方法や,外形を計測して体積の増加分は計測することができる。かりに体積と重量の関係 (比重) が正確に計測できれば,伐採せずに成長した体積から成長量を求める推定式を作って計測することが考えられる。□

系 2.9 (2 項母集団からの標本抽出) $X = 1$ となる確率が p,$X = 0$ となる確率が $1 - p$ の 2 項母集団から,サイズ n で無作為抽出した。サンプル

$(X_1, X_2, \ldots, X_n)$ の要素 X_i は 0 または 1 の値をとるベルヌーイ事象とする。このとき 1 が観察される回数は，

$$\sum_{i=1}^{n} X_i$$

で表せる。サンプルで $X = 1$ となる割合は，

$$\hat{p} = \frac{1}{n}\sum_{i=1}^{n} X_i$$

である。このようにサンプルとして観察される割合 $\hat{p}$ は標本平均 $\bar{X}$ と同じ計算式となる。つまり，割合についての推論も平均と同じ公式が使えるということである。サンプルとして観察される割合 $\hat{p}$ は，母集団の平均 $\mu \equiv \mathbb{E}[X] = p$ と同じ平均を持つ (例 1.19 参照)。

$$\mu_{\hat{p}} \equiv \mathbb{E}[\hat{p}] = \mathbb{E}[\bar{X}] = \mathbb{E}[X] = p$$

さらに，観察されたサンプルにおける割合 $\hat{p}$ の分散は，定理 2.8 の結果を使って

$$\sigma_{\hat{p}}^2 \equiv \mathrm{Var}[\hat{p}] = \mathrm{Var}[\bar{X}] = \frac{\mathrm{Var}[X]}{n} = \frac{p(1-p)}{n}$$

となる。$\mathrm{Var}[X] = p(1-p)$ となることは例 1.23 参照。■

例 2.18 (2 項分布，Binomial distribution) 2 項母集団からの標本抽出で，合計 $\sum_{i=1}^{n} X_i$ の平均と分散を計算することもできる。すなわち，

$$\mathbb{E}\left[\sum_{i=1}^{n} X_i\right] = np$$

$$\mathrm{Var}\left[\sum_{i=1}^{n} X_i\right] = \mathbb{E}\left[(n\bar{X} - np)^2\right] = \mathbb{E}[n^2(\hat{p} - p)^2]$$

$$= n^2 \mathrm{Var}[\hat{p}] = n^2 \frac{p(1-p)}{n} = np(1-p)$$

合計 $\sum_{i=1}^{n} X_i$ が従う分布は，2 項分布といわれている。ここで，2 項分布の平均は np，分散が $np(1-p)$ であることが証明されたわけである。分布関数は，$X = \sum_{i=1}^{n} X_i$ とおくと，

$$f_X(x) = {}_nC_x p^x (1-p)^{n-x}$$

2.2 標本平均と標本分散の性質

である。これは 1 が出る場合を成功と定義すると，1 回の成功する確率が p である独立なベルヌーイ試行を n 回試行したときに x 回成功する確率である。□

例 2.19 総務省 (2009)「全国消費実態調査」によると，全国の 2 人以上の世帯における自動車保有率は，85.5% であった。大規模な調査であるので，日本全体の自動車保有率 p をほぼ正確に表していると考える。

いまいくつか異なるサンプル・サイズ n で自動車保有率 $\hat{p}$ を調査したときの分散を計算してみよう。世帯が自動車を保有するかどうかはベルヌーイ事象であり，各世帯 i は自動車を保有するとき $X_i = 1$，保有しないとき $X_i = 0$ をとる 2 項母集団を構成する。理論値とシミュレーション値を計算したところ表 2.2 のようになった。サンプル・サイズが大きくなると標本保有率の分散は小さくなり，85.5% に近づく。シミュレーションの回数を増すと，理論値の分散に近づくことがわかる。□

例 2.20 同じ「全国消費実態調査」(2009 年) によると，東京都区部の自

表 2.2 割合の分散と調査回数

サンプルサイズ n	調査回数 (シミュレーション回数)							$\sigma_{\hat{p}}^2$
	1 回	10 回		100 回		10000 回		
	$\hat{p}$	$\hat{p}$	$s_{\hat{p}}^2$	$\hat{p}$	$s_{\hat{p}}^2$	$\hat{p}$	$s_{\hat{p}}^2$	$p(1-p)/n$
2	0.0000	0.8000	0.17778	0.8200	0.14909	0.8548	0.12413	0.12398
4	1.0000	0.9000	0.04444	0.8600	0.06101	0.8528	0.06380	0.06199
8	0.7500	0.9250	0.01458	0.8400	0.03601	0.8545	0.03100	0.03099
16	1.0000	0.8750	0.01389	0.8650	0.01473	0.8534	0.01530	0.01550
32	0.8750	0.8500	0.00712	0.8569	0.00642	0.8534	0.00783	0.00775
64	0.9062	0.8719	0.00270	0.8594	0.00372	0.8552	0.00385	0.00387
128	0.8750	0.8578	0.00236	0.8631	0.00148	0.8549	0.00189	0.00194
256	0.8984	0.8586	0.00102	0.8550	0.00112	0.8550	0.00095	0.00097
512	0.8516	0.8572	0.00005	0.8553	0.00028	0.8546	0.00025	0.00024
1024	0.8691	0.8524	0.00009	0.8559	0.00012	0.8549	0.00012	0.00012
2048	0.8613	0.8531	0.00006	0.8555	0.00006	0.8550	0.00006	0.00006
4096	0.8628	0.8551	0.00003	0.8540	0.00003	0.8549	0.00003	0.00003
8192	0.8593	0.8556	0.00002	0.8559	0.00002	0.8550	0.00002	0.00002
16384	0.8512	0.8551	0.00000	0.8550	0.00001	0.8550	0.00001	0.00001

注) $s_{\hat{p}}^2$ は，シミュレーションをして得られた $\hat{p}$ の分散を標本分散の計算式で計算したものである。シミュレーション回数が 1 回のときには計算できない。

動車保有率は 53% であった。サンプルの保有率の分散 $\sigma_{\hat{p}}^2 = p(1-p)/n$ は，$p = 0.5$ のときに最大値をとる。したがって，サンプル・サイズ n を決める際に，分散の最大値 $0.25/n$ を目安にすることができる。

たとえば，調査したサンプルの保有率の標準偏差 $\sqrt{p(1-p)/n}$ の最大値が，目標 $\epsilon = 0.01 (1\%)$ 以下になるようにするにはサンプル・サイズをいくら以上にしなければならないかが求められる。

$$\sqrt{p(1-p)/n} \leq \epsilon, \text{より} \quad n \geq \frac{p(1-p)}{\epsilon^2}$$

数値を代入して計算すると

$$n \geq \frac{p(1-p)}{\epsilon^2} = \frac{0.25}{0.01^2} = 2500$$

$n \geq 2500$ となる。先の全国の場合だと，$p(1-p)/n = 0.01^2 = 0.0001$ 以下となるのは，表 2.2 をみると $n = 2048$ であるから，東京都区部を対象とする場合には，500 ほどサンプル・サイズを大きくする必要がある[7]。□

つぎに分散 σ^2 のサンプルにおける値である標本分散を定義する。標本分散の定義は，本書ではサンプル・サイズ n マイナス 1 で総和を割って定義している。その理由は，第 3 章 1 節で詳しく論じられる。ここでは，単純に定義だけを述べておく。

定義 2.10 (**標本分散, Sample variance**)

$$S^2 \equiv \frac{1}{n-1} \sum_{i=1}^{n} (X_i - \bar{X})^2 \tag{2.4}$$

標本分散の単位はもとの変数 X_i の 2 乗であるので，同じ単位に変換してちらばりの程度を表すためには，標準偏差を計算する必要がある。

---

[7] 興味のある読者は大数の弱法則 (定理 1.25) で計算した確率と比較してみよう。サンプルの保有率 $\hat{p}$ と母集団の値 p の差がある値 ϵ よりも大きくなる確率は分散 $\sigma_{\hat{p}}^2 = 0.25/n$ を ϵ^2 で割った値で抑えられるというのが大数の弱法則である。

2.2 標本平均と標本分散の性質

定義 2.11 (標本標準偏差, **Sample standard deviation**)

$$S \equiv \sqrt{S^2} \equiv \sqrt{\frac{1}{n-1}\sum_{i=1}^{n}(X_i - \bar{X})^2} \tag{2.5}$$

標本平均と同じように，標本分散 S^2 にも平均（期待値）と分散がある。

定理 2.12 (標本分散の期待値・平均)　平均 μ の母集団からサイズ n で無作為抽出したサンプルの標本分散 S^2 の期待値 (平均 μ_{S^2}) は，母集団の分散 σ^2 である。

$$\mu_{S^2} \equiv \mathbb{E}[S^2] = \sigma^2 \tag{2.6}$$

証明は，第 3 章例 3.2 で与えられる。∎

定理 2.13 (標本分散の分散?)　平均 μ の母集団からサイズ n で無作為抽出したサンプルの標本分散 S^2 の分散 ($\sigma_{S^2}^2$) は，4 次の中心モーメント $\mu_4 = \mathbb{E}[(X_i - \mu)^4]$，分散を σ^2 とすると次式で与えられる。

$$\begin{aligned}\sigma_{S^2}^2 &\equiv \mathrm{Var}[S^2] \\ &\equiv \mathbb{E}[(S^2 - \sigma^2)^2] = \mathbb{E}[S^4] - (\sigma^2)^2 \\ &= \frac{1}{n}\left(\mu_4 - \frac{n-3}{n-1}\{\sigma^2\}^2\right)\end{aligned} \tag{2.7}$$

証明は，

$$S^2 = \frac{1}{2n(n-1)}\sum_{i=1}^{n}\sum_{j=1}^{n}(X_i - X_j)^2$$

となることを示し，S^4 に代入してひたすら計算する。

$$\begin{aligned}4n^2(n-1)^2 S^4 &= \left\{\sum_{j=1}^{n}\sum_{j=1}^{n}(X_i - X_j)^2\right\}^2 \\ &= \sum_{i=1}^{n}\sum_{j=1}^{n}\sum_{k=1}^{n}\sum_{l=1}^{n}(X_i - X_j)^2(X_k - X_l)^2 \\ &= 4n^2 \sum_{i=1}^{n}\sum_{j=1}^{n}(X_i - \mu)^2(X_j - \mu)^2\end{aligned}$$

$$-8n\sum_{i=1}^{n}\sum_{j=1}^{n}\sum_{k=1}^{n}(X_i-\mu)(X_j-\mu)(X_k-\mu)^2$$
$$+4\sum_{i=1}^{n}\sum_{j=1}^{n}\sum_{k=1}^{n}\sum_{l=1}^{n}(X_i-\mu)(X_j-\mu)(X_k-\mu)(X_l-\mu)$$

となることを利用する。この両辺の期待値を計算すると，

$$4n^2(n-1)^2\mathbb{E}[S^4] = 4n^2(n\mu_4+n(n-1)(\sigma^2)^2) - 8n\left\{n\mu_4+2n(n-1)(\sigma^2)^2\right\}$$
$$+4\left\{n\mu_4+3n(n-1)(\sigma^2)^2\right\}$$
$$\mathbb{E}[S^4] = \frac{1}{n(n-1)^2}\left\{(n^2-2n+1)\mu_4+(n-1)(n^2-2n+3)(\sigma^2)^2\right\}$$
$$=\frac{1}{n}\mu_4+\frac{n^2-2n+3}{n(n-1)}(\sigma^2)^2$$
$$\mathrm{Var}[S^2] = \mathbb{E}[S^4]-(\sigma^2)^2 = \frac{1}{n}\mu_4+\frac{-n+3}{n(n-1)}(\sigma^2)^2 \quad\blacksquare$$

例 2.21 平均 μ，分散 σ^2 の正規母集団から，サンプル・サイズ n で無作為抽出をおこなった。この結果，計算できる標本分散 S^2 の分散 $\sigma^2_{S^2}$ を求めてみる。正規分布の 4 次の中心モーメント $\mu_4 = 3\sigma^4$ となる。ここで $\sigma^4=(\sigma^2)^2$ である[8]。

$$\mathrm{Var}[S^2] = \frac{2}{n-1}\sigma^4$$

ただし，つぎの正規分布のモーメントを利用している。

$$\mathbb{E}[X] = \mu,$$
$$\mathbb{E}[X^2] = \sigma^2+\mu^2,$$
$$\mathbb{E}[X^3] = 3\sigma^2\mu+\mu^3,$$
$$\mathbb{E}[X^4] = 3\sigma^2+6\sigma^2\mu^2+\mu^4$$

これらを

$$\mathbb{E}[(X-\mu)^4] = \mathbb{E}[X^4]-4\mu\mathbb{E}[X^3]+6\mu^2\mathbb{E}[X^2]-4\mu^3\mathbb{E}[X]+\mu^4$$

に代入して整理すると，$\mu_4 = 3\sigma^4$ が得られる。□

---

[8] カイ 2 乗分布の分散 2ν を利用するとより簡単に計算できる。第 2 章第 4 節参照。

2.2 標本平均と標本分散の性質

練習問題

問1 樹木の成長の植樹後 3 年目の乾燥重量の増加について，つぎの観察データが得られた。$(x_1, x_2, x_3, x_4, x_5) = (13.03, 13.19, 13.50, 10.51, 13.03)$。標本平均 $\bar{x}$ と標本分散 s^2 を計算しなさい。

問2 a) 樹木の成長の植樹後 1 年目の乾燥重量の増加について，サンプル・サイズ $n = 15$ で標本平均の観察値は $\bar{x}_1 = 1.8323$kg であった。標準偏差 $\sigma = 0.311$ とすると，標本平均 $\bar{X}$ の標準偏差はいくらか。

b) 別の年に植えた植樹後 1 年目のサンプルでサイズ $n = 5$ のとき，乾燥重量の増加の標本平均の観察値は $\bar{x}_2 = 0.9426$ であった。σ^2 の値は共通として，2 つのサンプルの標本平均の差の分散 (1.4 節の練習問題) はいくらになるか。標本平均の差 $\bar{x}_1 - \bar{x}_2$ はその標準偏差 $\sigma_{\bar{X}_1 - \bar{X}_2}$ の何倍か。

問3 a) 血液型の分布を調べたい。よくいわれているのは，A 型，B 型，O 型，AB 型で，0.4, 0.2, 0.3, 0.1 という割合だという。$n = 100$ 人調べたときにそれぞれの分散と標準偏差はいくらになるか。

b) 割合 p が 0.5 のときに分散は最大になる。A 型 ($p = 0.4$) の比率 $\hat{p}$ の標準偏差を 0.01 にするには何人調査すればよいか。$p = 0.5$ とした場合に標準偏差が 0.01 となるサンプル・サイズ n とどの程度異なるか。

c) 実際に数えたところ，$n = 2704$ 人中，A 型は $x = 1000$ 人であった。母集団では A 型の割合 $p = 0.4$ であるとして，このサンプルの A 型の比率 $\hat{p}$ の分散 $\sigma_{\hat{p}}^2$ と標準偏差を求めなさい。観察された比率 $\hat{p}$ は，母集団の割合 $p = 0.4$ に比べて標準偏差 $\sigma_{\hat{p}}$ の何倍の点か計算しなさい。

問4 標本平均も標本分散も計測されている単位が変更されると値も変わる。このことを一般的に $Y_i = a + bX_i$, $i = 1, 2, \ldots, n$ としたときに，$\bar{X}$ と $\bar{Y}$，$S_X{}^2$ と $S_Y{}^2$ の関係式を求めよ。

問5 a) サンプル・サイズ n の標本平均 $\bar{X}_n$ を計算したが，1 つ追加の観察結果があって実際にはサンプル・サイズは $n + 1$ であった。全部を計算しなおすのはおっくうなので，$\bar{X}_n$ から $\bar{X}_{n+1} = \frac{1}{n+1} \sum_{i=1}^{n+1} X_i$ を計算したい。その公式を求めなさい。

b) 同じことを，標本分散 S_n^2 と標本分散 S_{n+1}^2 について関係式を求めなさい。この結果は定理 2.19 で利用する。

2.3 正規分布と中心極限定理

統計解析では，特に標本平均 $\bar{X}$ について詳細に検討することになる。その理由は，母集団の平均 μ に関する推定や仮説検定に統計的課題が集中しているからである。社会経済における課題は，ある一人の人についての所得やおかれた状況ではなく，まとまりのあるグループについての課題であることがほとんどだからである。

たとえば，ある会社で不当に自分の賃金が低いのではないかということを考える場合でも，比較対象となるのは似たような属性をもつ複数の社員の賃金である。その平均の賃金水準の誤差の範囲内に自分の賃金水準が含まれていれば，特段に不当な扱いを受けていることにはならない。超過労働時間が長いと判断されるかどうかも，他の一般的な労働者の超過労働時間の平均値と比較して決められる。そればかりか，血液検査の結果で LDL コレステロール値が正常な範囲に入っているかどうかも，正常な人の平均値とその誤差の範囲内にあれば，健康であると判断されるのである。

このように個々の個性があって個人の属性は分布をしているが，平均は一つの基準であり，これと比較することで意思決定がおこなわれる。その意思決定に必要なツールが統計解析である。そして，標本平均 $\bar{X}$ のもっている特徴や，誤差がもっている特徴を表すのに適当な分布が正規分布であるといわれている。

正規分布の数学的表現は，第 1 章 1.3 節と 1.4.1 節で取り上げた。ここではより詳しく正規分布と付き合う方法を解説する。

定理 2.14 (正規分布の性質)　平均 μ と分散 σ^2 で決まる正規分布の特徴にはつぎのものがある。

1. 確率密度関数の形は，つぎのような式で表される。

$$f_X(x) = \frac{1}{\sqrt{2\pi\sigma^2}} e^{-\frac{(x-\mu)^2}{2\sigma^2}}, \quad -\infty < x < \infty \tag{2.8}$$

簡単にこの関数を $N(\mu, \sigma^2)$ と書くことがある。X が平均 μ，分散 σ^2 の正規分布に従う確率変数であることを

$$X \sim N(\mu, \sigma^2) \tag{2.9}$$

2.3 正規分布と中心極限定理

と書く。

2. 確率密度関数なので積分すると 1 である。$f_X(x)$ の累積分布関数を $F_X(x)$ と書くと，

$$F_X(\infty) = \int_{-\infty}^{\infty} f_X(x)dx = \int_{-\infty}^{\infty} \frac{1}{\sqrt{2\pi\sigma^2}} e^{-\frac{(x-\mu)^2}{2\sigma^2}} dx = 1 \quad (2.10)$$

3. 平均 μ を中心として左右対称である。

$$f_X(\mu - a) = f_X(\mu + a) = \frac{1}{\sqrt{2\pi\sigma^2}} e^{-\frac{a^2}{2\sigma^2}}, \quad -\infty < a < \infty \quad (2.11)$$

4. 基準化すると平均 0，分散 1 の標準正規分布に変換できる。

$$Z = \frac{X - \mu}{\sigma} \quad (2.12)$$

と変換すると，

$$Z \sim N(0,1) = \frac{1}{\sqrt{2\pi}} e^{-\frac{z^2}{2}} \quad (2.13)$$

5. Z の確率密度分布を $f(z)$ と書くと，対称性から，$f(z) = f(-z)$ となる。このことから，累積分布関数 $F(z)$ についてつぎの性質が導かれる。

$$F(-z) = 1 - F(z) \quad (2.14)$$

その理由は，

$$F(-z) = \int_{-\infty}^{-z} f(u)du = \int_{-\infty}^{\infty} f(u)du - \int_{-z}^{\infty} f(u)du$$
$$= 1 - \int_{-\infty}^{z} f(-v)dv = 1 - \int_{-\infty}^{z} f(v)dv = 1 - F(z)$$

以上より，$z = 0$ を代入するとつぎの式が得られる。

$$F(0) = \frac{1}{2}$$

6. $x = \mu \pm \sigma$ で変曲点がある。$f_X(x)$ を x について 2 回微分してゼロとなる x の値を求めればよい。

$$\frac{df_X(x)}{dx} = -\frac{x - \mu}{\sigma^2 \sqrt{2\pi\sigma^2}} e^{-\frac{(x-\mu)^2}{2\sigma^2}}$$

$$\frac{d^2 f_X(x)}{dx^2} = \frac{1}{\sigma^2 \sqrt{2\pi\sigma^2}} \left\{ \frac{(x-\mu)^2}{\sigma^2} - 1 \right\} e^{-\frac{(x-\mu)^2}{2\sigma^2}}$$

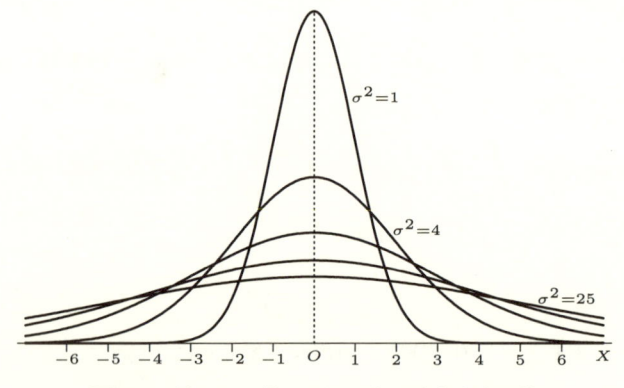

図 2.3 異なる分散の正規分布の確率密度関数

変曲点の座標は，$(x-\mu)^2 = \sigma^2$ を x について解いて得られる．■

例 2.22 (正規分布の確率を求める) X を平均 μ, 分散 σ^2 の正規分布 $N(\mu, \sigma^2)$ に従う確率変数とする．このとき, $\mathbb{P}[x_1 < X < x_2]$, $\mathbb{P}[x_3 < X]$, $\mathbb{P}[X < x_4]$ となる確率を求めるのが課題である．

1) 基準化する．後掲の正規分布表には標準正規分布の値しか掲載されていないので，平均 0, 分散 1 の正規分布に従うように変数を基準化する．$F(z)$ は標準正規分布の累積分布関数である．ここで

$$z_1 = \frac{x_1 - \mu}{\sigma}, \quad z_2 = \frac{x_2 - \mu}{\sigma}, \quad z_3 = \frac{x_3 - \mu}{\sigma}, \quad z_4 = \frac{x_4 - \mu}{\sigma}$$

とおくと

$$\mathbb{P}[x_1 < X < x_2] = \mathbb{P}\left[\frac{x_1 - \mu}{\sigma} < Z < \frac{x_2 - \mu}{\sigma}\right] = \mathbb{P}[z_1 < Z < z_2]$$
$$= \mathbb{P}[Z < z_2] - \mathbb{P}[Z < z_1] = F(z_2) - F(z_1)$$

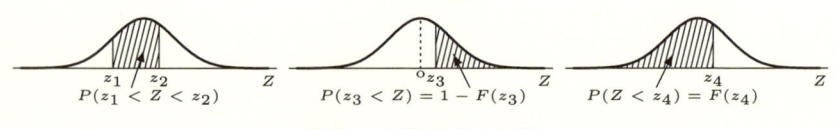

図 2.4 正規分布の確率

2.3 正規分布と中心極限定理

$$\mathbb{P}[x_3 < X] = \mathbb{P}\left[\frac{x_3 - \mu}{\sigma} < Z\right] = \mathbb{P}[z_3 < Z]$$
$$= 1 - \mathbb{P}[Z < z_3] = 1 - F(z_3)$$
$$\mathbb{P}[X < x_4] = \mathbb{P}\left[Z < \frac{x_4 - \mu}{\sigma}\right] = \mathbb{P}[Z < z_4] = F(z_4)$$

と変換される。

2) $z = z_1, \ldots, z_4$ のとる値によって，つぎの 2 パターンに分類される。

a) $z > 0$ の場合: $F(z)$ の値が標準正規分布表に掲載されているので，これを探す。

b) $z < 0$ の場合: (2.14) 式 $F(z) = 1 - F(-z)$ を利用する。$z < 0$ であるから，$-z > 0$ となり，標準正規分布表で見つけられる。□

例 2.23 平均 $\mu = 172.3$，標準偏差 $\sigma = 5.5$ の正規分布に従う確率変数 X がつぎの値をとる確率を求める。

1) $\mathbb{P}[170 < X < 175]$, 2) $\mathbb{P}[180 < X]$, 3) $\mathbb{P}[X < 165]$

一つずつ上記の手続きに沿って計算する。

1) $\mathbb{P}[170 < X < 175] = \mathbb{P}\left[\frac{170 - 172.3}{5.5} < Z < \frac{175 - 172.3}{5.5}\right]$
$$= \mathbb{P}[-0.4181818 < Z < 0.4909091]$$
$$= F(0.49) - F(-0.42)$$
$$= F(0.49) - (1 - F(0.42))$$
$$= 0.6879 - (1 - 0.6628) = 0.3507$$

ちなみに，コンピュータで計算すると正規分布表の精度が少しよいので，$F(0.4909091) = 0.6882546$, $F(-0.4181818) = 0.3379071$ となり，$\mathbb{P}[170 < X < 175] = 0.3503475$ が答えとなる。

2) $\mathbb{P}[180 < X] = \mathbb{P}[1.4 < Z] = 1 - F(1.4) = 1 - 0.9192 = 0.0808$

3) $\mathbb{P}[X < 165] = \mathbb{P}[Z < -1.327273] = 1 - F(1.33) = 1 - 0.9082$
$\quad = 0.0918$

この問題も正規分布表の精度の関係で，$F(-1.327273) = 0.09220924$ となる。
□

例 2.24 平均 $\mu = 0$，標準偏差 $\sigma = 1$ の標準正規分布に従う確率変数 Z について，つぎの確率を与える z を求める。

1) $\mathbb{P}[Z < z] = 0.975$, 　2) $\mathbb{P}[-z < Z < z] = 0.95$, 　3) $\mathbb{P}[z < Z] = 0.90$

標準正規分布表から値をさがせばよい。

1) $F(z) = 0.975$ となる z の値は，1.9 の行の 0.06 の列にあるので，$z = 1.96$ である。

2) $\mathbb{P}[-z < Z < z] = \mathbb{P}[Z < z] - \mathbb{P}[Z < -z] = \mathbb{P}[Z < z] - (1 - \mathbb{P}[Z < z])$ より，
$$\mathbb{P}[-z < Z < z] = 2\mathbb{P}[Z < z] - 1 = 0.95, \quad \mathbb{P}[Z < z] = \frac{1.95}{2} = 0.975$$
となるので，1) とおなじく $z = 1.96$ となる。

3) $\mathbb{P}[z < Z] = 1 - \mathbb{P}[Z < z] = 0.90$ であるから，$\mathbb{P}[Z < z] = 0.10$ となる。標準正規分布表には 0.5 以上の確率しか与えられていないので，$z < 0$ であることがわかる。正規分布の対称性をもちいて，$\mathbb{P}[Z < -z] = 1 - \mathbb{P}[z < Z] = 0.90$ であるから，標準正規分布表から 0.9 の値を探す。$z = 1.64$ と $z = 1.65$ のとき，$F(1.64) = 0.895$，$F(1.65) = 0.905$ であることがわかる。これより $F(1.645) = 0.90$ であることが考えられる。$\mathbb{P}[Z < -z] = F(-z)$ より，$-z = 1.645$，すなわち $z = -1.645$ となる。
□

このままでは，正規分布する確率変数についてのみこれらの計算方法が適用できるだけである。しかし，中心極限定理という強力な定理によって，サンプル・サイズ n が大きければ標本平均 $\bar{X}$ の分布を正規分布で近似できることがいえる。

このサンプル・サイズ n を極限まで大きくしていく操作で明らかになるのは，確率変数 $\bar{X}$ の分布の形である。確率変数 $\bar{X}$ の値については，大数の弱法則や強法則によって，平均 μ と異なる確率がゼロに収束すること，ほとんど確

2.3 正規分布と中心極限定理

実に標本平均の値が μ となることが知られている．分布形について正規分布で近似できることがわかると，$\bar{X}$ の誤差の評価をする場合に，正規分布を使って計算できるので非常に便利である．

定理 2.15 (中心極限定理，Central limit theorem) 平均 μ，分散 σ^2 の母集団から，サイズ n で無作為抽出したサンプルを $(X_1, X_2, \ldots, X_n)$ とする．平均 μ も分散 σ^2 ともに有限の値とする．このサンプルの標本平均 $\bar{X}$ を，計算のもとになるサンプルのサイズ n を明示するため，$\bar{X}_n$ と表す．$\bar{X}_n$ を基準化した変数 Z_n はつぎのように定義できる．

$$Z_n \equiv \frac{\bar{X}_n - \mu}{\sigma/\sqrt{n}} \tag{2.15}$$

Z_n の分布は，サンプル・サイズ n が大きくなるにつれて，平均 0，分散 1 の標準正規分布 $N(0,1)$ に限りなく近づく．

この定理の証明は，モーメント母関数 (MGF) を利用するので定理 5.21 で行われる[9]．■

例 2.25 平均 $\mu = 172.3$，標準偏差 $\sigma = 5.5$ の母集団から無作為抽出してサイズ $n = 100$ のサンプルを得た．標本平均 $\bar{X}$ がつぎの値をとる確率を，中心極限定理をあてはめて計算する．

---

[9] 中心極限定理という名称をはじめて使ったのは，Harald Cramér (1976) "Half a century with probability theory: some personal recollections," *Annals of Probability*, 4(4), pp. 509–546 によると，ポリア (Georg Pólya, 1887–1985) の 1920 年の論文 "Über den zentralen Grenzwertsatz der Wahrscheinlichkeitsrechnung und das Momentenproblem," *Mathematische Zeitschrift* 8(3/4), pp. 171–181 である．最初の証明は 2 項分布についてであり，ド・モアブルで 1733 年 (R. C. Archbald with K. Pearson (1926) "A rare pamphlet of Moivre and some of his discoveries," *Isis*, 8(4), pp. 671–683 に再掲されている) のことである．

ラプラスが P. S. de Laplace (1812) *Théorie analytique des probabilités* で不完全だが一般的な分布に拡張し，リアプノフ (Aleksandr Mikhailovich Lyapunov, 1857–1918) を経て最終的にはリンドベリ (Jarl Waldemar Lindeberg, 1876–1932) により J. W. Lindeberg (1922) "Eine neue Herleitung des Exponentialgesetzes in der Wahrscheinlichkeitsrechnung," *Mathematische Zeitschrift*, 15(1), pp. 211–225 によって証明された．特性関数 (Paul Lévy による) を使わないで証明しているので複雑である．

1) $\mathbb{P}[171 < \bar{X} < 173]$, 2) $\mathbb{P}[175 < \bar{X}]$, 3) $\mathbb{P}[\bar{X} < 172]$

一つずつ上記の手続きに沿って計算する．

1) $\mathbb{P}[171 < \bar{X} < 173] = \mathbb{P}\left[\dfrac{171 - 172.3}{5.5/\sqrt{100}} < Z < \dfrac{173 - 172.3}{5.5/\sqrt{100}}\right]$

$= \mathbb{P}\left[-2.363636 < Z < 1.272727\right]$

$= F(1.27) - F(-2.36)$

$= 0.8980 - (1 - 0.9909) = 0.8889$

1つの確率変数 X に比べて，標本平均 $\bar{X}$ は分散が小さくなるので，より狭い領域に含まれる確率が高くなる．この場合にも PC(パソコン) で桁数を増やして計算すると，$\mathbb{P}[171 < \bar{X} < 173] = 0.8893943$ となる．

2) $\mathbb{P}\left[175 < \bar{X}\right] = \mathbb{P}[4.909091 < Z] = 1 - F(4.91) = 1 - 0.9999995 \doteq 0$

$F(4.91)$ の値は正規分布表に与えられていない．ほとんど1と考えてよい．より厳密に計算すると，$\mathbb{P}\left[175 < \bar{X}\right] = 4.575 \times 10^{-7}$ となる．100人調べて平均が 175 以上になることはほとんどないといえる．

3) $\mathbb{P}[\bar{X} < 172] = \mathbb{P}[Z < -0.545454] = 1 - F(0.55) = 1 - 0.7088 = 0.2912$

正規分布表の精度のためより正確には，$F(-0.5454545) = 0.2927205$ となる．□

中心極限定理で証明されているからといって，標本平均 $\bar{X}$ の分布がどのような母集団分布から抽出されたものであれ正規分布で近似できるというのはにわかには信じがたい．そこで，シミュレーションで母集団分布からの抽出実験をしてみることにする．

例 2.26 (一様分布の中心極限定理) 例 1.16 で取り上げた，一様分布

$$X \sim f_X(x) = 1, \quad (0 < x < 1)$$

を母集団分布とする．この母集団からサイズ $n = 1$ で 15000 回無作為抽出し

2.3 正規分布と中心極限定理

(a) Sample Size n=1

(b) Sample Size n=5

(c) Sample Size n=25

(d) Sample Size n=125

図 2.5　一様分布の中心極限定理

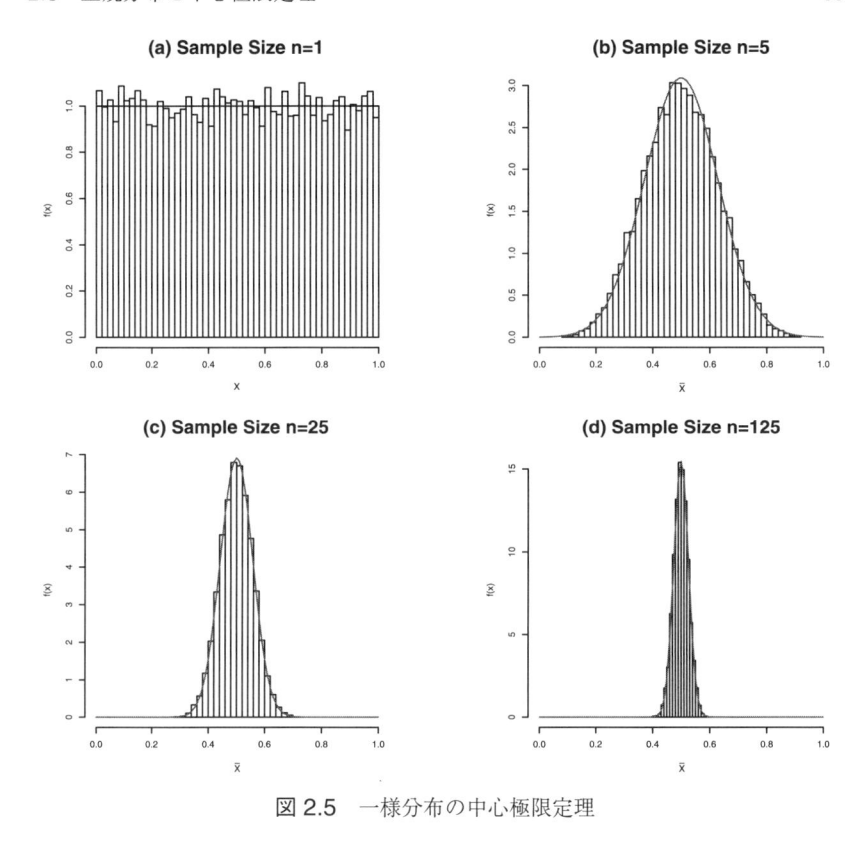

た結果をヒストグラムで描いたものが (a) である．当然のことながら，ヒストグラムは高さ 1 のところで分布している．これをサンプル・サイズ $n=5$ として 15000 回無作為抽出し，その標本平均 $\bar{X}$ のヒストグラムを描いたものが (b) である．なめらかな線は，平均 $\mu = 0.5$，分散 $\sigma_{\bar{X}}^2 = (1/12)/5$ の正規分布である．一様分布の分散は $\sigma^2 = 1/12$ であるので，$n=5$ の標本平均の分散 $\sigma_{\bar{X}}^2$ は，$1/60$ である．すでに十分に正規分布に近いことがわかる．さらにサンプル・サイズを増やすとより正規分布に接近することがわかる．□

例 2.27 (2 次関数の中心極限定理)　　今度は凹型タイプの分布を想定した．

$$f_X(x) = 12(x-\mu)^2, \quad \mu = 1/2$$

(a) Sample Size n=1

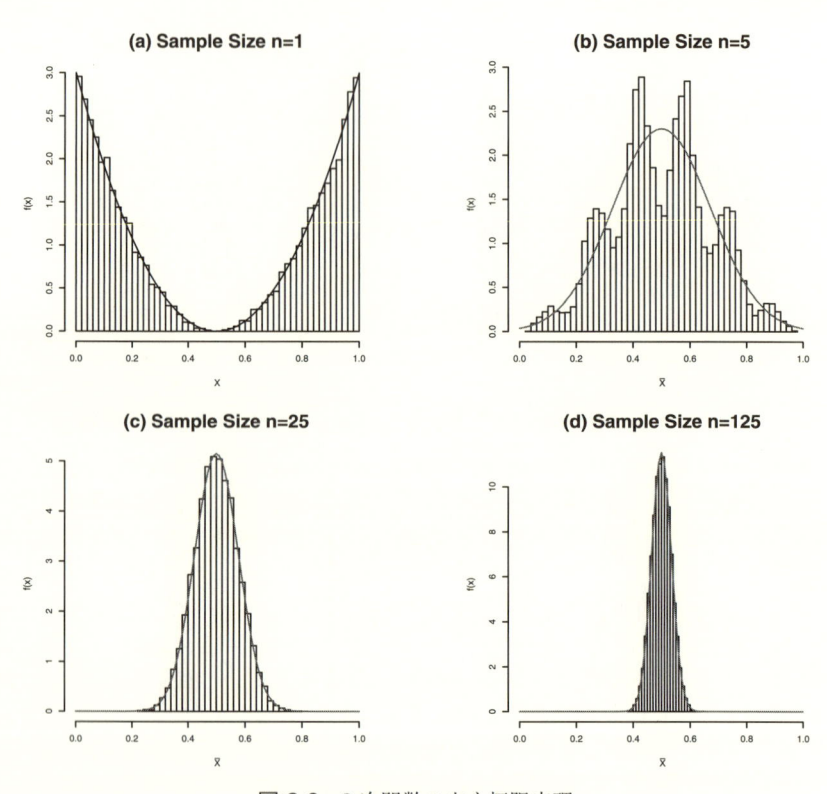

(b) Sample Size n=5

(c) Sample Size n=25

(d) Sample Size n=125

図 2.6 2 次関数の中心極限定理

の場合である．この場合，平均 $\mu = 0$, 分散 $\sigma^2 = 3/20$ である．したがって，$n=5$ のときには，標本平均 $\bar{X}$ の分散は，$\sigma^2/n = 3/100$ になるはずである．平均 $1/2$, 分散 $3/100$ の正規分布 $N(1/2, 3/100)$ の密度関数を同時に描いている．$n=5$ の場合はまだとても正規分布で近似できるとはいえない．しかし，$n=25$ の場合には，$\bar{X}$ の分布は正規分布 $N(1/2, 3/500)$ に非常に近い分布型になっていることがわかる．$n=125$ の場合にも正規分布 $N(1/2, 3/2500)$ で充分近似できるといえよう．□

例 2.28 (コーシー分布, Cauchy distribution) コーシー分布

$$f_X(x) = 1/\pi(1+x^2)$$

2.3 正規分布と中心極限定理

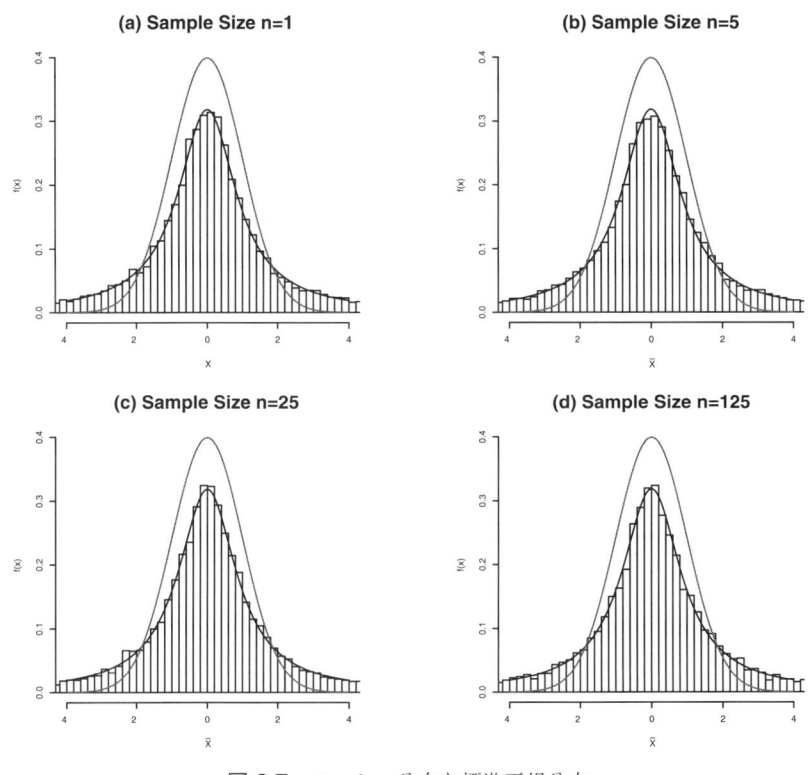

図 2.7 コーシー分布と標準正規分布

はつぎの節で登場するスチューデントの t 分布で自由度 $\nu = 1$ の場合である。平均も分散も存在しない。したがって，中心極限定理の条件を満たしていない分布である。サンプル・サイズ $n = 1$ の場合には，左右対称で標準正規分布 (図中のより尖鋭な曲線) よりもすそ野の厚い分布をしていることがわかる。この特徴は，サンプル・サイズを $n = 5, 25, 125$ と増やしていってもまったく変わらないことがわかる。つまり，正規分布にはまったく収束しない分布である。
□

以上の例からわかるように，比較的サンプル・サイズが小さくても十分に正規分布で近似できる場合とそうでない場合がある。これにこたえるのがつぎの

定理である。

定理 2.16 (ベリー・エッセン, Berry-Essen?) 中心極限定理で，$Z_n = (\bar{X}_n - \mu)\sqrt{n}/\sigma$ としたが，この値がある z 以下となる確率 $\mathbb{P}[Z_n \leq z]$ と，標準正規分布の累積分布関数 $\Phi(z)$ の値を比較する．

$$\sup_{-\infty < z < \infty} |\mathbb{P}[Z_n \leq z] - \Phi(z)| \leq \frac{\mathbb{E}\left[|(X-\mu)^3|\right]}{\sigma^3 \sqrt{n}} c$$

c は z の値に依存しない一様な定数である．sup は上極限でここでは関数 $\mathbb{P}[Z_n \leq z]$ と関数 $\Phi(z)$ の距離を測るのに使われる[10]．この定理の結果によって，どれだけ中心極限定理で正確に近似できるか，その収束の速度が決められる． ■

練習問題

問 1 平均 $\mu = -5$，分散 $\sigma^2 = 36$ の正規分布に従う確率変数 X についてつぎの問いに答えよ．
  a) $\mathbb{P}(1 < X)$ の確率を求めよ．
  b) $\mathbb{P}(-20 < X < 5)$ の確率を求めよ．
  c) 上と同じ確率変数 X の母集団からサンプル・サイズ n で無作為抽出した標本平均を $\bar{X}$ とすると $\mathbb{P}(\bar{X} < 0) \geq 0.975$ となる最小のサンプル・サイズ n を求めなさい．

問 2 平均 $\mu = 3$，分散 $\sigma^2 = 16$ の正規分布をもつ確率変数 X についてつぎの条件を満たす確率を求めよ．y は実数であるとする．
  a) $\frac{1}{2}X^3 - X^2 - \frac{1}{2}X + 1 > 0$ となる確率．
  b) $3y^2 + Xy + 3 = 0$ が異なる 2 実根をもつ確率．
  c) すべての実数 y について $y^2 + Xy + 9 > 0$ が成り立つ確率．

問 3 平均 $\mu = 5$，分散 $\sigma^2 = 25$ の母集団からサンプル・サイズ $n = 2500$ の無作為抽出を行った結果 $(x_1, x_2, \ldots, x_n)$ が得られた．そのヒストグラムを描いたところ，図 2.8 の上段，左端の図のようになった．このサンプルから計算される標本平均 $\bar{x}$ ($n = 2500$) の分布 (基準化はしていない) を描くとつ

---

[10] 証明は，Kai Lai Chung (2001) *A Course in Probability Theory*, 3rd ed., Academic Press, 7.4, pp. 235–242 を参照．

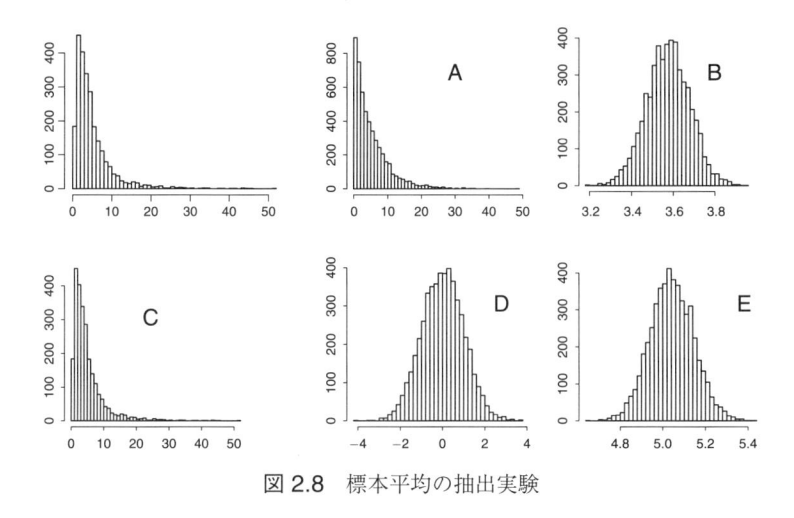

2.4 正規分布から導かれる分布 ☙ 67

図 2.8 標本平均の抽出実験

ぎのどの図 A~E に近いと考えられるか。その理由を示しなさい。

2.4 正規分布から導かれる分布 ☙

この節では，正規母集団から無作為抽出したサンプルについての分布を扱う。母集団分布を正規分布に特定したことによって，より厳しい前提のもとでの議論になる。しかし，中心極限定理によって独立で同一の分布に従う確率変数の和の分布については，近似的に正規分布を仮定できる。このようにサンプル・サイズが大きい状況では，ここで扱う正規分布から導かれる分布で分析することができる。

定義 2.17 (カイ 2 乗 (χ^2) 分布)　互いに独立な ν 個の標準正規分布に従う確率変数 $Z_1, Z_2, \cdots, Z_\nu$ の 2 乗和の分布を，自由度 ν のカイ 2 乗分布という。

$$\chi^2_\nu \equiv Z_1^2 + Z_2^2 + \cdots + Z_\nu^2$$

確率密度関数 $f(x)$ は，自由度を ν とすると

$$f(x) = \frac{1}{\Gamma(\nu/2)2^{\nu/2}} x^{(\nu/2)-1} e^{-x/2}, \quad 0 \leq x < \infty, \quad \nu = 1, 2, \ldots$$

自由度 ν のいろいろな値に応じてグラフを描くと図 2.9 のようになる。自由度

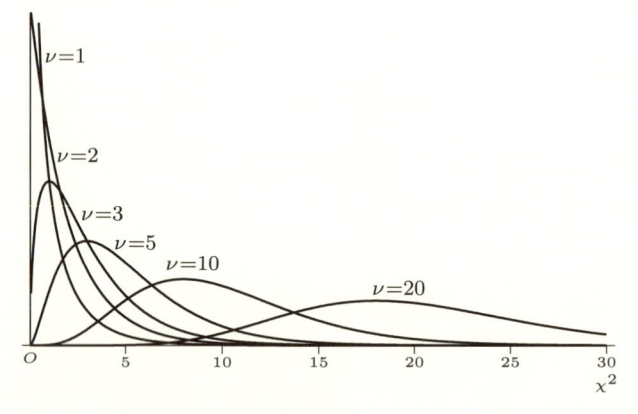

図 2.9　異なる自由度のカイ 2 乗分布

が 2 までは x のベキ乗が 0 以下なので右下がりの曲線である[11]。

ここで，$\Gamma(\nu/2)$ はガンマ関数である。n が整数のとき $\Gamma(n) = (n-1)!$ となるので階乗！の一般化された関数と考えればよい。関数形は，

$$\Gamma(x) \equiv \int_0^\infty t^{x-1} e^{-t} dt, \quad 0 < x < \infty$$

ガンマ関数の性質としては，

$$\Gamma(x+1) = x\Gamma(x), \quad \Gamma(1/2) = \sqrt{\pi}, \quad \lim_{x \to \infty} \frac{\Gamma(x+1)}{(x/e)^x \sqrt{2\pi x}} = 1$$

などがある。最後の極限の等式は第 1 章 6 節でもでてきたスターリングの公

---

[11] カイ 2 乗分布は，ピアソン (Karl Pearson, 1857–1936) がはじめに利用した。K. Pearson (1900) "On the criterion that a given system of deviations from the probable in the case of a correlated system of variables is such that it can be reasonably supposed to have arisen from random sampling," *Philosophical Magazine*, 5th Series, 50, pp. 157-175 で導かれたが，母集団パラメターの推定という概念がなく，適合度検定に利用する自由度に誤りがあったため，論文自体が参照されることは少ない (第 5 章注 7, p.174 参照)。その後，フィッシャー (Ronald Aylmer Fisher, 1890–1962) が形式を完成させたといってもよい。自由度の修正は R. A. Fisher (1922) "On the interpretation of χ^2 from contingency tables, and the calculation of P," *Journal of the Royal Statistical Society*, 85(1), pp. 87–94，母集団パラメターの仮説検定の形式に完成したのは R.A. Fisher (1924) "The conditions under which χ^2 measures the discrepancy between observation and hypothesis," *ibid*, 87(3), pp. 442–450 である。

2.4 正規分布から導かれる分布

式である。大きな値の n の階乗 $n!$ を近似的に計算する場合に便利である。カイ2乗分布はより一般的なガンマ分布の特殊形でもある。

定義 2.18 (ガンマ分布, Gamma distribution) ガンマ分布はカイ2乗分布の一般型として最近よく使われるようになった。$\alpha = \nu/2$, $\beta = 2$ と置くとカイ2乗分布になる。また, $\alpha = 1$ のとき指数分布という。

$$f(x|\alpha,\beta) = \frac{1}{\Gamma(\alpha)\beta^\alpha} x^{\alpha-1} e^{-x/\beta}, \quad 0 \leq x < \infty, \quad \alpha, \beta > 0$$

例 2.29 (カイ2乗分布の平均と分散) カイ2乗分布の平均と分散を求めておく[12]。自由度 ν のカイ2乗分布に従う確率変数を χ^2_ν とすると,

$$\mathbb{E}[\chi^2_\nu] = \nu, \quad \mathrm{Var}[\chi^2_\nu] = 2\nu,$$

自由度 ν のカイ2乗分布に従う確率変数を $X = \chi^2_\nu$ と置く。カイ2乗分布を積分すると1になること, および $\Gamma(x+1) = x\Gamma(x)$ を利用する。

$$\begin{aligned}
\mathbb{E}[X] &= \int_0^\infty \frac{x}{\Gamma(\nu/2)2^{\nu/2}} x^{(\nu/2)-1} e^{-x/2} dx \\
&= \frac{1}{\Gamma(\nu/2)2^{\nu/2}} \int_0^\infty x^{\{(\nu+2)/2-1\}} e^{-x/2} dx \\
&= \frac{\Gamma(\nu/2+1)2^{\nu/2+1}}{\Gamma(\nu/2)2^{\nu/2}} = \frac{\nu}{2} 2 = \nu
\end{aligned}$$

分散は,

$$\begin{aligned}
\mathbb{E}[X^2] &= \int_0^\infty \frac{x^2}{\Gamma(\nu/2)2^{\nu/2}} x^{(\nu/2)-1} e^{-x/2} dx \\
&= \frac{1}{\Gamma(\nu/2)2^{\nu/2}} \int_0^\infty x^{\{(\nu+4)/2-1\}} e^{-x/2} dx \\
&= \frac{\Gamma(\nu/2+2)2^{\nu/2+2}}{\Gamma(\nu/2)2^{\nu/2}} = \left(\frac{\nu}{2}+1\right)\frac{\nu}{2} 4 = \nu^2 + 2\nu
\end{aligned}$$

$$\mathrm{Var}[X] = \mathbb{E}[X^2] - \mathbb{E}[X]^2 = \nu^2 + 2\nu - \nu^2 = 2\nu \quad \square$$

---

[12] 例 5.19 にモーメント母関数を使って導く方法が示されている。

定理 2.19 (標本分散 S^2 とカイ 2 乗分布)　平均 μ, 分散 σ^2 の正規母集団からサイズ n で無作為抽出したサンプル $(X_1, \ldots, X_n)$ の標本平均を $\bar{X}$, 標本分散を S^2 とする。このとき

1) $\bar{X}$ と S^2 は独立な確率変数である。つまり, $\bar{X}$ の確率密度分布を $f_{\bar{X}}(x)$, S^2 の確率密度分布を $f_{S^2}(y)$ とすると, 離散確率変数の独立性 (例 1.16) と同じように, $f_{\bar{X}, S^2}(x, y) = f_{\bar{X}}(x) f_{S^2}(y)$ と書ける (結合密度分布については定義 5.6 とその独立性については定義 5.12 を参照)。

2) $(n-1)S^2/\sigma^2$ は自由度 $n-1$ のカイ 2 乗分布に従う。

$$\frac{(n-1)S^2}{\sigma^2} \sim \chi^2_{n-1}$$

1) 一般的な場合は面倒であるから, $n=2$ の場合を示しておく。結合密度関数と 2 重積分の変数変換の知識が必要である。$n=2$ であるから, サンプルは (X_1, X_2) となる。$n=2$ のとき標本平均と標本分散はつぎのように書き下せる。

$$U = \bar{X} = \frac{1}{2}(X_1 + X_2),$$
$$V = \frac{(n-1)S^2}{\sigma^2} = \frac{1}{\sigma^2}\left\{(X_1 - \bar{X})^2 + (X_2 - \bar{X})^2\right\} = \frac{1}{2}\left(\frac{X_1 - X_2}{\sigma}\right)^2$$

X_1 と X_2 について解くとつぎの式を得る。小文字は確率変数ではなく積分の際の対応する媒介変数を表す。

$$x_1 = u \pm \sqrt{v/2}\,\sigma, \quad x_2 = u \mp \sqrt{v/2}\,\sigma \quad \text{複合同順}$$

つぎに変数変換のヤコビアン (Jacobian) を計算する。

$$\frac{\partial x_1}{\partial u} = 1, \quad \frac{\partial x_1}{\partial v} = \pm \frac{\sigma}{2} \frac{1}{\sqrt{2v}}$$
$$\frac{\partial x_2}{\partial u} = 1, \quad \frac{\partial x_2}{\partial v} = \mp \frac{\sigma}{2} \frac{1}{\sqrt{2v}}$$

以上より, ヤコビアン J は

$$J = \mp \frac{\sigma}{\sqrt{2v}}$$

$U = \bar{X}$ と $V = (n-1)S^2/\sigma^2$ の結合密度関数を X_1 と X_2 の結合密度関数で表すことができて, これを整理すると U の周辺密度関数と V の周辺密度関数の積で表せることが示されればよい。X_1 と X_2 は独立で同一の平均 μ, 分散 σ^2 の正規分布に従うこと, 積分範囲が $V > 0$ のみで $\pm$ の符号によって同じ密度関数の形が 2 つでてくることに注意する。

2.4 正規分布から導かれる分布

$$f_{U,V}(u,v) = \Big\{ f_{X_1,X_2}(u+\sqrt{v/2}\sigma, u-\sqrt{v/2}\sigma)$$
$$+ f_{X_1,X_2}(u-\sqrt{v/2}\sigma, u+\sqrt{v/2}\sigma) \Big\}|J|$$
$$= 2 \times \frac{1}{\sqrt{2\pi\sigma^2}} e^{-\frac{1}{2}\frac{(u+\sqrt{v/2}\sigma-\mu)^2}{\sigma^2}} \frac{1}{\sqrt{2\pi\sigma^2}} e^{-\frac{1}{2}\frac{(u-\sqrt{v/2}\sigma-\mu)^2}{\sigma^2}} \frac{\sigma}{\sqrt{2v}}$$
$$= \frac{1}{\sqrt{2\pi\sigma^2}} e^{-\frac{1}{2}\frac{2(u-\mu)^2+v\sigma^2}{\sigma^2}} \frac{1}{\sqrt{\pi v}}$$
$$= \frac{1}{\sqrt{2\pi\sigma^2/2}} e^{-\frac{1}{2}\frac{2(u-\mu)^2}{\sigma^2}} \frac{e^{-\frac{v}{2}}}{\sqrt{2\pi v}} \tag{2.16}$$

(2.16) 式は

$$f_{U,V}(u,v) = \frac{1}{\sqrt{2\pi\sigma^2/2}} e^{-\frac{1}{2}\frac{2(u-\mu)^2}{\sigma^2}} \frac{e^{-\frac{v}{2}}}{\sqrt{2\pi v}} = f_U(u)f_V(v) \tag{2.17}$$

と書き換えられる。すなわち，U と V は独立な確率変数であることが示された。ところで，$\bar{X}$ の周辺密度関数 $f_{\bar{X}}(x)$ は，平均 μ，分散 $\sigma^2/n = \sigma^2/2$ の正規分布であるから，つぎのようになる。

$$f_{\bar{X}}(u) = \frac{1}{\sqrt{2\pi\sigma^2/2}} e^{-\frac{1}{2}\frac{(u-\mu)^2}{\sigma^2/2}} = f_U(u)$$

2) ここで (2.17) 式の $f_V(v)$ を検討してみると，

$$f_V(v) = \frac{1}{\sqrt{2\pi v}} e^{-\frac{v}{2}} = \frac{1}{\sqrt{\pi}2^{1/2}} v^{1/2-1} e^{-\frac{v}{2}}$$

となり，$\Gamma(1/2) = \sqrt{\pi}$ であるから自由度 1 のカイ 2 乗分布であることがわかる。一般の n の場合には，$n = k$ で成立すると仮定して，$n = k+1$ のときに成立することを示せばよい。実際，2) については，まず

$$\bar{X}_k \equiv \frac{1}{k}\sum_{i=1}^{k} X_i \quad S_{k+1}^2 \equiv \frac{1}{k}\sum_{i=1}^{k+1}(X_i - \bar{X}_{k+1})^2$$

と定義する。さらに

$$\bar{X}_{k+1} - \bar{X}_k = \frac{1}{k+1}\left(X_{k+1} - \bar{X}_k\right) \quad と \quad X_{k+1} - \bar{X}_{k+1} = \frac{k}{k+1}\left(X_{k+1} - \bar{X}_k\right)$$

を利用するとつぎの関係式が成立する。

$$kS_{k+1}^2 = \sum_{i=1}^{k}(X_i - \bar{X}_k)^2 - 2\sum_{i=1}^{k}(X_i - \bar{X}_k)(\bar{X}_{k+1} - \bar{X}_k)$$
$$+ k(\bar{X}_{k+1} - \bar{X}_k)^2 + (X_{k+1} - \bar{X}_{k+1})^2,$$

$\sum_{i=1}^{k}(X_i - \bar{X}_k) = 0$ を代入

$$kS_{k+1}^2 = (k-1)S_k^2 + \frac{k}{k+1}(X_{k+1} - \bar{X}_k)^2$$

$$\frac{kS_{k+1}^2}{\sigma^2} = \frac{(k-1)S_k^2}{\sigma^2} + \frac{k(X_{k+1} - \bar{X}_k)^2}{(k+1)\sigma^2}$$

仮定から $(k-1)S_k^2/\sigma^2$ と $\bar{X}_k$, X_{k+1} の関数 (右辺第 2 項) は統計的に独立である. 右辺の第 1 項 $(k-1)S_k^2/\sigma^2$ は仮定から自由度 $k-1$ のカイ 2 乗分布に従うので, 第 2 項

$$\frac{X_{k+1} - \bar{X}_k}{\sigma\sqrt{(k+1)/k}}$$

が標準正規分布を持てば, 左辺の kS_{k+1}^2/σ^2 は自由度 k のカイ 2 乗分布に従う. X_{k+1} が平均 μ, 分散 σ^2 の正規分布, $\bar{X}_k$ は平均 μ, 分散 σ^2/k の正規分布に従う. これより $X_{k+1} - \bar{X}_k$ は, 平均と分散がそれぞれつぎのように求められる.

$$\mathbb{E}[X_{k+1} - \bar{X}_k] = \mathbb{E}[X_{k+1}] - \mathbb{E}[\bar{X}_k] = \mu - \mu = 0$$

$$\mathrm{Var}[X_{k+1} - \bar{X}_k] = \mathrm{Var}[X_{k+1}] + \mathrm{Var}[\bar{X}_k] = \sigma^2 + \frac{\sigma^2}{k} = \frac{k+1}{k}\sigma^2$$

X_{k+1} と $\bar{X}_k$ は独立な確率変数であるから, その差も正規分布に従う. しかも平均が 0, 分散が $\frac{k+1}{k}\sigma^2$ である. これより

$$\frac{X_{k+1} - \bar{X}_k}{\sigma\sqrt{(k+1)/k}}$$

は平均 0, 分散 1 の標準正規分布に従うことがわかる. 以上で, kS_{k+1}^2 が自由度 k のカイ 2 乗分布を持つことが示された. ■

例 2.30 (カイ 2 乗分布の値の計算)　　自由度 $\nu = 10$ のカイ 2 乗分布に従う確率変数 X がつぎの確率 α をとる値 χ_α^2 を求める.

1) $\mathbb{P}[\chi_\alpha^2 < X] = 0.05$, 　2) $\mathbb{P}[X < \chi_\alpha^2] = 0.05$, 　3) $\mathbb{P}[X < \chi_\alpha^2] = 0.99$

X は自由度 $\nu = 10$ なので, カイ 2 乗分布表の $\nu = 10$ の行の値を探す.

1) $\mathbb{P}[\chi_\alpha^2 < X] = 0.05$ の値は, $\alpha = 0.05$ の列をみると, $\chi^2 = 18.3070$ となる.

2) $\mathbb{P}[X < \chi_\alpha^2] = 0.05$ の値は, $1 - \mathbb{P}[\chi_\alpha^2 < X] = 0.05$ より $\alpha = 0.95$ の列をみると, $\chi^2 = 3.94030$ となる.

3) $\mathbb{P}[X < \chi_\alpha^2] = 0.99$ の値は, $1 - \mathbb{P}[\chi_\alpha^2 < X] = 0.99$ より $\alpha = 0.01$ の列をみると, $\chi^2 = 23.2093$ となる. □

2.4 正規分布から導かれる分布

例 2.31 (正規母集団の標本分散の分散) 本章第1節の最後に示した平均 μ，分散 σ^2 の正規母集団からサイズ n で無作為抽出したサンプルの標本分散 S^2 の分散 $\sigma^2_{S^2}$ をカイ2乗分布を利用して計算する。$(n-1)S^2/\sigma^2$ は，自由度 $n-1$ のカイ2乗分布に従う。すなわち，$n-1$ と σ^2 は定数であるから

$$\mathrm{Var}\left[\frac{(n-1)S^2}{\sigma^2}\right] = 2(n-1)$$

$$\left(\frac{n-1}{\sigma^2}\right)^2 \mathrm{Var}\left[S^2\right] = 2(n-1)$$

$$\mathrm{Var}\left[S^2\right] = \frac{2\sigma^4}{n-1} \quad \square$$

例 2.32 中心極限定理の応用として自由度 ν が無限に大きくなるにつれてカイ2乗分布は正規分布で近似できる。X を自由度 ν のカイ2乗分布に従う確率変数とすると，X/ν は平均1，分散 $2/\nu$ となるので，基準化するとつぎの式が得られる。

$$Z = \frac{X/\nu - 1}{\sqrt{2/\nu}} = \frac{X - \nu}{\sqrt{2\nu}}$$

$\nu \to \infty$ のとき，Z の分布は平均0，分散1の標準正規分布に収束する。

このことを確かめるために，$\mathbb{P}[Z < 1.96]$ となる確率をさまざまな自由度 ν で計算してみたのが表2.3である。よく知られているように標準正規分布で近似した場合には，この確率は 0.975 となる。$\square$

表 2.3 カイ2乗分布と正規分布 $\mathbb{P}[Z < 1.96] = 0.975$ の比較

自由度 ν	$x = \nu + 1.96\sqrt{2\nu}$	$\mathbb{P}[X < x]$
1	3.7719	0.94788
5	11.1981	0.95241
10	18.7654	0.95665
20	32.3961	0.96074
100	127.719	0.96782
1,000	1087.65	0.97259
10,000	1.02772×10^4	0.97423
100,000	1.00877×10^5	0.97476
1.0×10^8	1.00028×10^8	0.97499
1.0×10^9	1.00009×10^9	0.97500

自由度 $\nu = 1, 2, 5, 10, 20, 60, 200$
すそ野が厚くピークの低い順

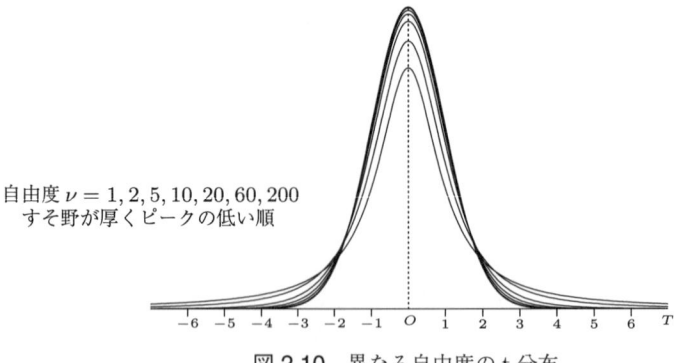

図 2.10 異なる自由度の t 分布

定義 2.20 (スチューデントの t 分布)　正規母集団から無作為抽出したサイズ n のサンプルの標本平均 $\bar{X}$ を基準化する場合に, 分散 σ^2 が未知なため標本分散 S^2 で代用した確率変数 T は自由度 $n-1$ のスチューデントの t 分布に従うことが知られている。このような確率変数 T は, 変形して標準正規分布に従う確率変数 Z と自由度 $n-1$ のカイ 2 乗分布に従う確率変数 χ^2_{n-1} を使って書き表せる。すなわち[13],

$$T = \frac{\bar{X} - \mu}{S/\sqrt{n}} = \frac{\bar{X} - \mu}{\sigma/\sqrt{n}} \frac{1}{\sqrt{\frac{(n-1)S^2}{(n-1)\sigma^2}}} = Z \frac{1}{\sqrt{\frac{\chi^2_{n-1}}{(n-1)}}}$$

図 2.10 は, 自由度を $\nu = 1, 2, 5, 10, 20, 60, 200$ と変えて描いたものである。自由度が大きくなるにつれて, 細くとがってくる。

定理 2.21 (スチューデントの t 分布の密度関数)　自由度 ν の t 分布に従う確率変数 T はつぎのように定義されている。

$$T \equiv \frac{Z}{\sqrt{\chi^2_\nu/\nu}}$$

---

[13] スチューデント (Student) は, ゴセット (William Sealy Gosset, 1876–1937) が K. ピアソンの主宰する雑誌 *Biometrika* に論文を掲載したときのペンネームである。Student (1908) "The probable error of a mean," *Biometrika*, 6(1), pp. 1–25 で, t 分布を導出した。論文には睡眠薬の効き目, 小麦の生育などの応用例がある。

2.4 正規分布から導かれる分布 ♠

確率密度関数 $f_T(t)$ はつぎのようになる。

$$f_T(t) = \frac{\Gamma\left(\frac{\nu+1}{2}\right)}{\Gamma\left(\frac{\nu}{2}\right)} \frac{1}{(\nu\pi)^{1/2}} \frac{1}{(1+t^2/\nu)^{(\nu+1)/2}}$$

T の分子の Z と分母の χ_ν^2 は定理 2.19 より独立に分布するので,結合分布はそれぞれの周辺分布の積で表すことができる。

$$f_{Z,\chi_\nu^2}(z,x) = \frac{1}{\sqrt{2\pi}} e^{-\frac{z^2}{2}} \frac{x^{\nu/2-1} e^{-x/2}}{\Gamma(\nu/2) 2^{\nu/2}}$$

Z と $X = \chi_\nu^2$ の分布を,T と $Y = \chi_\nu^2$ の分布に変数変換する。

$$z = t\sqrt{\frac{y}{\nu}}, \quad x = y$$

より,変換のヤコビアン J は,

$$J = \sqrt{\frac{y}{\nu}}$$

$$f_{T,Y}(t,y) = f_{Z,X}(z,x)|J| = \frac{1}{\Gamma(\nu/2) 2^{\nu/2+1/2} \sqrt{\pi\nu}} y^{\frac{\nu+1}{2}-1} e^{-\frac{y}{2}\left(1+\frac{t^2}{\nu}\right)}$$

$w = y\left(1+t^2/\nu\right)$ と変数変換して,$0 < y < \infty$ について積分すると T の周辺分布,t 分布が得られる。

$$\begin{aligned} f_T(t) &= \frac{1}{\Gamma(\nu/2) 2^{\nu/2+1/2} \sqrt{\pi\nu}} \int_0^\infty y^{\frac{\nu+1}{2}-1} e^{-\frac{y}{2}\left(1+\frac{t^2}{\nu}\right)} dy \\ &= \frac{1}{\Gamma(\nu/2) 2^{\nu/2+1/2} \sqrt{\pi\nu}} \int_0^\infty w^{\frac{\nu+1}{2}-1} e^{-\frac{w}{2}} dw \frac{1}{\left(1+\frac{t^2}{\nu}\right)^{\frac{\nu+1}{2}}} \\ &= \frac{\Gamma\left(\frac{\nu+1}{2}\right)}{\Gamma(\nu/2) \sqrt{\pi\nu}(1+t^2/v)^{\frac{\nu+1}{2}}} \quad \blacksquare \end{aligned}$$

例 2.33 (t 分布の値の計算)　自由度 $\nu = 10$ の t 分布に従う確率変数 T がつぎの確率をとる値 t を求める。

1) $\mathbb{P}[t < |T|] = 0.05$,　2) $\mathbb{P}[|T| < t] = 0.90$,　3) $\mathbb{P}[t < T] = 0.01$

T は自由度 $\nu = 10$ なので,t 分布表の $\nu = 10$ の行の値を探す。

1) $\mathbb{P}[t < |T|] = \mathbb{P}[T < -t, \text{または} t < T] = 0.05$ であるから,t 分布表そのまま利用できる。$\alpha = 0.05$ の列をみると,$t = 2.228$ となる。
2) $\mathbb{P}[|T| < t] = \mathbb{P}[-t < T < t] = 1 - \mathbb{P}[T < -t, \text{または} t < T] = 0.90$ であるから,$\mathbb{P}[T < -t, \text{または} t < T] = 0.10$ の列をみると,$t = 1.812$ が得られる。

3) $\mathbb{P}[t < T] = 0.01$ の値は，t 分布が $T = 0$ を軸とした対称形であることを利用する。$\mathbb{P}[t < T] = \mathbb{P}[T < -t, \text{または} t < T]\frac{1}{2} = 0.01$ より，$\mathbb{P}[T < -t, \text{または} t < T] = 0.02$ なので，$\alpha = 0.02$ の列をみると $t = 2.764$ を得る。□

例 2.34 (t 分布の平均) t 分布の平均 $\mathbb{E}[T]$ は，自由度 ν が $\nu = 1$ のときにはコーシー分布 (例 2.28) となり計算できない。確率密度関数を $f_T(t)$ とすると，$t = 0$ で対称であるから，$f_T(t) = f_T(-t)$ である。$\nu > 1$ のときは，$f_T(t) = f_T(-t)$ を利用する。

$$\mathbb{E}[T] \equiv \int_{-\infty}^{\infty} t f_T(t) dt = \int_0^{\infty} t f_T(t) dt + \int_{-\infty}^0 t f_T(t) dt$$

ここで，$s = -t$ と変数変換すると，

$$\int_{-\infty}^0 t f_T(t) dt = -\int_{\infty}^0 -s f_T(-s) ds = -\int_0^{\infty} s f_T(-s) ds = -\int_0^{\infty} s f_T(s) ds$$

を代入して

$$\mathbb{E}[T] = \int_0^{\infty} t f_T(t) dt - \int_0^{\infty} t f_T(t) dt = 0$$

となる。□

例 2.35 (t 分布の分散) $\mathbb{E}[T] = 0$ であるから，$\text{Var}[T] = \mathbb{E}[T^2]$ となる。

$$\text{Var}[T] = \mathbb{E}[T^2] = \frac{\nu}{\nu - 2}, \quad \nu > 2$$

この積分は，たとえば $f_T(t)$ を計算する前におこなった結合密度関数の積分にもどして行う。

$$\mathbb{E}[T^2] \equiv \int_{-\infty}^{\infty} t^2 f_T(t) dt$$
$$= \int_{-\infty}^{\infty} t^2 \frac{1}{\Gamma(\nu/2) 2^{\nu/2+1/2} \sqrt{\pi \nu}} \int_0^{\infty} y^{\frac{\nu+1}{2}-1} e^{-\frac{y}{2}\left(1 + \frac{t^2}{\nu}\right)} dy dt$$

積分順序の変更をして，[ ] 内で分散 ν/y の正規分布の積分を利用すると，

$$\mathbb{E}[T^2] = \frac{1}{\Gamma(\nu/2) 2^{\nu/2+1/2} \sqrt{\pi \nu}} \int_0^{\infty} \left[\int_{-\infty}^{\infty} t^2 e^{-\frac{yt^2}{2\nu}} dt \right] y^{\frac{\nu+1}{2}-1} e^{-\frac{y}{2}} dy$$
$$= \frac{1}{\Gamma(\nu/2) 2^{\nu/2+1/2} \sqrt{\pi \nu}} \int_0^{\infty} \sqrt{2\pi} \left(\frac{\nu}{y}\right)^{3/2} y^{\frac{\nu+1}{2}-1} e^{-\frac{y}{2}} dy$$

2.4 正規分布から導かれる分布⑫   77

$$= \frac{1}{\Gamma(\nu/2)2^{\nu/2}}\nu \int_0^\infty y^{\frac{\nu+1-3}{2}-1} e^{-\frac{y}{2}} dy$$

$\nu > 2$ のとき積分できて

$$= \frac{1}{\Gamma(\nu/2)2^{\nu/2}}\nu \Gamma\left(\frac{\nu}{2}-1\right) 2^{\nu/2-1} = \frac{\nu}{2\left(\frac{\nu}{2}-1\right)} = \frac{\nu}{\nu-2} \quad \square$$

他の方法での計算は演習問題としてあげておく。

例 2.36 (自由度 ν が大きいときの t 分布)　自由度 ν を無限大にすると t 分布は標準正規分布に近づく。

これにはスターリングの公式 $\Gamma(x+1) \doteqdot (x/e)^x \sqrt{2\pi x}$ を利用する。

$$\Gamma\left(\frac{\nu+1}{2}\right) = \Gamma\left(\frac{\nu-1}{2}+1\right) \doteqdot \left(\frac{\nu-1}{2e}\right)^{\frac{\nu-1}{2}} \sqrt{2\pi\left(\frac{\nu-1}{2}\right)}$$

$$\Gamma\left(\frac{\nu}{2}\right) = \Gamma\left(\frac{\nu-2}{2}+1\right) \doteqdot \left(\frac{\nu-2}{2e}\right)^{\frac{\nu-2}{2}} \sqrt{2\pi\left(\frac{\nu-2}{2}\right)}$$

これらを $f_T(t)$ に代入して

$$f_T(t) \doteqdot \frac{\left(\frac{\nu-1}{2e}\right)^{\frac{\nu-1}{2}} \sqrt{2\pi\left(\frac{\nu-1}{2}\right)}}{\left(\frac{\nu-2}{2e}\right)^{\frac{\nu-2}{2}} \sqrt{2\pi\left(\frac{\nu-2}{2}\right)}} \frac{1}{(\nu\pi)^{1/2}(1+t^2/\nu)^{(\nu+1)/2}}$$

$$\doteqdot \frac{1}{\sqrt{\pi\nu}} \frac{(\nu-1)^{\frac{\nu-1}{2}+\frac{1}{2}}}{(\nu-2)^{\frac{\nu-2}{2}+\frac{1}{2}}} \frac{1}{(2e)^{\frac{\nu-1}{2}-\frac{\nu-2}{2}}} \left(1+\frac{t^2}{\nu}\right)^{-\frac{\nu+1}{2}}$$

$$\doteqdot \frac{1}{\sqrt{2\pi e}} \frac{\left(1-\frac{1}{\nu}\right)^{\frac{\nu}{2}}}{\left(1-\frac{2}{\nu}\right)^{\frac{\nu-1}{2}}} \left(1+\frac{t^2}{\nu}\right)^{-\frac{\nu+1}{2}}$$

ここで右辺の $\nu \to \infty$ の極限を計算する。

$$\lim_{\nu\to\infty}\left(1-\frac{1}{\nu}\right)^{\frac{\nu}{2}} = \lim_{n\to\infty}\left(1-\frac{1}{2n}\right)^n = e^{-\frac{1}{2}}$$

$$\lim_{\nu\to\infty}\left(1-\frac{2}{\nu}\right)^{\frac{\nu-1}{2}} = \lim_{n\to\infty}\left(1-\frac{2}{2n+1}\right)^n$$

$$= \lim_{n\to\infty}\left(1-\frac{1}{n(1+1/2n)}\right)^n = e^{-1}$$

$$\lim_{\nu\to\infty}\left(1+\frac{t^2}{\nu}\right)^{-\frac{\nu+1}{2}} = \lim_{n\to\infty}\left\{1-\frac{1}{n}\left(\frac{t^2}{2+1/n}\right)\right\}^n = e^{-\frac{t^2}{2}}$$

これらを代入すると,
$$\lim_{\nu \to \infty} f_T(t) = \frac{1}{\sqrt{2\pi}} e^{-\frac{t^2}{2}}$$
となり, 標準正規分布の確率密度関数となる。□

定義 2.22 (スネデカーの F 分布)　互いに独立な自由度 ν_1 のカイ 2 乗分布 $\chi^2_{\nu_1}$ と自由度 ν_2 のカイ 2 乗分布 $\chi^2_{\nu_2}$ の比率の分布がスネデカーの F 分布である[14]。
$$F \equiv \frac{\chi^2_{\nu_1}/\nu_1}{\chi^2_{\nu_2}/\nu_2}$$
分散が σ^2_1 の母集団から無作為抽出したサイズ n_1 のサンプルと分散が σ^2_2 の母集団から無作為抽出したサイズ n_2 のサンプルについて, それぞれ標本分散 S^2_1 と S^2_2 を計算する。このとき,
$$F = \frac{S^2_1/\sigma^2_1}{S^2_2/\sigma^2_2}$$
は, 自由度が, $n_1 - 1$ と $n_2 - 1$ の F 分布に従う。

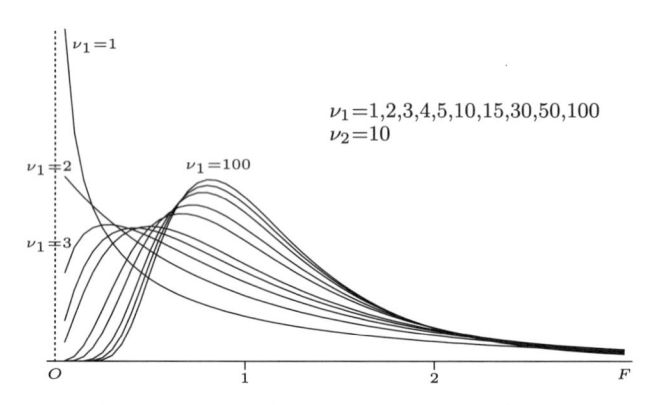

図 2.11　異なる自由度の F 分布の確率密度関数

---

[14] スネデカー (George W. Snedecor, 1881–1974) は農業への応用として統計学を利用していたが, G. W. Snedecor (1934) *Calculation and Interpretation of Analysis of Variance and Covariance*, Collegiate Press, Ames, Iowa で F 分布を利用した分析を行っている。F 分布自体は, フィッシャーが R. A. Fisher (1924) "On a distribution yielding the error functions of several well known statistics," *Proceedings of International Mathematical Congress*, Toronto, vol. 2, pp. 805–813 で $z = 1/2 \ln F$ の分布を調べたのが早い。

2.4 正規分布から導かれる分布❀

図 2.11 は，分母の自由度 ν_2 を 10 と固定して，分子の自由度 ν_1 をいろいろ変えて見たときの F 分布の確率密度関数である．分母の自由度が変化すると右側にせりあがってくるタイミングが異なるが，似たような傾向になる．

定理 2.23 (スネデカーの F 分布の密度関数) 確率密度関数 $f_F(x)$ はつぎのようになる．

$$f_F(x) = \frac{\Gamma\left(\frac{\nu_1+\nu_2}{2}\right)}{\Gamma\left(\frac{\nu_1}{2}\right)\Gamma\left(\frac{\nu_2}{2}\right)} \left(\frac{\nu_1}{\nu_2}\right)^{\nu_1/2} \frac{x^{(\nu_1/2)-1}}{[1+(\nu_1/\nu_2)x]^{(\nu_1+\nu_2)/2}}, \quad 0 \leq x < \infty$$

F 分布の導出は t 分布の導出と同様で，それほど難しいものではない．2 つの独立なカイ 2 乗分布の結合密度関数はつぎのように定義できる．

$$f_{\chi_1^2,\chi_2^2}(x_1,x_2) = \frac{1}{\Gamma\left(\frac{\nu_1}{2}\right)2^{\frac{\nu_1}{2}}} x_1^{\frac{\nu_1}{2}-1} e^{-\frac{x_1}{2}} \frac{1}{\Gamma\left(\frac{\nu_2}{2}\right)2^{\frac{\nu_2}{2}}} x_2^{\frac{\nu_2}{2}-1} e^{-\frac{x_2}{2}},$$

$$0 \leq x_1, x_2 < \infty$$

ここで

$$x = \frac{x_1/\nu_1}{x_2/\nu_2}, \quad y = x_2$$

と変数変換する．$x_1 = \frac{\nu_1}{\nu_2}xy$, $x_2 = y$ であるから，変換のヤコビアン J は，$J = \frac{\nu_1}{\nu_2}y$ となる．したがって，x と y の結合密度関数は，

$$f_{X,Y}(x,y) = f_{\chi_1^2,\chi_2^2}\left(\frac{\nu_1}{\nu_2}xy, y\right)\left|\frac{\nu_1}{\nu_2}y\right|$$

$$= \frac{\left(\frac{\nu_1}{\nu_2}\right)^{\frac{\nu_1}{2}} x^{\frac{\nu_1}{2}-1}}{\Gamma\left(\frac{\nu_1}{2}\right)\Gamma\left(\frac{\nu_2}{2}\right)2^{\frac{\nu_1+\nu_2}{2}}} y^{\frac{\nu_1+\nu_2}{2}-1} e^{-\frac{y}{2}\left(\frac{\nu_1}{\nu_2}x+1\right)}$$

$$\int_0^\infty y^{\frac{\nu_1+\nu_2}{2}-1} e^{-\frac{y}{2}\left(\frac{\nu_1}{\nu_2}x+1\right)} dy = \frac{\Gamma\left(\frac{\nu_1+\nu_2}{2}\right)2^{\frac{\nu_1+\nu_2}{2}}}{\left(1+\frac{\nu_1}{\nu_2}x\right)^{\frac{\nu_1+\nu_2}{2}}}$$

であるから，F 分布の確率密度関数 $f_F(x)$ はこれを代入して整理すると得られる．

$$f_F(x) = \int_0^\infty f_{X,Y}(x,y)dy = \frac{\left(\frac{\nu_1}{\nu_2}\right)^{\frac{\nu_1}{2}} x^{\frac{\nu_1}{2}-1}}{\Gamma\left(\frac{\nu_1}{2}\right)\Gamma\left(\frac{\nu_2}{2}\right)} \frac{\Gamma\left(\frac{\nu_1+\nu_2}{2}\right)}{\left(1+\frac{\nu_1}{\nu_2}x\right)^{\frac{\nu_1+\nu_2}{2}}} \quad \blacksquare$$

例 2.37 (F 分布の平均) 自由度 ν_1, ν_2 の F 分布に従う確率変数を F_{ν_1,ν_2} とする．

$$\mathbb{E}[F_{\nu_1,\nu_2}] = \frac{\nu_2}{\nu_2-2}, \quad \nu_2 = 3, 4, \ldots$$

F 分布の平均は，この節の練習問題の問 1 の関係式で $g(x) = 1$ を利用すると簡単に求められる．独立な確率変数の積の期待値についての等式を利用する．

$$\mathbb{E}[F_{\nu_1,\nu_2}] = \mathbb{E}\left[\frac{\chi^2_{\nu_1}/\nu_1}{\chi^2_{\nu_2}/\nu_2}\right] = \mathbb{E}[\chi^2_{\nu_1}/\nu_1]\,\mathbb{E}\left[\frac{1}{\chi^2_{\nu_2}/\nu_2}\right] = \frac{\nu_2}{\nu_1}\mathbb{E}[\chi^2_{\nu_1}]\mathbb{E}\left[\frac{1}{\chi^2_{\nu_2}}\right]$$

$\mathbb{E}[\chi^2_{\nu_1}] = \nu_1$ であり，$\mathbb{E}\left[\frac{1}{\chi^2_{\nu_2}}\right]$ は，

$$1 = \mathbb{E}[g(\chi^2_{\nu_2-2})] = (\nu_2 - 2)\mathbb{E}\left[\frac{1}{\chi^2_{\nu_2}}\right]$$

$$\mathbb{E}\left[\frac{1}{\chi^2_{\nu_2}}\right] = \frac{1}{\nu_2 - 2}$$

以上より，

$$\mathbb{E}[F_{\nu_1,\nu_2}] = \frac{\nu_2}{\nu_2 - 2}, \quad \nu_2 = 3, 4, \ldots \quad \square$$

例 2.38 (1 元配置の分散分析，ANOVA) グループ 1 とグループ 2 で異なる処置 (政策) の影響が平均の違いとなって現れると考えよう．グループ 1 の母集団からの確率変数 X_1 は，平均 μ_1，分散 σ^2 の正規分布 $N(\mu_1, \sigma^2)$，グループ 2 の母集団からの確率変数 X_2 は，平均 μ_2，分散 σ^2 の正規分布 $N(\mu_2, \sigma^2)$ に従うものとする．このとき，それぞれの処置グループから，サイズ n_1 と n_2 で無作為抽出して結果を比べるとする．それぞれのサンプルは

$$(X_{1,1}, X_{1,2}, \ldots, X_{1,n_1}), \quad (X_{2,1}, X_{2,2}, \ldots, X_{2,n_2})$$

で与えられるとする．それぞれのグループの標本平均は

$$\bar{X}_1 \equiv \frac{1}{n_1}\sum_{i=1}^{n_1} X_{1,i}, \quad \bar{X}_2 \equiv \frac{1}{n_2}\sum_{i=1}^{n_2} X_{2,i}$$

で計算できる．グループをプールした標本平均は，

$$\bar{\bar{X}} \equiv \frac{1}{n_1 + n_2}\left(\sum_{i=1}^{n_1} X_{1,i} + \sum_{i=1}^{n_2} X_{2,i}\right)$$

である．グループ 1 とグループ 2 のグループ内での変動は，

$$\sum_{i=1}^{n_1}(X_{1,i} - \bar{X}_1)^2, \quad \sum_{i=1}^{n_2}(X_{2,i} - \bar{X}_2)^2$$

で定義される．全変動は，グループ内の変動とグループ間の変動に分解できる．

2.4 正規分布から導かれる分布

$$\sum_{j=1}^{2}\sum_{i=1}^{n_j}(X_{j,i}-\bar{\bar{X}})^2 = \sum_{j=1}^{2}\sum_{i=1}^{n_j}(X_{j,i}-\bar{X}_j)^2 + \sum_{j=1}^{2}n_j(\bar{X}_j-\bar{\bar{X}})^2$$

このとき，グループ内の変動を分散で割ると，それぞれ自由度 n_1-1 と n_2-1 のカイ2乗分布に従うことがわかる．

$$\frac{1}{\sigma^2}\sum_{i=1}^{n_1}(X_{1,i}-\bar{X}_1)^2 \sim \chi^2_{n_1-1}, \quad \frac{1}{\sigma^2}\sum_{i=1}^{n_2}(X_{2,i}-\bar{X}_2)^2 \sim \chi^2_{n_2-1},$$

したがって，グループ1とグループ2は独立に抽出しているのでその和もカイ2乗分布に従う．

$$\frac{1}{\sigma^2}\left(\sum_{i=1}^{n_1}(X_{1,i}-\bar{X}_1)^2 + \sum_{i=1}^{n_2}(X_{2,i}-\bar{X}_2)^2\right) \sim \chi^2_{n_1+n_2-2}$$

ところが，平均 μ_1 と μ_2 が等しくない場合には，グループ間の変動と全変動はカイ2乗分布しない．かりに，平均 $\mu_1=\mu_2=\mu$ であれば，つまり処置の効果に差が認められない場合には，グループ間の変動も全変動もカイ2乗分布する．

$$\frac{n_1(\bar{X}_1-\bar{\bar{X}})^2 + n_2(\bar{X}_2-\bar{\bar{X}})^2}{\sigma^2} \sim \chi^2_1$$

$$\frac{1}{\sigma^2}\left(\sum_{i=1}^{n_1}(X_{1,i}-\bar{\bar{X}})^2 + \sum_{i=1}^{n_2}(X_{2,i}-\bar{\bar{X}})^2\right) \sim \chi^2_{n_1+n_2-1}$$

処置 (政策) の効果が平均に与える影響に興味がある場合，分散 σ^2 には興味がないので，これらの比率を計算すると分散 σ^2 は推定せずに分析ができる．このとき，カイ2乗分布の比率なので，F分布に従うことがわかる．すなわち，グループ内の変動とグループ間の変動の比率は

$$F_{1,n_1+n_2-2} = \frac{\dfrac{n_1(\bar{X}_1-\bar{\bar{X}})^2 + n_2(\bar{X}_2-\bar{\bar{X}})^2}{1}}{\dfrac{\sum_{i=1}^{n_1}(X_{1,i}-\bar{X}_1)^2 + \sum_{i=1}^{n_2}(X_{2,i}-\bar{X}_2)^2}{n_1+n_2-2}}$$

F_{1,n_1+n_2-2} の値が，F分布に従わないような場合には，処置 (政策) の効果がグループ間で異なっていたと判断することになる．このような分析を分散分析 (Analysis of Variance, ANOVA) という．□

練習問題

問1 χ_ν^2 の関数 $g(\chi_\nu^2)$ の期待値についてのつぎの恒等式を証明しなさい。
$$\mathbb{E}[g(\chi_\nu^2)] = \nu \mathbb{E}\left[\frac{g(\chi_{\nu+2}^2)}{\chi_{\nu+2}^2}\right]$$

問2 t分布の期待値 $\mathbb{E}[T]$ を独立な確率変数の積の期待値は期待値の積となることを利用して求めなさい。すなわち，確率変数 X と Y が独立であれば，$\mathbb{E}[XY] = \mathbb{E}[X]\mathbb{E}[Y]$ であることを利用する。

問3 t分布の分散 $\mathbb{E}[T^2]$ を変数変換により求めなさい。
$$\mathbb{E}[T^2] = \frac{\Gamma\left(\frac{\nu+1}{2}\right)}{\Gamma\left(\frac{\nu}{2}\right)} \frac{1}{(\nu\pi)^{1/2}} \int_{-\infty}^{\infty} \frac{t^2}{(1+t^2/\nu)^{(\nu+1)/2}} dt$$
$x = \frac{1}{1+t^2/\nu}$ と変数変換して積分を計算する。さらにベータ関数とベータ分布の性質を利用する。

問4 自由度 ν_1, ν_2 の F 分布に従う確率変数 F_{ν_1,ν_2} の分散がつぎの式で与えられることを導きなさい。
$$\mathrm{Var}[F_{\nu_1,\nu_2}] = 2\left(\frac{\nu_2}{\nu_2-2}\right)^2 \frac{\nu_1+\nu_2-2}{\nu_1(\nu_2-4)}, \quad \nu_2 > 4$$

問5 X, Y という2種類の確率変数が割合 p で混合した $Z = pX + (1-p)Y$ という確率変数がある。X の平均は $\mu_X = -1$, Y の平均は $\mu_Y = 1$ であることがわかっているが，p は未知なのでこれを推定しようと考えている。Z の観察値を無作為抽出によって $(Z_1, Z_2, \ldots, Z_n)$ として得られたとする。この標本平均は $\bar{Z} = -0.1$ であった。このとき，p の推定値 $\hat{p}$ としてはどのような値が考えられるか。つぎの手順で解答しなさい。p を与えられたものとして考えるとつぎの計算ができる。

　a) $\mu_{\bar{Z}} = \mathbb{E}[\bar{Z}] = \boxed{\quad(1)\quad}$ ここで，$\mu_X = -1$ と $\mu_Y = 1$ を利用した。

　b) (1) を p について解くと p を $\mu_{\bar{Z}}$ で表すことができる。$p = \boxed{\quad(2)\quad}$

　c) $\mu_{\bar{Z}}$ をその推定値である $\bar{Z}$ で置き換えると，$\hat{p} = \boxed{\quad(3)\quad}$ となり，$\bar{Z} = -0.1$ を値を代入して，$\hat{p}$ の値が求められる。$\hat{p} = \boxed{\quad(4)\quad}$

　d) つぎに，推定値 $\hat{p}$ の分散 $\mathrm{Var}[\hat{p}] = \mathbb{E}[(\hat{p}-p)^2]$ を $\bar{Z}$ の分散 $\sigma_{\bar{Z}}^2$ であらわすことを考える。$\mathrm{Var}[\hat{p}] = \mathbb{E}[(\hat{p}-p)^2] = \mathbb{E}[(\boxed{\quad(5)\quad})^2]$, $\hat{p}$ に (3) を，p に (2) を代入する。

3 推定方法の基礎

　ここでは，統計的推論の第一歩として，特に平均の推定について述べることにする。第2章では，正規分布について調べたが，その情報を早速応用することになる。すなわち，標本平均のもつ特性「中心極限定理」を使って，母集団の平均を推定することを考える。そのまえに，推定方法について一般的な考え方を整理しておく。つぎに，具体的な推定の方法，点推定と区間推定についての公式を使って，実際の問題に応用する。応用問題として平均の一種である割合の区間推定についても扱っている。進んだ課題としては，母分散が未知のときの区間推定の方法について，大標本の場合と小標本の場合を分けて論じている。最後に分散の区間推定についても解説している。

3.1　推定量の性質・点推定

　母集団，たとえば20歳の男性の身長を知りたいとしよう。アパレル・メーカーや商社で大学2年生あたりをターゲットにジャケットの品ぞろえを決めなければならないというようなことがあるかもしれない。しかも最近は10年前に比べて少し身長が伸びたなどといわれている。未知のパラメータは母集団の平均 μ であるとする。もちろん平均身長だけでは SML などの品ぞろえは決められないが，とりあえず平均身長は必要である。簡単のため，これまでの経験から，身長の標準偏差 σ はだいたい 5.5 cm くらいであることが知られているとする。

表 3.1　男子大学生 (2 年生) の身長

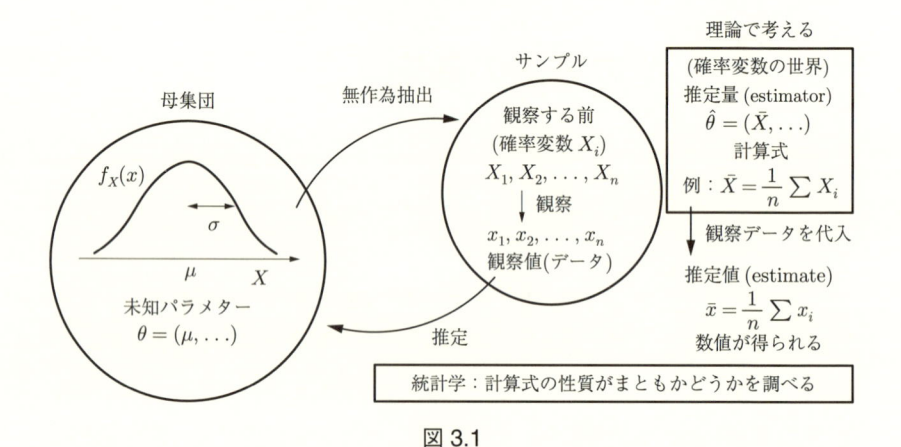

	x_1	x_2	x_3	x_4	x_5	x_6	x_7	x_8	合計	標本平均 $\bar{x}$
身長 cm	168	175	177	171	168	174	176	179	1388	173.5

図 3.1

調査計画として n 人の大学 2 年生 (男子) について無作為抽出 (random sampling) してサンプルを得ることにする。このとき個々人の身長は X_1, X_2, ..., X_n で表わされるが，まだ観察していないとする。誰もが平均身長を計算するのだから，表 3.1 にあるように標本平均 (2.1) という計算式で計算すればいいだけのことだと考えるだろう。しかし，その正当性は一体どこにあるのか。

図 3.1 は標本抽出から推定の関係を模式的に表している。知りたい中心である母集団の未知パラメターはいま平均 μ であるが，一般的にギリシャ文字 θ(シータ) で表わしている。

定義 3.1 (推定量，Estimator)　　推定したい母集団パラメター θ について，サンプルの観察データ (まだ実際の値はわからない) を使った計算式を**点推定量** (point estimator) といい，$\hat{\theta}$ で表わす。一般に，$\hat{\theta}$ はまだ値の知られていない観察値 $X_1, X_2, \ldots, X_n$ の関数である。

$$\hat{\theta} \equiv \hat{\theta}(X_1, X_2, \ldots, X_n)$$

3.1 推定量の性質・点推定

したがって $\hat{\theta}$ は確率変数である。あるサンプルの任意の関数を**統計量** (statistic) という。$\hat{\theta}(X_1, X_2, \ldots, X_n)$ で与えられる点推定量は，推定したい母集団パラメーターに関する統計量のことである。

定義 3.2 (推定の誤差，Error)　推定量 $\hat{\theta}$ と母集団パラメーター θ のズレを，誤差といい，ε で表わす。すなわち，

$$\varepsilon \equiv \hat{\theta} - \theta$$

誤差は $\hat{\theta} \equiv \hat{\theta}(X_1, X_2, \ldots, X_n)$ に依存するので，確率変数である。

　身長の分布は確率変数 X の分布として描かれている。この母集団からいままさに無作為抽出しようとして計画しているが，そのときの個々の身長データ $(X_1, X_2, \ldots, X_n)$ は，まだ観察していないので，これも確率変数である。そして，独立で同一の分布 (iid)$f_X(x)$ に従っている。すなわち，

$$X_i \stackrel{iid}{\sim} f_X(x) \quad i = 1, 2, \ldots, n$$

このことから，

$$\mathbb{E}[X_i] \equiv \int_{-\infty}^{\infty} x f_X(x) dx = \mu \quad i = 1, 2, \ldots, n \tag{3.2}$$

が成り立つ。要するにどの観察値をとってみても，その期待値は母集団の平均 μ に等しくなる。であるなら，通常利用される標本平均 $\bar{X}$ の計算式 (2.1) の期待値も母集団の平均 μ に等しくなることが期待される。

定義 3.3 (不偏性，Unbiasedness)　推定量 $\hat{\theta}$ の期待値が対応する母集団の値に等しいとき，その推定量を**不偏推定量** (unbiased estimator) という。

$$\mathbb{E}[\hat{\theta}] = \theta \tag{3.3}$$

$\hat{\theta}$ が不偏推定量であれば，その誤差 ε の期待値はゼロである。

$$\mathbb{E}[\varepsilon] = \mathbb{E}[\hat{\theta} - \theta] = 0$$

このような推定量の特徴を**不偏性**という。

例 3.1 (標本平均 $\bar{X}$ の不偏性)　平均の推定量である標本平均 $\bar{X}$ は不偏推定量である (定理 2.7 式 2.2)。

$$\mathbb{E}[\bar{X}] = \mu \quad \square \tag{3.4}$$

例 3.2 (標本分散 S^2 の不偏性)　分散の推定量である標本分散 S^2 は不偏推定量である。

$$\mathbb{E}[S^2] = \mathbb{E}\left[\frac{1}{n-1}\sum_{i=1}^{n}(X_i - \bar{X})^2\right] = \frac{1}{n-1}\mathbb{E}\left[\sum_{i=1}^{n}(X_i - \bar{X})^2\right]$$

まず総和記号を計算しやすいように整理する。

$$\sum_{i=1}^{n}(X_i - \bar{X})^2 = \sum_{i=1}^{n}(X_i - \mu - (\bar{X} - \mu))^2$$
$$= \sum_{i=1}^{n}\left\{(X_i - \mu)^2 + (\bar{X} - \mu)^2 - 2(X_i - \mu)(\bar{X} - \mu)\right\}$$
$$= \sum_{i=1}^{n}(X_i - \mu)^2 + n(\bar{X} - \mu)^2 - 2\sum_{i=1}^{n}(\bar{X} - \mu)^2$$
$$= \sum_{i=1}^{n}(X_i - \mu)^2 - n(\bar{X} - \mu)^2$$

期待値の計算をする。ここで X_i の分散 $\mathbb{E}[(X_i - \mu)^2] = \sigma^2$ と標本平均 $\bar{X}$ の分散 σ^2/n を代入する。

$$\mathbb{E}\left[\sum_{i=1}^{n}(X_i - \mu)^2 - n(\bar{X} - \mu)^2\right] = \sum_{i=1}^{n}\mathbb{E}[(X_i - \mu)^2] - n\mathbb{E}[(\bar{X} - \mu)^2]$$
$$= \sum_{i=1}^{n}\sigma^2 - n\frac{\sigma^2}{n} = (n-1)\sigma^2 \tag{3.5}$$

以上をまとめると

$$\mathbb{E}[S^2] = \sigma^2 \quad \square \tag{3.6}$$

不偏性は推定量のよい性質の一つであるが，一つの観察値 X_1 を平均の推定量としても式 (3.2) より不偏性は保たれている。つまり，不偏性だけでは優劣がつけられないのである。

3.1 推定量の性質・点推定

大数の法則 (定理 1.25) をみると，真の平均とズレる確率は分散によって決まるので，推定量の分散をより小さくすることをよい推定量の基準に加えることが考えられる。

定義 3.4 (有効性，Efficiency) 　不偏推定量のうちで，分散がより小さい推定量をより有効な推定量であるという。

例 3.3 (標本平均 $\bar{X}$ の有効性) 　平均 μ の推定量として $\bar{X}$ と X_1 を比較した場合，それぞれの分散 $\sigma^2 \equiv \mathrm{Var}[X_1]$ と $\sigma_{\bar{X}}^2 \equiv \mathrm{Var}[\bar{X}]$ は第 2 章でみたように，

$$\mathrm{Var}[X_1] \equiv \mathbb{E}[(X_1 - \mu)^2] = \sigma^2$$

$$\mathrm{Var}[\bar{X}] \equiv \mathbb{E}[(\bar{X} - \mu)^2] = \frac{\sigma^2}{n}$$

これより，$n > 1$ であれば，標本平均 $\bar{X}$ の方が X_1 よりも分散が小さくなる。したがって標本平均 $\bar{X}$ は X_1 より有効な推定量であるといえる。□

例 3.4 (標本平均 $\bar{X}$ の計算例) 　表 3.1 の例では，$n = 8$ で $\bar{x} = 173.5 \mathrm{cm}$ であった。過去の調査から標準偏差 σ を 5.5cm とすると，$\bar{X}$ の分散 $\sigma_{\bar{X}}^2$ は，$\sigma_{\bar{X}}^2 = 5.5^2/8 \fallingdotseq 3.78$ と求められる。$\bar{X}$ の標準偏差 $\sigma_{\bar{X}}$ は，$\sigma_{\bar{X}} \fallingdotseq 1.94$ となる。$\bar{X}$ を利用することにより，わずか $n = 8$ のサンプル・サイズでも元の標準偏差 $\sigma = 5.5$ よりもバラツキの度合いが $1/\sqrt{8} \fallingdotseq 0.35$ 程度小さくなることがわかる。□

練習問題

問 1 　無作為抽出したサンプル $(X_1, X_2, \ldots, X_n)$ について，1 つの観察値 X_i は平均 μ の不偏推定量であるか。標本平均 $\bar{X}$ と比較してどのような点が劣るか。

問 2 　標本分散 S^2 は不偏推定量であるが，

$$\hat{\sigma}^2 \equiv \frac{1}{n} \sum_{i=1}^{n} (X_i - \bar{X})^2$$

と比較して分散の大きさはどうか。$\hat{\sigma}^2 = \frac{n-1}{n} S^2$ であることを利用する。

問3☆ 欠けたポアソン分布 $(e^\theta - 1)^{-1}\theta^x/x!\,(x = 1, 2, \ldots)$ の X にもとづく $1 - e^{-\theta}$ の唯一の不偏推定量は, X が奇数のとき 0, X が偶数のとき 2 となる推定量で得られることを導きなさい。$1 - e^{-\theta}$ の定義域は $[0, 1)$ であるので, この不偏推定量はばかげている。不偏推定量を $g(X)$ として $\mathbb{E}[g(X)] = 1 - e^{-\theta}$ を計算する (E. L. Lehmann (1951) "A general concept of unbiasedness," *Annals of Mathematical Statistics*, 22(4), pp. 587–592 による)。

3.2 平均の区間推定

前節では母集団パラメターを 1 点で推定することを考えたが, 連続確率変数 X の出現確率の計算を思いだすと, 1 点になる確率はゼロである。すなわち $\mathbb{P}(X = a) = \int_a^a f_X(x)dx = 0$ である。このように推定量としてはじめから確率ゼロのものを主張することに抵抗を感じる場合, 区間推定 (interval estimation) の方法がある[1]。

定義 3.5 (区間推定量, Interval estimator) 母集団パラメター θ の区間推定量とは, 統計量 (確率変数)$L(X_1, \ldots, X_n)$ と $U(X_1, \ldots, X_n)$ によって, すべての θ と, 小さな α について
$$\mathbb{P}\left(L(X_1, \ldots, X_n) \leq \theta \leq U(X_1, \ldots, X_n)\right) = 1 - \alpha$$
とすることができるような統計量 $L(X_1, \ldots, X_n)$ と $U(X_1, \ldots, X_n)$ のことである。観察されたサンプル $(x_1, \ldots, x_n)$ の値を区間推定量に代入すると
$$L(x_1, \ldots, x_n) \leq U(x_1, \ldots, x_n)$$

---

[1] 区間推定は, ネイマン (Jerzy Neymanm, 1894–1981) の論文 J. Neyman (1937) "Outline of a theory of statistical estimation based on the classical theory of probability," *Philosophical Transactions of the Royal Society of London, Series A, Mathematical and Physical Sciences*, 236(767), pp. 333-380 によって完成された。いわゆる頻度論 (frequentist) の統計学である。これ以前には, フィッシャーが母集団パラメターに信託確率 (fiducial probability) という考えを使って区間推定を考案している。それ以前は, ラプラスの逆確率, いまでいうベイズ推定による。現在のベイズ推定は事後確率を使って区間推定をする。ただし, confidence interval ではなく credible interval という。

3.2 平均の区間推定

と確定し確率変数ではなくなる，つまり分布しなくなる．この 2 つの値のことを**信頼限界** (confidence limit) という．区間 $[L(x_1,\ldots,x_n), U(x_1,\ldots,x_n)]$ を θ についての $(1-\alpha)\times 100\%$ **信頼区間**という．$(1-\alpha)\times 100\%$ を**信頼係数** (confidence coefficient)，あるいは**信頼水準** (confidence level) と呼んでいる．信頼係数に含まれる小さい確率の水準 α には 0.05 や 0.01，0.10 を代入し，それぞれ 95%，99%，90% 信頼区間がよく利用される．

例 3.5 (平均 μ の区間推定) 平均 μ の推定量である標本平均 $\bar{X}$ は中心極限定理によってサンプル・サイズ n が十分大きければ正規分布で近似できる．そこで区間推定量の確率を正規分布によって計算することを考える．標準正規分布 $N(0,1)$ の場合，標準正規分布表から 0 を中心にして ± 1.96 の区間に含まれる領域の確率が 0.95 になる．標準正規分布表 z の 1.9 の行で 0.06 の列を見ると 0.975 がある．右側の値が $\mathbb{P}(1.96 \leq Z) = 0.975$ で左側も対称なので -1.96 のとき，$\mathbb{P}(Z \leq -1.96) = 0.025$ となる[2]．$\alpha = 0.05$ のとき

$$\mathbb{P}(-1.96 \leq Z \leq 1.96) = 1 - \alpha = 0.95$$
$$\mathbb{P}\left(-1.96 \leq \frac{\bar{X} - \mu}{\sigma_{\bar{X}}} \leq 1.96\right) = 0.95$$
$$\mathbb{P}\left(\bar{X} - 1.96\sigma_{\bar{X}} \leq \mu \leq \bar{X} + 1.96\sigma_{\bar{X}}\right) = 0.95$$

このことから

$$L(X_1,\ldots,X_n) = \bar{X} - 1.96\sigma_{\bar{X}},\ U(X_1,\ldots,X_n) = \bar{X} + 1.96\sigma_{\bar{X}}$$

が平均 μ についての 95% の区間推定量である．あらためて，

$$\text{平均 } \mu \text{ の 95\% 区間推定量 } [L, U] = [\bar{X} - 1.96\sigma_{\bar{X}},\ \bar{X} + 1.96\sigma_{\bar{X}}]$$

$h = 1.96\sigma_{\bar{X}}$ を 95% の**誤差の限界**，標準正規分布表の z の値 $z = 1.96$ を**カット・オフ**と呼んでいる．□

---

[2] この基準化した Z の分布は推定の対象となりうる母集団パラメターである μ や σ^2 に依存しない．これが区間推定を求めるときのミソである．このような統計量を**ピボット** (pivot) と呼んでいる．μ の推定をしたい場合，関係のない σ^2 が必要になる．このようなパラメターを**局外母数** (ニューサンス・パラメター，nuisance parameter) と呼んでいる．

例 3.6 (平均 μ の 95%信頼区間) 平均 μ についての区間推定量

$$[\bar{X} - 1.96\sigma_{\bar{X}},\ \bar{X} + 1.96\sigma_{\bar{X}}]$$

に，表 3.1 でのサンプルの観察値を代入する。$\sigma_{\bar{X}} = \frac{\sigma}{\sqrt{n}}$ を使って

$$L(x_1,\ldots,x_n) = \bar{x} - 1.96\sigma_{\bar{X}} = 173.5 - 1.96\frac{5.5}{\sqrt{8}}$$

$$\fallingdotseq 173.5 - 3.81 \fallingdotseq 169.69$$

$$U(x_1,\ldots,x_n) = \bar{x} + 1.96\sigma_{\bar{X}} = 173.5 + 1.96\frac{5.5}{\sqrt{8}}$$

$$\fallingdotseq 177.31$$

区間 [169.69, 177.31] が男子大学生の平均身長 μ の 95% 信頼区間である。□

信頼係数の 95%を確率として解釈できるかどうかについては，問題が指摘されてきた[3]。同じサンプル・サイズ $n=8$ で何度も標本抽出を繰り返すことは，第 1 章でおこなったコイン投げの実験と同じことである。つまり何回投げたあとでもつぎに表の出る確率は 1/2 であるように，もし観察される前ならば区間推定量

$$[L(X_1,\ldots,X_n),\quad U(X_1,\ldots,X_n)] \quad (X\text{ は大文字，確率変数})$$

の区間に μ の含まれる確率は 95%である。しかし，一旦，コインを投げて表が出てしまったならば，表が出る確率は 1 となり，そこにはもう確率変数は含

---

[3] D. R. コックスはこの確率との関連性について交換のパラドクスを例に解説している。D. R. Cox (2006) *Principles of Statistical Inference*, Cambridge University Press 第 5 章。交換のパラドクスとは，2 つの封筒が用意されていて，片方に一方の 2 倍の金額が入っているとする。一方を開封したとき交換するかどうかを決定するというものである。ある考え方では，開封したときの金額が x であるとすると，もう一方の金額は $2x$ か $x/2$ である。交換したならば金額の期待値は $5x/4$ となり x より大きいので交換した方がいい。別の考え方として封筒にはランダムに金額 $2X$ と X が入っているとする。最初もらった封筒に X 入っていたとすると他方は $2X$ のはずである。この場合交換すると X だけ得られる。$2X$ 入っている場合には交換すると $-X$ で損をする。したがって交換してもしなくても同じ期待値である。この推論のおかしなところはすでに封筒を一つ開けているのに，まだ開封していない方の封筒の内容について，開封前と同じ確率を与えていることに由来する。つまり母集団の平均 μ について何らかの情報が得られたならば，そのあとでは標本抽出する前の確率 95%とは違うはずだというのである。

3.2 平均の区間推定

まれていない。これと同様に，信頼区間

$$[L(x_1,\ldots,x_n),\quad U(x_1,\ldots,x_n)]\qquad (x \text{ は小文字，観察データ})$$

に真の μ が含まれる確率は 0 か 1 で，信頼係数 95% に確率としての解釈をすることはできない。

コインを投げる回数を増やしていったとき，表の出る枚数が次第に投げた回数の 1/2 に近づく現象は，大数の法則 (定理 1.25) であるが，これと同じ現象がサンプル・サイズ n を大きくしたときに信頼区間の幅に現れる。表 3.2 はサンプル・サイズを大きくしたときの 95% 信頼区間を記述している。サンプル・サイズが 2000 近くになると，信頼区間が非常に狭くなることがわかる。

表 3.2 平均身長の推定 1:サンプル・サイズと信頼限界：$\sigma = 5.5$ のとき

サンプル・サイズ	標本平均 $\bar{x}$	$\sigma_{\bar{X}}$	95%信頼区間	
8	173.50	1.9445	169.69	177.31
213	172.69	0.3769	171.95	173.43
1992	172.27	0.1232	172.03	172.51

例 3.7 (平均 μ の信頼区間まとめ)

$$90\%\text{信頼区間} \left[\bar{x} - 1.645\frac{\sigma}{\sqrt{n}},\quad \bar{x} + 1.645\frac{\sigma}{\sqrt{n}}\right]$$

$$95\%\text{信頼区間} \left[\bar{x} - 1.960\frac{\sigma}{\sqrt{n}},\quad \bar{x} + 1.960\frac{\sigma}{\sqrt{n}}\right]$$

$$99\%\text{信頼区間} \left[\bar{x} - 2.576\frac{\sigma}{\sqrt{n}},\quad \bar{x} + 2.576\frac{\sigma}{\sqrt{n}}\right]$$

$\bar{x}$ は標本平均の値，σ には標準偏差，n にはサンプル・サイズを代入する。1.645，1.960，2.576 の値は，標準正規分布の両側のすそ野の合計の確率が $\alpha = 0.1$，0.05，0.01 となるカット・オフ z の値である。□

練習問題

問 1 ある業種の 30 歳から 34 歳までの正社員に 100 人ついて，勤続年数を調査した。その結果，標本平均 $\bar{x}$ が 5.9 年であった。同じ年齢層についての大規模な国の調査から，母集団の分散は，$\sigma^2 = 9$ であることが知られている。

母集団の平均 μ の95%信頼区間を計算しなさい。

問2 厚生労働省 (2001)「国民栄養調査」によると20～29歳の男性のBMI値 (体重 [kg]/(身長 [m])^2) の標本平均は22.3であった (標本の大きさは414人)。BMI値の母平均に対する95%の信頼区間を設定しなさい。ただし、母集団の標準偏差が3.4であることがわかっているものとする。

問3 厚生労働省 (2004)「国民健康・栄養調査」で、40歳代の男性はメタボリックシンドローム (内臓脂肪症候群) である可能性の高いことが指摘された。そこで、A社では40歳代の男子従業員の中から36人を無作為に選んで腹囲を測定したところ、標本平均が84.5cmであった。母平均に関する95%の信頼区間を設定しなさい。ただし、標準偏差が3cmであることがわかっているものとする。

問4 気象庁は、与那国島と南鳥島でCO_2濃度の観測を行っている。2007年の与那国島について、無作為に抽出した25個の観測値から標本平均を計算すると385ppmであった。また、CO_2濃度の標準偏差は、どの観測地点でも8ppmであることが知られている。このとき2007年の与那国島のCO_2濃度の母平均に関する90%の信頼区間を求めなさい。

3.3 割合の区間推定

ベルヌーイ事象の割合 $\hat{p}$ についての推定も、これが標本平均 $\bar{X}$ の一種であるという事実を利用すると可能になる。

受講生 $n = 2744$ 人について血液型を調べた結果、表3.3のような結果が得られた。血液型がA型の割合の区間推定を行いたい。確率変数 X をA型であれば1、そうでなければ0となるベルヌーイ事象の確率変数とする。母集団のA型の比率は p であるとする。n 人について無作為に抽出した結果、$X_1, X_2, ..., X_n$ が得られたとする。A型の割合 $\hat{p}$ はつぎのようにして計算できる。

表 3.3 血液型の比率

血液型	A型	B型	O型	AB型	合計
人数	1019	637	791	297	2744
構成比	0.3714	0.2883	0.2321	0.1082	1.00

3.3 割合の区間推定

$$\hat{p} = \bar{X} = \frac{\sum_{i=1}^{n} X_i}{n}$$

$\hat{p}$ は標本平均 $\bar{X}$ であるので，不偏性から

$$\mathbb{E}[\hat{p}] = p \tag{3.7}$$

分散 $\sigma_{\hat{p}}^2$ は，

$$\sigma_{\hat{p}}^2 \equiv \mathrm{Var}[\hat{p}] \equiv \mathbb{E}[(\hat{p}-p)^2] = \frac{\sigma_X^2}{n} = \frac{p(1-p)}{n} \tag{3.8}$$

ここで σ_X^2 は，ベルヌーイ事象 X_i の分散であり，例 1.23 で示したものである。

標本平均 $\bar{X}$ には中心極限定理を適用することができるので，$\hat{p}$ を基準化すると

$$Z = \frac{\hat{p} - p}{\sqrt{\frac{p(1-p)}{n}}}$$

は標準正規分布 N(0,1) で近似できる。したがって，

$$\mathbb{P}\left(-1.960 < \frac{\hat{p}-p}{\sqrt{\frac{p(1-p)}{n}}} < 1.960\right) = 0.95$$

とすることができる。ここで $\hat{p}$ の分散 $\sigma_{\hat{p}}^2 = p(1-p)/n$ は，$p=1/2$ のとき最大値をとる。したがって

$$\mathbb{P}\left(-1.960 \times \frac{1}{2\sqrt{n}} < \hat{p} - p < 1.960 \times \frac{1}{2\sqrt{n}}\right) \geq 0.95$$

$$\mathbb{P}\left(\hat{p} - \frac{0.98}{\sqrt{n}} < p < \hat{p} + \frac{0.98}{\sqrt{n}}\right) \geq 0.95$$

が成り立つ。したがって，95％の信頼区間は，

$$\left[\hat{p} - \frac{0.98}{\sqrt{n}}, \quad \hat{p} + \frac{0.98}{\sqrt{n}}\right]$$

となる。ここで $\hat{p}$ は X_i にサンプルの観察値 x_i を代入した推定値である。

$$\hat{p} = \frac{\sum_{i=1}^{n} x_i}{n} = \frac{\text{A 型の人数}}{n}$$

より正確に分散 $\sigma_{\hat{p}}^2$ を評価するには，p に推定値の $\hat{p}$ を代入する簡便法がある。この場合，95％の信頼区間は，

表 3.4　A 型比率の 95%信頼区間

$p=1/2$ で評価した場合	[0.35265, 0.39006]
$\hat{p}$ を用いた場合	[0.35328, 0.38943]
p の 2 次不等式を用いた場合	[0.35347, 0.38960]

$$\left[\hat{p}-1.960\times\frac{\sqrt{\hat{p}(1-\hat{p})}}{\sqrt{n}},\quad \hat{p}+1.960\times\frac{\sqrt{\hat{p}(1-\hat{p})}}{\sqrt{n}}\right]$$

となる．表 3.3 の A 型の場合を代入して計算すると表 3.4 が得られる[4]．区間推定の方法としては，信頼係数 95%を維持しつつ，最小の区間になるものが望ましい．

練習問題

問 1　インド農村部で使われている厨房設備は，牛糞や木の枝を燃料にするチュラか，LPG シリンダーを使ったガスコンロである．ラジャスタン州の農村家計から無作為に 30 世帯を選んで厨房設備を調査したところ，26 世帯がチュラを用いていた．チュラを使用する世帯の割合に関する 95%の信頼区間を簡便法によって推定しなさい．

問 2　ある新聞社が無作為に選んだ 1000 人に調査したところ，放射性物質による健康被害を心配していると回答した人の割合は 39%であった．この割合に関する 95%の信頼区間を簡便法によって推定しなさい．

---

[4] p の 2 次不等式を用いた場合とは，不等式

$$-1.960 < \frac{\hat{p}-p}{\sqrt{\frac{p(1-p)}{n}}} < 1.960$$

を p について解く方法である (岩田暁一 (1983) 前掲書，第 7 章 2 節参照)．$z_\alpha = 1.96$ として不等式を変形すると

$$|\hat{p}-p| < z_\alpha\sqrt{\frac{p(1-p)}{n}},\quad (\hat{p}-p)^2 < z_\alpha^2\frac{p(1-p)}{n}$$

$$(n+z_\alpha^2)p^2 - (2n\hat{p}+z_\alpha^2)p + n\hat{p}^2 < 0$$

$$p_1 = \frac{2n\hat{p}+z_\alpha^2 - z_\alpha\sqrt{4n\hat{p}(1-\hat{p})+z_\alpha^2}}{2(n+z_\alpha^2)}$$

$$p_2 = \frac{2n\hat{p}+z_\alpha^2 + z_\alpha\sqrt{4n\hat{p}(1-\hat{p})+z_\alpha^2}}{2(n+z_\alpha^2)}$$

3.4 平均 μ の区間推定：分散が未知の場合

問 3 ある新聞社が実施した世論調査によると内閣支持率は36%であった．調査は無作為に抽出された成年男女900人に対して行われた．内閣支持率の90%の信頼区間を簡便法によって求めなさい．

3.4 平均 μ の区間推定：分散が未知の場合

3.2節では，母集団の分散 σ^2 が過去の経験から知られている場合を想定して区間推定を行った．しかし，実際には分散 σ^2 についても，標本抽出を行う段階で新たに推定することが多い．このような場合，分散 σ^2 にはその推定値を代入することになる．分散の不偏推定量としては標本分散 S^2 があげられる．

3.4.1 大標本の場合

サンプル・サイズが大きい大標本の場合には，標本分散 S^2 に含まれる誤差が小さいので，σ^2 のかわりに S^2 を利用した区間推定の公式が適用できる．

例 3.8（平均 μ の信頼区間：分散が未知で大標本の場合）

$$90\%\text{信頼区間}\left[\bar{x} - 1.645\frac{s}{\sqrt{n}},\quad \bar{x} + 1.645\frac{s}{\sqrt{n}}\right]$$

$$95\%\text{信頼区間}\left[\bar{x} - 1.960\frac{s}{\sqrt{n}},\quad \bar{x} + 1.960\frac{s}{\sqrt{n}}\right]$$

$$99\%\text{信頼区間}\left[\bar{x} - 2.576\frac{s}{\sqrt{n}},\quad \bar{x} + 2.576\frac{s}{\sqrt{n}}\right]$$

$\bar{x}$ は標本平均の値，n にはサンプル・サイズを代入する．カット・オフ $z = 1.645$，1.960，2.576 の値は，分散 σ^2 が既知の場合と同じである．s には標本標準偏差の値を代入するが，これは標本分散 S^2 の観察値を用いてその平方根をとる．

$$s^2 \equiv \frac{1}{n-1}\sum_{i=1}^{n}(x_i - \bar{x})^2 \quad \square$$

例 3.9（平均 μ の推定：分散 σ^2 が未知）　表3.2と比較するとわかるように，サンプル・サイズが小さいとズレが大きくなる．これについては，つぎに述べる小標本の場合と比較するとよい．□

表 3.5　平均身長の推定 2：分散 σ^2 が未知のとき

サンプル・サイズ	標本平均 $\bar{x}$	標本分散 s^2	$s/\sqrt{n}$	95%信頼区間	
8	173.50	16.857	1.4516	170.65	176.35
213	172.69	37.579	0.4200	171.87	173.51
1992	172.27	32.558	0.1278	172.02	172.52

3.4.2　小標本の場合

サンプル・サイズが小さくてしかも分散が未知の場合には，分散の推定に含まれる誤差が無視できなくなる。この場合には，中心極限定理を適用した一般的な母集団の分布についての信頼区間を求めることはしない。正規母集団から無作為抽出されたサンプルについて区間推定の公式を導くことができる。

すなわち $\bar{X}$ の分布は，平均 μ，分散 σ^2/n の正規分布 $N(\mu, \sigma^2/n)$ であるから，これを基準化した $Z = \frac{\bar{X}-\mu}{\sigma/\sqrt{n}}$ は，標準正規分布 $N(0,1)$ に従う。ここで，μ と σ^2 が未知であるが，σ^2 のかわりに標本分散 S^2 を利用する。このとき，

$$T = \frac{\bar{X}-\mu}{\frac{S}{\sqrt{n}}} = \frac{\bar{X}-\mu}{\sqrt{\frac{\sigma^2}{n}}} \frac{1}{\frac{S}{\sqrt{\sigma^2}}} = \frac{Z}{\sqrt{\frac{S^2}{\sigma^2}}}$$

Z は標準正規分布に従う確率変数である。ここで分母のルートの中は

$$\frac{S^2}{\sigma^2} = \frac{(n-1)S^2}{(n-1)\sigma^2} = \frac{\chi^2}{(n-1)}$$

となる。χ^2 は自由度 $n-1$ のカイ 2 乗分布に従う確率変数である。Z と χ^2 が統計的に独立，つまり $\bar{X}$ と S^2 が統計的に独立であれば，T は自由度 $n-1$ のスチューデントの t 分布に従う確率変数であることが証明できる[5]。

---

[5] 定理 2.19 を参照。そこでは $n=2$ の場合についておこなっている。一般の n の場合には，概略はつぎのとおりである。$X_1, \ldots, X_n$ の結合密度は独立で同一の正規分布の積である。

$$f(x_1, \ldots, x_n) = \left(\frac{1}{\sqrt{2\pi\sigma^2}}\right)^n e^{-\frac{\sum_{i=1}^n (x_i-\mu)^2}{2\sigma^2}}$$

ここで

$$\sum_{i=1}^n (x_i - \mu)^2 = (n-1)s^2 + n(\bar{x}-\mu)^2$$

となり，$y_1 = \bar{x} - \mu$ とおき，$(n-1)s^2$ を

$$x_1 - \bar{x} = -\sum_{i=2}^n (x_i - \bar{x})$$

3.4 平均 μ の区間推定：分散が未知の場合

これが証明できたとして，信頼係数に含まれる α に応じた $t_{\alpha,(n-1)}$ を自由度 $n-1$ のスチューデントのt分布のカット・オフの値とすると，つぎの関係が成立する．

$$\mathbb{P}\left(-t_{\alpha,(n-1)} < T < t_{\alpha,(n-1)}\right) = 1-\alpha$$

これによって，つぎのように区間推定の $(1-\alpha)\times 100\%$ の信頼区間を設定することができる．

$$\left[\bar{x} - t_{\alpha,(n-1)}\frac{s}{\sqrt{n}},\quad \bar{x} + t_{\alpha,(n-1)}\frac{s}{\sqrt{n}}\right]$$

例 3.10 (平均 μ の推定：小標本で分散 σ^2 が未知) 表3.6は表3.2, 表3.5と比較するとよい．ここでは，母集団つまり身長の分布は正規分布するものと仮定している．

表 3.6 平均身長の推定3：小標本で分散 σ^2 が未知のとき

サンプル・サイズ	標本平均 $\bar{x}$	$s/\sqrt{n}$	$t_{0.05,(n-1)}$	95%信頼区間	
8	173.50	1.4516	2.365	170.07	176.93
213	172.69	0.4200	1.971	171.86	173.52
1992	172.27	0.1278	1.961	172.02	172.52

サンプル・サイズ $n=8$ のとき，標本平均 $\bar{x}=173.50$ と標本分散 $s^2=16.857$ が得られたとする．このとき95%の信頼区間は，母集団が正規分布をすると仮定すると，$T=(\bar{X}-\mu)/(S/\sqrt{n})$ は自由度 $n-1=7$ のスチューデントのt分布に従う．$\alpha=0.05$ のカット・オフの値は，$t_{0.05,7}=2.365$ である．した

を利用して $y_2 = x_2 - \bar{x}$ から $y_n = x_n - \bar{x}$ までの関数として表す．変換のヤコビアンは n である．

$$f(y_1,\ldots,y_n) = \left(\frac{n}{2\pi\sigma^2}\right)^{1/2} e^{-\frac{ny_1^2}{2\sigma^2}} \left(\frac{n^{1/2}}{(\sqrt{2\pi\sigma^2})^{n-1}} e^{-\frac{(n-1)s^2}{2\sigma^2}}\right)$$

$(n-1)s^2$ は $y_2,\ldots,y_n$ の関数で，

$$f_{Y_1}(y_1) = \left(\frac{n}{2\pi\sigma^2}\right)^{1/2} e^{-\frac{ny_1^2}{2\sigma^2}}$$

は平均 $\bar{X}$ の密度関数である．$f_{Y_1}(y_1)$ と $(Y_2,\ldots,Y_n)$ の分布が積で表せるので $\bar{X}$ と S^2 は統計的に独立である．

がって，

$$t_{0.05,7}\frac{s}{\sqrt{n}} = 2.365 \times 1.4516 = 3.433034$$

これより平均 μ の95%信頼区間はつぎのようになる．

[173.50 − 3.4330, 173.50 + 3.4330] すなわち [170.07, 173.93] □

練習問題

問1 過去10年間の東京の年平均気温に関するデータから，それぞれの標本平均を計算したら 16.9°C で，標本標準偏差は 2°C であった．平均気温の分布が正規分布であると仮定し，小標本の場合について東京の年平均気温の母平均 μ に関する 95% の信頼区間を設定しなさい．

問2 9人の脊柱側弯症の患者について呼吸圧を計測してみたところ，標本平均が 41 (cm H_2O: 圧力の単位) で，標本分散が 256 であった (C. Lisboa et al. *Am Rev Respior Dis* 1985, 132, 48–52. より変更・作成)．この脊柱側弯症の患者の呼吸圧の 95% 信頼区間を求めなさい．ただし，呼吸圧の母集団は正規分布するものとする．

問3 東京都目黒区の住宅地の坪あたりの地価調査は 5 ヶ所について行われている．その 2005 年 10 月の結果をまとめるとつぎのような数値が得られた．標本平均 $\bar{x} = 277$(万円)，標本分散 $s^2 = 2370$, $n = 5$．サンプル・サイズが5と小さいので，地価の分布が正規分布をすると仮定し，平均地価の区間推定を 90% の信頼区間で行いなさい．

問4 女子プロゴルフのA選手の 2007 年の海外ツアーの成績は，不調であったと報道されている．2006 年と 2007 年の海外ツアーから無作為に 9 ラウンドずつを抽出して1ラウンドあたりの平均ストローク数を計算してみた．2006年の1ラウンドあたりのストローク数の標本平均は72.4打で，標本標準偏差は9打，2007年では平均ストローク数が73.1打で，標本標準偏差が3打であった．1ラウンドあたりのストローク数は正規分布する確率変数だと考えると，小標本の場合にそれぞれの年について母平均に関する 90% の信頼区間を求めなさい．

3.5 分散 σ^2 の区間推定

正規母集団から無作為抽出されたサンプル $(X_1, X_2, \ldots, X_n)$ の標本分散 S^2 を利用して分散 σ^2 の区間推定が可能である。カイ 2 乗分布を使って，つぎの確率を計算することができる。

$$\mathbb{P}\left(\chi^2_{\alpha/2,(n-1)} < \frac{(n-1)S^2}{\sigma^2} < \chi^2_{(1-\alpha/2),(n-1)}\right) = 1-\alpha$$

カイ 2 乗分布は対称ではないので自由度 $n-1$ の $\chi^2_{\alpha/2,(n-1)}$ の値と $\chi^2_{(1-\alpha/2),(n-1)}$ のカット・オフの値は別々にカイ 2 乗分布表から求めることになる。σ^2 についての $(1-\alpha)\times 100\%$ の信頼区間はつぎの区間で与えられる。

$$\left[\frac{(n-1)s^2}{\chi^2_{(1-\alpha/2),(n-1)}}, \frac{(n-1)s^2}{\chi^2_{\alpha/2,(n-1)}}\right]$$

例 3.11 (分散 σ^2 の区間推定：樹木の成長量) 中国遼寧省瀋陽市康平県で行った植林 48,000 本に関する 2005 年の調査では 2003 年に植樹した 118 本について，つぎの表 3.7 ような結果となった。樹木の成長量がほぼ正規分布し，48,000 本は 118 本にくらべ十分大きく無限母集団を仮定してもよいと考える。分散 σ^2 について 95% の信頼区間を計算してみよう。

自由度 $(n-1) = 117$ のカイ 2 乗分布の片側 0.025 と 0.975 のカット・オフの値は，それぞれ $\chi^2_{\alpha/2,(n-1)} = 88.95509$，$\chi^2_{(1-\alpha/2),(n-1)} = 148.8288$ である。

$$\frac{(n-1)s^2}{\chi^2_{(1-\alpha/2),(n-1)}} = \frac{117\times 0.6165}{148.8288}, \quad \frac{(n-1)s^2}{\chi^2_{\alpha/2,(n-1)}} = \frac{117\times 0.6165}{88.95509}$$

表 3.7 ポプラの成長量 (kg)

	1999 年	2000 年	2002 年	2003 年	2004 年
植林年 植林本数	75,600	63,000	189,000	48,000	52,500
サンプル・サイズ	108	96	190	118	107
標本平均 $\bar{x}$ (成長量 kg)	9.087	6.058	5.880	3.124	2.829
標本分散 s^2	4.614	2.385	2.027	0.6165	0.4751
標本標準偏差 s (kg)	2.148	1.544	1.424	0.7852	0.6893

したがって，つぎの区間となる．

$$[0.48465, \quad 0.81086] \quad \square$$

例 3.12 (分散 σ^2 の区間推定: 賃金の対数) 所得分布は，対数をとるとほぼ正規分布に近い分布をすることが知られている．労働者 1 人あたり月間現金給与総額の対数を計算して，その分散を計測し，所得分布が広がったかどうかを確かめたい (表 3.8)．

表 3.8　賃金の対数

調査年	賃金の対数 $\ln W$		賞与の対数 $\ln B$	
	1998 年	2002 年	1998 年	2002 年
サンプル・サイズ	804,927	1,147,070	697,898	972,019
標本平均 $\bar{x}$	7.9746	7.9871	6.3833	6.3646
標本分散 s^2	0.44683	0.45948	1.3685	1.4279
標本標準偏差 s	0.66845	0.67785	1.1698	1.1950

2002 年の標本分散は $s^2 = 0.45948$，$n = 1,147,070$ である．自由度 $(n-1) = 1,147,069$ のカイ 2 乗分布の片側 0.025 と 0.975 のカット・オフの値は，それぞれ

$$\chi^2_{\alpha/2,(n-1)} = 1,144,102, \quad \chi^2_{(1-\alpha),(n-1)} = 1,150,040$$

である (Office2010 以前の Excel では正しい値が得られないことがある)．

$$\frac{(n-1)s^2}{\chi^2_{(1-\alpha/2),(n-1)}} = \frac{1,147,069 \times 0.45948}{1,150,040},$$

$$\frac{(n-1)s^2}{\chi^2_{\alpha/2,(n-1)}} = \frac{1,147,069 \times 0.45948}{1,144,102}$$

したがって，つぎの区間となる．

$$[0.45829, \quad 0.46067] \quad \square$$

同様の計算を 1998 年について行うと，$s^2 = 0.44683$，$n = 804,927$，自由度 $(n-1) = 804,926$ のカイ 2 乗分布の片側 0.025 と 0.975 のカット・オフ

の値は，それぞれ $\chi^2_{\alpha/2,(n-1)} = 802{,}441.1$, $\chi^2_{(1-\alpha/2),(n-1)} = 807414.7$ である。したがって，つぎの区間が得られる。

$$[0.44545, \quad 0.44821]$$

2002 年の分散の 95%信頼区間と 1998 年の分散の 95%信頼区間は重ならないので，2002 年の方が賃金の分散が大きくなったといえそうである。ただし，統計学ではこのような方法で比較をすることはない。分散の比較には分散の比率についての検定を行うことが一般的である (例 4.11)。

練習問題

問 1 自由度 ν のカイ 2 乗分布の平均 $E[\chi^2] = \nu$ を利用して，正規母集団から無作為抽出したサンプルの標本分散 S^2 が σ^2 の不偏推定量であることを証明しなさい。

問 2 大学生の男女の身長を調べた。男女別に身長のちらばりの区間推定をしたい。男子のサンプル・サイズは $n = 81$ で，標本分散 $s^2 = 31.16$ であった。女子のサンプル・サイズは $n = 71$ で，標本分散 $s^2 = 28.29$ であった。それぞれの，分散の 95%の信頼区間を求めなさい。さらに，分散のルートを計算して，標準偏差の 95%信頼区間を求めなさい。

問 3 アカネスミレとタチツボスミレの花弁の大きさを計測した。アカネスミレはサンプル・サイズ $n = 12$ で，標本分散は $s^2 = 1.33$ であり，タチツボスミレはサンプル・サイズ $n = 21$ で，標本分散は $s^2 = 1.175$ であった。両者の分散の 95%信頼区間を求めなさい。さらに，分散のルートを計算して，標準偏差の 95%信頼区間を求めなさい。

3.6　補論：最尤法

この章では，推定量を一般的に確率変数の関数として定義して，そのなかで不偏性 (平均・期待値) と有効性 (分散) を一つの基準として標本平均と標本分散の計算式 (推定量) を検討してきた。しかし，分布を決めたならば，推定量の性質をより詳細に検討できる。

定義 3.6 (尤度，Likelihood)　確率変数 $(X_1, X_2, \ldots, X_n)$ が同時に実現する結合質量あるいは結合密度が $f(X_1, X_2, \ldots, X_n|\theta)$ と記述できるとする。ここで θ は分布のパラメターである。正規分布の場合には，$\theta = (\mu, \sigma^2)$ である。標本抽出の結果によって観測値が $(x_1, x_2, \ldots, x_n)$ のように確定した場合，結合質量関数あるいは結合密度関数もその値が確定するため，統計量 $\hat{\theta}(x_1, x_2, \ldots, x_n)$ は確率変数ということができなくなる。確率変数の値が確定した場合，この関数のとる数値を確率や確率密度ではなく尤度 (likelihood) と呼んで，次式で定義している。

$$\text{likelihood} \equiv f(x_1, x_2, \ldots, x_n|\theta)$$

例 3.13 (正規分布からの無作為標本による尤度)　母集団が平均 μ，分散 σ^2 で正規分布をする正規母集団の場合を考える。無作為抽出によって得られたサイズ n のサンプル $(X_1, X_2, \ldots, X_n)$ の結合密度関数 $f(x_1, x_2, \ldots, x_n)$ に，観察値 $(x_1, x_2, \ldots, x_n)$ を代入したものが尤度となる。

$$f(x_1, x_2, \ldots, x_n) = \prod_{i=1}^{n} f_X(x_i) = \prod_{i=1}^{n} \frac{1}{\sqrt{2\pi\sigma^2}} e^{-\frac{(x_i-\mu)^2}{2\sigma^2}}$$

$$= \frac{e^{-\frac{\sum_{i=1}^{n}(x_i-\mu)^2}{2\sigma^2}}}{(2\pi\sigma^2)^{n/2}} \quad \square$$

例 3.14 (2項母集団からの無作為標本による尤度)　母集団の割合が p である 2 項母集団から無作為抽出によって得られたサイズ n のサンプル $(x_1, x_2, \ldots, x_n)$ があるとする。このうち，$x_i = 1$ となる個数は x であるとする。すなわち $x = \sum_{i=1}^{n} x_i$ とする。

$$f(x_1, x_2, \ldots, x_n) = \prod_{i=1}^{n} f_X(x_i) = \prod_{i=1}^{n} p^{x_i}(1-p)^{1-x_i}$$

$$= p^{\sum_{i=1}^{n} x_i}(1-p)^{n-\sum_{i=1}^{n} x_i}$$

$$= p^x(1-p)^{n-x} \quad \square$$

定義 3.7 (尤度関数，Likelihood function)　尤度の値は分布のパラメター θ の値がすでにわかっている場合には，数値となる。しかし，分布のパラメター θ が未知数の場合，これを変数と扱って尤度関数と呼んでいる。

3.6 補論：最尤法

$$\text{likelihood function} \equiv lh(\theta|x_1, x_2, \ldots, x_n) \equiv f(x_1, x_2, \ldots, x_n|\theta)$$

尤度関数では，結合質量関数，結合密度関数とは違って，確率変数 $(X_1, X_2, \ldots, X_n)$ の値が既知の条件となる。そのかわり，未知の分布パラメターが変数となる。分布パラメターの数 (次元) が m 次元であれば，lh の定義域は m 次元空間 $\mathfrak{R}^m$ (の部分集合) である。値域は 0 以上の実数である。これに対し確率密度関数の定義域はサンプル・サイズが n の場合，n 次元空間 $\mathfrak{R}^n$ (の部分集合) である。

例 3.15 (正規母集団からの無作為標本による尤度関数) 正規分布のパラメターは平均 μ と分散 σ^2 であるが，ともに未知数である場合の尤度関数は，先の例から次式となる。

$$lh(\mu, \sigma^2|x_1, x_2, \ldots, x_n) = \frac{e^{-\frac{\sum_{i=1}^{n}(x_i-\mu)^2}{2\sigma^2}}}{(2\pi\sigma^2)^{n/2}} = \frac{e^{-\frac{\sum_{i=1}^{n}x_i^2-2n\bar{x}\mu+n\mu^2}{2\sigma^2}}}{(2\pi\sigma^2)^{n/2}} \quad \square$$

例 3.16 (2 項母集団からの無作為標本による尤度関数) 未知数は p であるので，次式となる。

$$lh(p, |x_1, x_2, \ldots, x_n) = p^x(1-p)^{n-x} \quad \square$$

定義 3.8 (対数尤度関数，**Log-likelihood function**) 尤度の値は 0 以上の実数であるので，対数をとって分析することが多い。対数をとった尤度は，次式となる。

$$\text{log-likelihood function} \equiv l(\theta|x_1, x_2, \ldots, x_n)$$
$$\equiv \ln lh(\theta|x_1, x_2, \ldots, x_n)$$

この場合，値域は実数となる。尤度が 0 の点以外は対数尤度と尤度は一対一対応している。

例 3.17 (正規母集団からの無作為標本による対数尤度関数) 尤度関数の自然対数をとるとつぎのようにまとめられる。

$$l(\mu, \sigma^2|x_1, x_2, \ldots, x_n) \equiv \ln lh(\mu, \sigma^2|x_1, x_2, \ldots, x_n)$$
$$= -\frac{n}{2}\ln(2\pi\sigma^2) - \frac{1}{2\sigma^2}\left(\sum_{i=1}^{n} x_i^2 - 2n\bar{x}\mu + n\mu^2\right) \quad \square$$

例 3.18 (2 項母集団からの無作為標本による対数尤度関数)　尤度関数の自然対数をとる。

$$l(p,|x_1,x_2,\ldots,x_n) = \ln\left(p^x(1-p)^{n-x}\right)$$
$$= x\ln p + (n-x)\ln(1-p) \quad \square$$

定義 3.9 (最尤法, Maximum likelihood method)　未知の分布パラメター θ の推定方法として，尤度関数を最大化する方法を**最尤法**という。この尤度関数が最大値をとるときの θ を**最尤推定量** (maximum likelihood estimator, MLE) という。つぎのように書くこともある。lh の最大値を与える θ を返す関数として arg max という記号を使っている。

$$\hat{\theta} \equiv \arg\max_{\theta}\{lh(\theta|x_1,x_2,\ldots,x_n)\}$$

最尤推定量は最大値を求める場合，必ずしも微分して最大を求める必要はない。整数値しかとらないパラメターの場合には尤度が最大になる整数を求めることになる。

例 3.19 (最尤法による正規分布のパラメターの推定)　正規分布のパラメター μ と σ^2 は実数と考えられるので，微分して求めることができる。しかも対数尤度を最大にした方がより計算が楽である。

$$\frac{\partial l(\mu,\sigma^2|x_1,x_2,\ldots,x_n)}{\partial \mu} = -\frac{1}{2\hat{\sigma}^2}\left(-2n\bar{x}+2n\hat{\mu}\right) = 0$$

$$\frac{\partial l(\mu,\sigma^2|x_1,x_2,\ldots,x_n)}{\partial \sigma^2} = -\frac{n}{2\hat{\sigma}^2}+\frac{1}{2\hat{\sigma}^4}\left(\sum_{i=1}^n x_i^2 - 2n\bar{x}\hat{\mu}+n\hat{\mu}^2\right) = 0$$

最初の等式から，

$$\hat{\mu} = \frac{1}{n}\sum_{i=1}^n x_i = \bar{x}$$

$\hat{\mu}$ を第二の等式に代入し，$\hat{\sigma}^2 \neq 0$ を仮定して，

$$-n + \frac{1}{\hat{\sigma}^2}\left(\sum_{i=1}^n x_i^2 - n\bar{x}^2\right) = 0$$

これより，

$$\hat{\sigma}^2 = \frac{1}{n}\left(\sum_{i=1}^n x_i^2 - n\bar{x}^2\right) = \frac{1}{n}\sum_{i=1}^n (x_i-\bar{x})^2$$

この値が最大値かどうかを調べるには、尤度関数の形を調べることになる。2階の微分を計算するのが形式的に行われている。

$$\frac{\partial^2 l}{\partial \mu^2} = -\frac{n}{\hat{\sigma}^2} < 0$$

$$\frac{\partial^2 l}{\partial \mu \sigma^2} = 0$$

$$\frac{\partial^2 l}{\partial (\sigma^2)^2} = \frac{n}{2\hat{\sigma}^4} - \frac{1}{\hat{\sigma}^6}\left(\sum_{i=1}^n x_i^2 - n\bar{x}\hat{\mu}\right)$$

$$= \frac{n}{2\hat{\sigma}^4} - \frac{n\hat{\sigma}^2}{\hat{\sigma}^6} = -\frac{n}{2\hat{\sigma}^4} < 0$$

この場合は対角行列になっているので、2次微分係数の行列は負値定符号行列である。したがって、最大値であることがわかる。□

例 3.20 (最尤法によるベルヌーイ分布のパラメターの推定)　ベルヌーイ分布のパラメター p の値域は $[0,1]$ の実数値であるから、微分して求めると

$$\frac{dl(p|x_1, x_2, \ldots, x_n)}{dp} = \frac{x}{\hat{p}} + \frac{n-x}{1-\hat{p}} = 0$$

これより、

$$\hat{p} = \frac{x}{n}$$

となり、予期している方法が得られる。□

最尤推定量の特徴

　最尤推定量の特徴をすべて調べるには、サンプル・サイズが大きくなっていったときの性質を調べる技術 (漸近理論) が必要である。しかしここでは簡単に定義と結果だけを述べておくことにする。より詳細には、「はじめに」(ii ページ) で示した教科書を参照して欲しい。結合質量関数や結合密度関数の対数をパラメターで微分して得られるベクトルや行列についての性質は、パラメターで微分しても期待値が計算できるなどの正則性を条件としている。

　まず、尤度はその定義から積分すると 1 である。ここで $\boldsymbol{x} = (x_1, \ldots, x_n)$ である。

$$\int_{-\infty}^{\infty} lh(\theta|\boldsymbol{x})d\boldsymbol{x} = 1$$

したがって、θ で微分すると、

$$\int_{-\infty}^{\infty} \frac{\partial lh(\theta|\boldsymbol{x})}{\partial \theta} d\boldsymbol{x} = 0$$

積分の中を対数尤度で表して,確率変数 X の分布 $lh(\theta|\boldsymbol{x}) = f(\boldsymbol{x}|\theta)$ に関する期待値の記号を使うと,

$$\int_{-\infty}^{\infty} \frac{\partial l(\theta|\boldsymbol{x})}{\partial \theta} lh(\theta|\boldsymbol{x}) d\boldsymbol{x} = \mathbb{E}\left[\frac{\partial l(\theta|\boldsymbol{X})}{\partial \theta}\right] = 0 \quad (3.9)$$

もう一度,θ で微分すると,

$$\int_{-\infty}^{\infty} \frac{\partial^2 l(\theta|\boldsymbol{x})}{\partial \theta^2} lh(\theta|\boldsymbol{x}) d\boldsymbol{x} + \int_{-\infty}^{\infty} \left(\frac{\partial l(\theta|\boldsymbol{x})}{\partial \theta}\right)^2 lh(\theta|\boldsymbol{x}) d\boldsymbol{x} = 0$$

X の分布に関する期待値の記号で書きかえると

$$\mathbb{E}\left[\frac{\partial^2 l(\theta|\boldsymbol{X})}{\partial \theta^2}\right] + \mathbb{E}\left[\left(\frac{\partial l(\theta|\boldsymbol{X})}{\partial \theta}\right)^2\right] = 0 \quad (3.10)$$

となる.最初の項は,つぎに定義されるフィッシャーの情報行列にマイナスをつけたものである.第2項は,(3.9) 式の2乗の期待値であるから,$\frac{\partial l(\theta|\boldsymbol{X})}{\partial \theta}$ の分散

$$\mathrm{Var}\left[\frac{\partial l(\theta|\boldsymbol{X})}{\partial \theta}\right] = \mathbb{E}\left[\left(\frac{\partial l(\theta|\boldsymbol{X})}{\partial \theta}\right)^2\right]$$

である.

定義 3.10 (フィッシャーの情報行列, Fisher's information matrix) パラメター θ の次元が p であるとき,$l(\theta|\boldsymbol{x})$ を対数尤度関数として,その2次微分の行列の期待値にマイナス符号をつけたものをフィッシャーの情報行列 $I(\theta)$ という.すなわち,

$$I_n(\theta) \equiv -\mathbb{E}\left[\begin{pmatrix} \frac{\partial^2 l(\theta|\boldsymbol{X})}{\partial \theta_1^2} & \frac{\partial^2 l(\theta|\boldsymbol{X})}{\partial \theta_1 \theta_2} & \cdots & \frac{\partial^2 l(\theta|\boldsymbol{X})}{\partial \theta_1 \theta_p} \\ \frac{\partial^2 l(\theta|\boldsymbol{X})}{\partial \theta_2 \theta_1} & \frac{\partial^2 l(\theta|\boldsymbol{X})}{\partial \theta_2^2} & \cdots & \frac{\partial^2 l(\theta|\boldsymbol{X})}{\partial \theta_2 \theta_p} \\ \vdots & \vdots & \ddots & \vdots \\ \frac{\partial^2 l(\theta|\boldsymbol{X})}{\partial \theta_p \theta_1} & \frac{\partial^2 l(\theta|\boldsymbol{X})}{\partial \theta_p \theta_2} & \cdots & \frac{\partial^2 l(\theta|\boldsymbol{X})}{\partial \theta_p^2} \end{pmatrix}\right]$$

添え字 n は期待値が n 次元のベクトル $\boldsymbol{X}$ についてとられたことを示す.もしベクトル $\boldsymbol{X}$ が無作為抽出からのサンプルであれば,独立で同一の分布に従うので,$l(\theta|\boldsymbol{X}) \equiv l(\theta|X_1, X_2, \ldots, X_n) = n \times l(\theta|X)$ となる.右辺の X はスカラーの確率変数である.このため,

$$I_n(\theta) = nI_1(\theta)$$

が成立する.

正規分布についての対数尤度関数の微分をみればわかるように，n/σ^2 がフィッシャーの情報行列の要素となっている．分散が小さく，サンプル・サイズが大きければ平均の推定に含まれる情報が大きくなるのである．

(3.10) 式を使ってフィッシャーの情報行列を表すと，$\partial l(\theta|\boldsymbol{X})/\partial \theta$ の分散共分散行列に等しい．

$$\mathrm{Var}\left[\frac{\partial l(\theta|\boldsymbol{X})}{\partial \theta}\right] = \mathbb{E}\left[\left(\frac{\partial l(\theta|\boldsymbol{X})}{\partial \theta}\right)^2\right] = -\mathbb{E}\left[\frac{\partial^2 l(\theta|\boldsymbol{X})}{\partial \theta^2}\right] = I_n(\theta)$$

定理 3.11 (最尤推定量の漸近特性) 最尤推定量の n を無限大に大きくしたときの性質を定理として述べておく．θ_0 は分布 $f(x|\theta)$ のパラメターの真の値とすると，最尤推定量 $\hat{\theta}$ は一致性をもっている．すなわち，任意の $\epsilon > 0$ について

$$\mathbb{P}(|\hat{\theta} - \theta_0| > \epsilon) \to 0, \quad \text{as } n \to \infty$$

が成立する．さらに，最尤推定量 $\hat{\theta}$ は正規分布に分布収束する．

$$I_n(\theta_0)^{1/2}\left(\hat{\theta} - \theta_0\right) \xrightarrow{D} N(0,1), \quad \text{as } n \to \infty$$

以下の証明のスケッチは，この本で扱っていない確率収束する確率変数と分布収束する確率変数の積が分布収束するというスルツキーの補題を利用する．この定理は，最尤推定量 $\hat{\theta}$ で評価した最尤推定量の 1 階の条件を真のパラメター θ_0 のまわりでテイラー展開することから導かれる．

$$\frac{\partial l(\hat{\theta}|\boldsymbol{X})}{\partial \theta} = \frac{\partial l(\theta_0|\boldsymbol{X})}{\partial \theta} + \frac{\partial^2 l(\theta_0|\boldsymbol{X})}{\partial \theta^2}(\hat{\theta} - \theta_0) + o(|\hat{\theta} - \theta_0|^2) = 0$$

$$\hat{\theta} - \theta_0 \doteq -\left(\frac{\partial^2 l(\theta_0|\boldsymbol{X})}{\partial \theta^2}\right)^{-1}\frac{\partial l(\theta_0|\boldsymbol{X})}{\partial \theta}$$

$$= -\left(\frac{1}{n}\sum_{i=1}^n \frac{\partial^2 l(\theta_0|X_i)}{\partial \theta^2}\right)^{-1}\frac{1}{n}\sum_{i=1}^n \frac{\partial l(\theta_0|X_i)}{\partial \theta}$$

ここで，

$$\frac{1}{n}\sum_{i=1}^n \frac{\partial l(\theta_0|X_i)}{\partial \theta}$$

は，(3.9) 式と中心極限定理から平均 0 で分散 $I_1(\theta)/n$ の正規分布に分布収束する．また，

$$-\mathbb{E}\left[\frac{1}{n}\sum_{i=1}^n \frac{\partial^2 l(\theta_0|X_i)}{\partial \theta^2}\right] = -\frac{1}{n}\sum_{i=1}^n \mathbb{E}\left[\frac{\partial^2 l(\theta_0|X_i)}{\partial \theta^2}\right] = -\mathbb{E}\left[\frac{\partial^2 l(\theta_0|X)}{\partial \theta^2}\right]$$

$$= \mathbb{E}\left[\left(\frac{\partial l(\theta_0|X)}{\partial \theta}\right)^2\right] = \text{Var}\left[\frac{\partial l(\theta_0|X)}{\partial \theta}\right] = I_1(\theta_0)$$

となる．つまり，

$$-\left(\frac{1}{n}\sum_{i=1}^{n}\frac{\partial^2 l(\theta_0|X_i)}{\partial \theta^2}\right)^{-1}$$

は $I_1(\theta_0)$ に確率収束する．このことから，スルツキーの補題によって，$\hat{\theta} - \theta_0$ は，平均 0 で，分散が

$$\frac{I_1(\theta)}{n}\frac{1}{I_1(\theta_0)^2} = \frac{1}{nI_1(\theta_0)} = \frac{1}{I_n(\theta_0)}$$

の正規分布に分布収束することがわかる．■

定義 3.12 (尤度比, Likelihood ratio) 分布パラメターの真の値を θ_0 とし，最尤推定量を $\hat{\theta}$ とする．このとき尤度比 likelihood ratio とは，

$$LR \equiv \frac{lh(\theta_0|\boldsymbol{x})}{lh(\hat{\theta}|\boldsymbol{x})} \equiv \frac{lh(\theta_0|x_1, x_2, \ldots, x_n)}{lh(\hat{\theta}|x_1, x_2, \ldots, x_n)}$$

対数尤度比は，尤度比の対数である．

$$\ln LR = l(\theta_0|\boldsymbol{x}) - l(\hat{\theta}|\boldsymbol{x}) = l(\theta_0|x_1, x_2, \ldots, x_n) - l(\hat{\theta}|x_1, x_2, \ldots, x_n)$$

定理 3.13 (対数尤度比統計量の漸近特性) 尤度比統計量 (likelihood ratio statistic, $-2\times$ 対数尤度比の統計量) はつぎの統計量で，漸近的に χ^2 分布することが知られている[6]．

$$W_n \equiv -2\ln LR = 2\left(l(\hat{\theta}|\boldsymbol{x}) - l(\theta_0|\boldsymbol{x})\right)$$

ただし，$l(\theta|\boldsymbol{x})$ は θ の真の値の近傍で少なくとも 2 回連続微分可能で，フィッシャーの情報行列の逆行列が計算できるものとする．

ここでの証明も最後の段階でスルツキーの補題を利用する．右辺第 2 項を最尤推定量 $\hat{\theta}$ についてテイラー展開すると，

$$l(\theta_0|\boldsymbol{x}) = l(\hat{\theta}|\boldsymbol{x}) + \frac{\partial l(\hat{\theta}|\boldsymbol{x})}{\partial \theta}(\theta_0 - \hat{\theta}) + \frac{1}{2}\frac{\partial^2 l(\hat{\theta}|\boldsymbol{x})}{\partial \theta^2}(\theta_0 - \hat{\theta})^2 + o((\theta_0 - \hat{\theta})^2)$$

最尤法の前提から，$\frac{\partial l(\hat{\theta}|\boldsymbol{x})}{\partial \theta} = 0$ である．そのためつぎのように書ける．

---

[6] ウィルクス (Samuel Stanley Wilks, 1906–1964) の定理と呼ばれている．S. S. Wilks (1938) "The large-sample distribution of the likelihood ratio for testing composite hypotheses," *Annals of Mathematical Statistics*, 9(1), pp. 60-62．特性関数を使った証明であるが，3 ページで現在でも苦労なく読める論文である．

3.6 補論：最尤法

$$W_n = -\frac{\partial^2 l(\hat{\theta}|\boldsymbol{x})}{\partial \theta^2}(\theta_0 - \hat{\theta})^2 + 2o((\theta_0 - \hat{\theta})^2)$$

ここで，定理 3.11 より，$(\theta_0 - \hat{\theta})$ はサンプル・サイズが大きいと平均ゼロ，分散 $I_n(\theta_0)^{-1}$ の正規分布に分布収束する．さらに

$$I_n(\theta_0) = -\mathbb{E}\left[\frac{\partial^2 l(\theta_0|\boldsymbol{X})}{\partial \theta^2}\right]$$

であり，最尤推定量の一致性の性質と，尤度関数の 2 回連続微分可能性から，

$$\frac{\partial^2 l(\hat{\theta}|\boldsymbol{X})}{\partial \theta^2} \quad \text{は} \quad \frac{\partial^2 l(\theta_0|\boldsymbol{X})}{\partial \theta^2}$$

に確率収束する．$o((\theta_0 - \hat{\theta})^2)$ も $\hat{\theta}$ についての連続関数なのでゼロに確率収束する．このことから，W_n は標準正規分布に分布収束する確率変数の 2 乗であるので，χ^2 分布に分布収束する．パラメーターの数が p の場合には，p 個の独立な標準正規分布の 2 乗和となり自由度 p の χ^2 分布に分布収束することが知られている．■

定義 3.14 (エントロピー，Entropy)　　無作為抽出したサンプル $(X_1, X_2, \ldots, X_n)$ について，

$$\frac{1}{n}l(\theta|X_1, X_2, \ldots, X_n) = \frac{1}{n}\sum_{i=1}^n \ln f(X_i|\theta)$$

が成立する．この右辺は大数の (強) 法則で，$\ln f$ の期待値に収束する．すなわち，

$$\frac{1}{n}\sum_{i=1}^n \ln f(X_i|\theta) \to \mathbb{E}\left[\ln f(X|\theta)\right] \equiv \int_{-\infty}^{\infty} \ln f(x|\theta) f(x|\theta) dx$$

エントロピーはこの右辺にマイナス符号をつけたものと定義されている．

$$\text{Entropy} \equiv -\int_{-\infty}^{\infty} \ln f(x|\theta) f(x|\theta) dx$$

このエントロピーは変数変換をした場合に値が変わってしまい不変ではない．しかし，つぎのように相対エントロピーにすれば不変性は保たれる．

定義 3.15 (カルバック・ライブラーの相対エントロピー)　　カルバック・ライブラーの相対エントロピー (Kullback-Leibler relative entropy) とはつぎの式で定義される．

$$\text{KL} \equiv \int_{-\infty}^{\infty} \ln\left(\frac{f(x|\theta)}{g(x)}\right) f(x|\theta) dx \geq 0$$

$g(x)$ は任意の分布である．等号は $f(x|\theta) = g(x)$ のときでそのときに限る．

補題 3.16 (最大エントロピーの分布)　平均 μ と分散 σ^2 が与えられた実数上のすべての確率密度関数のなかで，正規分布 $N(\mu, \sigma^2)$ がエントロピー最大である[7]。

$g(x)$ を正規分布の密度関数とすると，カルバック・ライブラーの相対エントロピーは

$$
\begin{aligned}
0 \leq \int_{-\infty}^{\infty} \ln\left(\frac{f(x|\theta)}{g(x)}\right) f(x|\theta) dx \\
= \int_{-\infty}^{\infty} \ln f(x|\theta) f(x|\theta) dx - \int_{-\infty}^{\infty} \ln g(x) f(x|\theta) dx \\
= \int_{-\infty}^{\infty} \ln f(x|\theta) f(x|\theta) dx + \int_{-\infty}^{\infty} \frac{1}{2} \ln(2\pi\sigma^2) f(x|\theta) dx \\
+ \int_{-\infty}^{\infty} \frac{(x-\mu)^2}{2\sigma^2} f(x|\theta) dx \\
= -\text{Entropy} + \frac{1}{2} \ln(2\pi\sigma^2) + \frac{1}{2}
\end{aligned}
$$

ここで $\int_{-\infty}^{\infty} (x-\mu)^2 f(x|\theta) dx \equiv \sigma^2$ を利用している。相対エントロピーの定義から，等号は $f(x|\theta) = g(x)$ のときである。このときエントロピーのマイナス符号をつけたものは最小値をとっている。つまりエントロピーが最大のときに等号が成立する。そして，$f(x|\theta) = g(x)$ すなわち $f(x|\theta)$ は平均 μ，分散 σ^2 の正規分布となる。

同様のことが，$[0, \infty)$ 上のすべての密度関数の中で平均 μ の指数分布はエントローを最大にする。すなわち

$$
\begin{aligned}
0 \leq \int_{0}^{\infty} \ln\left(\frac{f(x|\theta)}{g(x)}\right) f(x|\theta) dx \\
= \int_{0}^{\infty} \ln f(x|\theta) f(x|\theta) dx - \int_{0}^{\infty} \ln \frac{1}{\mu} e^{-\frac{x}{\mu}} f(x|\theta) dx \\
= \int_{0}^{\infty} \ln f(x|\theta) f(x|\theta) dx + \int_{0}^{\infty} \ln \mu f(x|\theta) dx + \int_{0}^{\infty} \frac{x}{\mu} f(x|\theta) dx \\
= -\text{Entropy} + \ln \mu + 1
\end{aligned}
$$

等号は $\text{Entropy} = \ln \mu + 1$ でこの場合平均 μ の指数分布となる。■

---

[7] ウィリアムズ (2001) に紹介されている。D. Williams (2001) *Weighing the Odds*, Cambridge University Press, 6.5 節, pp. 198–199.

4 仮説検定の基礎

4.1 統計学における仮説

この章では，統計学特有の仮説検定という考え方を学習する。仮説という場合，たとえば一般にどのようなものを想像するだろうか。数学の連続体仮説，物理学のディラックの大数仮説など明確に定義されているけれども証明できないようなものや，生態系のガイア仮説，進化の赤の女王仮説，言語習得の臨界期仮説，経済学の恒常所得仮説，効率的市場仮説などのように，ある現象について述べているが他にも可能性のあるような外的要因をどう統御するのか示していない主張もある。

これらはここで扱う統計学的な仮説とは異なっている。統計学的な仮説とは，たとえば旧製品のバッテリーの持続時間が12時間であったとき，新製品を開発していくつか試作品ができたとする。この試作品が，本当に旧製品の性能を上回るものかどうかを知りたいというときに仮説を設定する。その仮説は，「以前と比較して変わらない」というものである。あるいは，通説では日本人の血液型のA型の比率は40%であるといわれている。新たに調べたとき，これと違った値が得られたとする。その調査によって通説が覆るといえるかどうかを判断する場合に仮説検定がおこなわれる。

このように，統計学における仮説の目的は，主に判断の際の基準を与えるものである。形式的に述べると統計学における仮説とは，確率分布のパラメターの数値についての仮説である。つまり，ある分布のパラメターの値が仮説とし

て想定されていて，データによるパラメーターの推定値が仮説の値と矛盾がないかどうかを調べる手続きを仮説検定と呼んでいるのである．仮説として想定する値と違う場合には，これまでの判断を改めて新たな行動をとることになる[1]．

4.2 平均の検定 (分散は既知)

簡単な一つの例からはじめよう．

例 4.1 (平均の仮説検定) 雑草として増えると手に負えないタチツボスミレの花 (図 4.1) の大きさを調べてみた．その結果は表 4.1 のようになった．

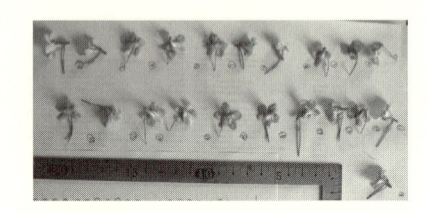

図 4.1　タチツボスミレの花弁

表 4.1　花弁の大きさ

17,	16,	16,	15,	18,	18.5,	21,	17.5,	18,	19,	19,	18,
15,	17,	17,	18,	16,	17,	17,		19,	18	(単位 mm)	計 21 枚

図鑑に載っている値は，13.5 mm であるが，環境変化で変わっているだろうか．統計学では，この手続きをつぎのように行っている．仮説で想定したパラメーターの値が成立する，つまり仮説が正しいと考えて，実際に調べた標本平均の値が，たとえば 5% 以下の確率でしか起きないほどずれた場合，これはありえないと判断して仮説を棄却する (この 5% 水準を検定のサイズ，あるいは棄却

---

[1] ここでの説明は，ネイマン・ピアソン (Egon Sharpe Pearson, 1895–1980, Karl の息子) 流の仮説検定と呼ばれている．J. Neyman and E. S. Pearson (1928) "On the use and interpretation of certain test criteria for purposes of statistical inference," *Biometrika*, Part I 20A(1/2), pp. 175–240 and Part II 20A(3/4), pp. 263–294. これらの論文には尤度比検定，適合度検定などを例として仮説と対立仮説，2 種類の過誤などが論じられている．

4.2 平均の検定 (分散は既知)

域の大きさといい，$\alpha = 0.05$ と表す)。それ以上の確率で起きているならば，仮説が成立するとしてもありうることだと判断する。花の大きさ X の標準偏差は $\sigma = 1.5\,\mathrm{mm}$ であるものとする。

I. 仮説を立てる

  仮説 H_0： $\mu = 13.5\,\mathrm{mm}$ 図鑑にでていた花弁の大きさ
  対立仮説 H_1： $\mu > 13.5\,\mathrm{mm}$ (環境変化で大きくなったかどうか)

II. 棄却域の計算

図鑑に掲載されている仮説 H_0 の値 $\mu = 13.5$ が成り立つと仮定する。すなわち，標本平均 $\bar{X}$ は平均 $\mu = 13.5$，分散 $\sigma_{\bar{X}}^2 = \frac{\sigma^2}{n} = \frac{1.5^2}{21}$ で，$\bar{X}$ を基準化するとその分布は中心極限定理によって標準正規分布で近似できる。一般に仮説 H_0 で指定される平均の値を μ_0 とすると，仮説 H_0 が成立する場合に $Z = \frac{\bar{X} - \mu_0}{\sigma/\sqrt{n}}$ は標準正規分布で近似できる。この場合，$\mu_0 = 13.5$ であるので，

$$Z = \frac{\bar{X} - \mu_0}{\sigma/\sqrt{n}} = \frac{\bar{X} - 13.5}{1.5/\sqrt{21}} \sim \mathrm{N}(0,1) \tag{4.1}$$

仮説 H_0 が成立することがありえない棄却域は，右側 5% の水準に設定したので，図 4.2 にあるように，標準正規分布表から $z = 1.645$ を探すと，

$$\mathbb{P}(Z > 1.645) = 0.05$$

この Z に上の式 (4.1) を代入すると，

$$\frac{\bar{X} - \mu_0}{\sigma/\sqrt{n}} = \frac{\bar{X} - 13.5}{1.5/\sqrt{21}} = Z > 1.645$$

このような $\bar{X}$ の値の範囲が棄却域である。すなわち，

$$\bar{X} > \mu_0 + 1.645 \frac{\sigma}{\sqrt{n}} = 13.5 + 1.645 \frac{1.5}{\sqrt{21}} = 14.04$$

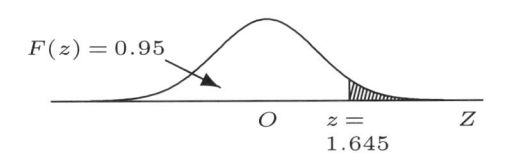

図 4.2 仮説 H_0 が成立するときの Z の分布

III. 統計量の値の計算

標本平均 $\bar{X}$(統計量) の値を観察されたサンプル $(x_1, \ldots, x_n)$ の値を使って計算すると，

$$\bar{x} \equiv \frac{1}{n}\sum_{i=1}^{n} x_i = \frac{17 + 16 + \cdots + 18}{21} = 17.48$$

IV. 判定

$$\bar{x} = 17.48 > 14.04$$

このことから，観察値は棄却域に入る．したがって，仮説 H_0 が成立することはありえないと考えられる．つまり，タチツボスミレの花弁の大きさは図鑑に掲載されいているよりも大きくなったといえる．□

ここで仮説の検定で用いられる用語についてまとめておこう．

定義 4.1 (単純仮説と複合仮説)　単純仮説とは，仮説 H_0 でも対立仮説 H_1 でも指定される値が 1 つの場合をいう．それ以外の場合は，複合仮説である．たとえば，仮説 H_0: $\mu = 13.5$ (単純仮説) と 対立仮説 H_1: $\mu = 14.3$ (単純仮説) の場合，単純対単純仮説という．これに対して，例 4.1 のように仮説 H_0: $\mu = 13.5$ (単純仮説) と 対立仮説 H_1: $\mu > 13.53$ (複合仮説) の場合，単純対複合仮説という．

定義 4.2 (検定のサイズ α)　仮説 H_0 が成立すると仮定すると，調査の結果がありえないと判断できるほど小さな確率 α の値．多くの場合，$\alpha = 0.05 = 5\%$ や $\alpha = 0.10 = 10\%$，あるいは $\alpha = 0.01 = 1\%$ が使われる．検定のサイズは仮説と対立仮説の違いが大きいかどうか (さほど違わなければサイズは大きめにとる)，仮説を誤って棄却してしまったときのコスト (損害が大きければ値は小さくする) に応じて決められる．

定義 4.3 (右片側検定・左片側検定・両側検定)　対立仮説 H_1 がどのように設定されているかで，これらの検定のタイプが決まる．

ケース 1. 対立仮説 H_1: $\mu > \mu_0 = $ 仮説 H_0 の値

4.2 平均の検定 (分散は既知)

このときは，対立仮説が正しければ，仮説で想定している値よりも大きい値 (右側) に観察値が実現する確率が高くなる．そのため，右片側検定を行う．

ケース 2. 対立仮説 $H_1: \mu < \mu_0 = $ 仮説 H_0 の値

このときは，対立仮説が正しければ，仮説で想定している値よりも小さい値 (左側) に観察値が実現する確率が高くなる．そのため，左片側検定を行う．

ケース 3. 対立仮説 $H_1: \mu \neq \mu_0 = $ 仮説 H_0 の値

このときは，右側にも左側にも観察値が実現する可能性があるので，両側検定を行う．この場合，棄却域は分布の左端と右端にあり，両方の棄却域の大きさの合計が検定のサイズ α である．したがって，通常は左端に確率 $\alpha/2$, 右端に確率 $\alpha/2$ で棄却域を設定する．

定義 4.4 (第 I 種の過誤) 仮説 H_0 が成立しているにもかかわらず，仮説 H_0 を棄却する誤り．それにともなう第 I 種の過誤確率 α とは，検定のサイズと同じ値で，仮説 H_0 が成立しているにもかかわらず，仮説 H_0 を棄却してしまう確率．仮説 H_0 を棄却するということは，対立仮説 H_1 を採択することを意味している．

定義 4.5 (第 II 種の過誤) 仮説 H_0 が成立していないのに，仮説 H_0 を棄却できない誤り．それにともなう**第 II 種の過誤確率** β とは，対立仮説 H_1 が成立するにもかかわらず，仮説 H_0 を支持してしまう確率．対立仮説 H_1 が成立するときに，正しく対立仮説 H_1 を採択する確率を**検定力** ($1 - \beta$, power of test) という．ただし，図 4.3 のように対立仮説 H_1 が単純な場合でないかぎり，第 II 種の過誤確率は計算できない．

図 4.3 では，例 4.1 の対立仮説 H_1 を $\mu = 14.3$ と等式に変更した場合の第 II 種の過誤確率を計算している．$\mu = 14.3$ が成立した場合に，棄却域の臨界値とした c_1 の値である 14.04 以下の値をデータがとる確率である．タチツボスミレの例の場合，具体的には，

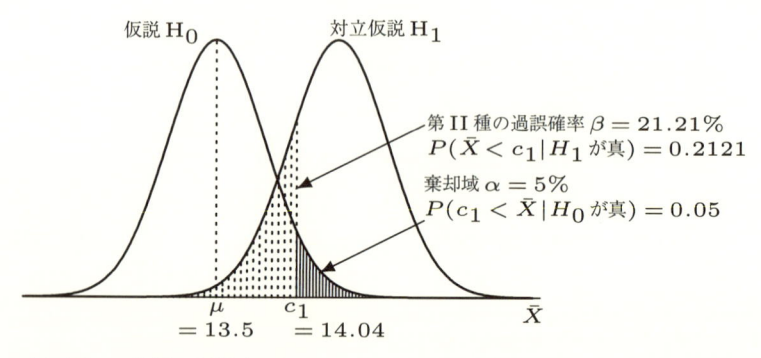

図 4.3 2種類の過誤:仮説 H_0: $\mu = 13.5$, 対立仮説 H_1 $\mu = 14.3$ の場合

$$z = \frac{c_1 - \mu_1}{\sigma/\sqrt{n}} = \frac{14.04 - 14.3}{1.5/\sqrt{21}} = -0.7990, \quad \beta = F(z) = 0.2121$$

となる。

定義 4.6 (p–値) 仮説 H_0 が成立するとした場合,観察値のような結果が出る確率は大きくてどのくらいかを示す値。平均の検定の場合,観察された標本平均の値を $\bar{x}$ と記すならば,つぎの確率となる。

p–値:仮説 H_0 の値 μ_0 よりも標本平均 $\bar{x}$ が大きい場合 $= \mathbb{P}(\bar{X} > \bar{x})$

p–値:仮説 H_0 の値 μ_0 よりも標本平均 $\bar{x}$ が小さい場合 $= \mathbb{P}(\bar{X} < \bar{x})$

統計学に大きな貢献を残した R. A. フィッシャーは,対立仮説を明示的に設定し採択するというよりもむしろ,仮説 H_0 を棄却できるかどうかを中心に検定を行う方がよいと考えた。そのため仮説 H_0 を**帰無仮説** (null hypothesis) として設定し,観察値がどれだけ帰無仮説の値と**統計的に有意**に異なるかを調べる方法を主張した。これが**有意性検定** (significance test) の考えである。そのため帰無仮説が成立するとき,観察した実現値よりもさらに外れた値が発生する確率を p–値として計算している。たとえば,p–値がある臨界値 5% よりも小さい値であれば,有意水準 5% で帰無仮説を棄却できると主張する[2]。

---

2 R. A. Fisher (1925) *Statistical methods for research workers*, Edinburgh: Oliver and Boyd. R. A. Fisher (1955) "Statistical methods and scientific induction," *Journal*

4.2 平均の検定 (分散は既知)

例 4.2 (有意性検定) タチツボスミレの例の場合，

$$\text{p-値} = \mathbb{P}(\bar{X} > \bar{x}) = \mathbb{P}(\bar{X} > 17.48)$$
$$= \mathbb{P}\left(Z > \frac{17.48 - 13.5}{1.5/\sqrt{21}}\right)$$
$$\simeq 0 \text{ ほぼゼロに近い小さい値}$$

したがって，タチツボスミレの花弁の大きさが 13.5mm であるという帰無仮説は棄却される。これまでの仮説と有意に異なる新しい事実が示されたことになる。□

例 4.3 日本産のネギと中国産のネギでは，元素の含有量が大きくことなることが知られている。上海産はカドミウムの含有量が 0.055 (マイクログラム/基準単位) であり，日本産は 0.183 (マイクログラム/基準単位) である。いずれも分散 σ^2 は 0.019602 である。いま産地のわからない箱からネギを 8 本調べたところカドミウムの含有量の標本平均が $\bar{x} = 0.111$ であった。このネギは上海産であるという仮説を検定する。

仮説 H_0: $\mu = 0.055$ に対して対立仮説 H_1: $\mu = 0.183$ を設定したサイズ $\alpha = 5\%$ の片側検定を行う。

仮説が正しいと仮定したとき，統計量

$$Z = \frac{\bar{X} - 0.055}{\sigma/\sqrt{n}}$$

の分布は標準正規分布で近似できる。観察された $\bar{X}$ つまり $\bar{x}$ の値が臨界値

$$c = 0.055 + 1.645 \times \frac{\sqrt{0.019602}}{\sqrt{8}} = 0.1364$$

よりも大きければ仮説 H_0 を棄却できる。実際に $\bar{x}$ と臨界値 c を比較すると，この 8 本のネギが含まれる箱について，$\bar{x} = 0.111 < 0.1364$ より，仮説 H_0 は棄却できない。

(データは Ariyama et al. (2004) *J. Agric. Food Chem*, **52**, pp. 5803-5909 より作成)
□

---

of the Royal Statistical Society, Series B, 17(1), pp. 69–78 には Neyman-Pearson への批判が書かれている。

練習問題

問1 日本の過去 (1975–84 年前後)，殺人で検挙された少年犯罪者数は年平均 79.8 人であった。分散 σ^2 は 400 である。1997 年から 2005 年の 9 年間 ($n = 9$) では標本平均が $\bar{x} = 92.6$ 人となった。殺人を犯した少年犯罪者数は変わらないという仮説を以下の手続きで検定した。仮説 H_0: $\mu = 79.8$ に対して対立仮説 H_1: $\mu > 79.8$ を設定し，サイズ $\alpha = 5\%$ の右片側検定を行いなさい。その結果，過去と比べて殺人犯の少年の数は統計的にどうなったといえるか。(警察庁『少年非行等の概要』より作成。ただし正しくは少年の人口や警察の捜査水準が変化していることを考慮して分析する必要がある。)

問2 「2009 年サラリーマンの小遣い調査」によると $n = 500$ 人を無作為に抽出して調べた結果，標本平均 $\bar{x} = 45600$ 円 (月額) であった。過去の実績から平均 46300 円で分散 $\sigma^2 = 88200000$ であることがわかっている。仮説 H_0: $\mu = 46300$，対立仮説 H_1: $\mu < 46300$ を立て，サイズ 5% の左片側検定を行いなさい。サラリーマンの小遣いは 2009 年にそれ以前より下がったといえるか。(資料は新生フィナンシャル 2009 年 6 月 4 日発表の結果を改変して利用。)

問3 2002 年ワールドカップ関連グッズの支出額を男性の場合には 1.2(万円) であった。女性 100 人についても調べてみたところ 1.45(万円) であった。女性の関連グッズ支出額の分散は，男性とほぼ同じで $\sigma^2 = 1$ であることが分かっている。女性の平均支出額 μ は男性と異なるといえるか。仮説 H_0: $\mu = 1.2$ にたいして対立仮説 H_1: $\mu \neq 1.2$ を設定し，検定のサイズ (棄却域の大きさ) は $\alpha = 0.05(5\%)$ として (両側) 検定しなさい。(Tokyo-FM のアンケート結果を修正して利用。)

4.3 平均の差の検定

これまでは，仮説 H_0 としてある数値が与えられていた。しかし，あるグループと別のグループの平均の差に興味があることが多い[3]。

---

[3] ただし，これは微妙な問題を含んでいる。第一は分散が既知であるかどうかということ。もし，分散が未知の場合には，両方のグループで分散が等しいかどうかという問題。本書第 4.6 節参照。第二はあるグループをコントロールしたグループとし，別のグループに対して何か影響のある因子を作用させた場合，結果の違いが本当にその因子が原因になっているかどうかという因果関係の問題がある。

4.3 平均の差の検定

観察される特徴にもとづいて分類された第1のグループと第2のグループがあるとする。第1のグループのサンプル・サイズを n_1, 標本平均 $\bar{X}_1$, 第2のグループのサンプル・サイズを n_2, 標本平均 $\bar{X}_2$ とする。それぞれのグループの分散は既知であるとし, 第1のグループが σ_1^2, 第2のグループが σ_2^2 であるとする。

標本平均の差 $\bar{X}_1 - \bar{X}_2$ の分布は, 平均が

$$\mu_{\bar{X}_1-\bar{X}_2} \equiv \mathbb{E}[\bar{X}_1] - \mathbb{E}[\bar{X}_2] = \mu_1 - \mu_2 \tag{4.2}$$

分散は,

$$\begin{aligned}\sigma_{\bar{X}_1-\bar{X}_2}^2 &\equiv \mathbb{E}\left[\{\bar{X}_1 - \bar{X}_2 - (\mu_1 - \mu_2)\}^2\right] \\ &= \mathbb{E}\left[(\bar{X}_1 - \mu_1)^2 + (\bar{X}_2 - \mu_2)^2 - 2(\bar{X}_1 - \mu_1)(\bar{X}_2 - \mu_2)\right] \\ &= \mathbb{E}\left[(\bar{X}_1 - \mu_1)^2\right] + \mathbb{E}\left[(\bar{X}_2 - \mu_2)^2\right] - 2\mathbb{E}\left[(\bar{X}_1 - \mu_1)(\bar{X}_2 - \mu_2)\right]\end{aligned} \tag{4.3}$$

両者のグループが無作為抽出であれば, $\bar{X}_1$ と $\bar{X}_2$ は独立である。したがって, **共分散** (covariance, 定義5.4) は

$$\mathrm{Cov}[\bar{X}_1, \bar{X}_2] \equiv \mathbb{E}\left[(\bar{X}_1 - \mu_1)(\bar{X}_2 - \mu_2)\right] = 0$$

となる (定理1.23)。そのため, 標本平均の差の分散は

ここではこのような複雑な問題はすべて避けて通ることにする。第一の分散が等しくない場合の問題はベーレンス・フィッシャー (Behrens-Fisher) 問題といわれている。たとえば, A. Stuart, K. Ord, and S. Arnold (1994) *Kendall's Advanced Theory of Statistics*, 6th ed. vol. 2A, 19.25–19.36 節, および 21.37 節。E. L. Lehmann and J. P. Romano (2005) *Testing Statistical Hypotheses*, 3rd ed. Springer, 11.3.1 p. 444 および p. 671。ブートストラップ法による解決は, A. C. Davison and D. V. Hinkley (1997) *Bootstrap Methods and their Application*, Cambridge University Press, p. 171 ほかに二つの平均の比較という例題がいくつか掲載されている。

第二の問題は, 因果推論といわれている領域で, 同一の個体に同時に因子を作用させる場合と作用させない場合を作れないため発生する。Paul W. Holland (1986) "Statistics and Causal Inference," *Journal of the American Statistical Association*, 81(396), pp. 945–960 によって因果推論の根本問題といわれている。通常は, 作用させた効果をバイアスのない平均の差で評価する。この手法は Donald B. Rubin による因果性 (Rubin Causal Model) とも呼ばれている。これも1980年代以降, 非常に業績の多い分野で解決方法は一通りではない。

$$\sigma^2_{\bar{X}_1-\bar{X}_2} = \sigma^2_{\bar{X}_1} + \sigma^2_{\bar{X}_2} = \frac{\sigma_1^2}{n_1} + \frac{\sigma_2^2}{n_2} \tag{4.4}$$

となる。

例 4.4 (平均の差の仮説検定：分散が既知) 気温によって購入量が大きく変わる商品とそうでないものがある。ここではあまり変わらないと考えられるものとして，バナナを取り上げる。月間の平均気温によって 15°C 未満，15°C 以上 20°C 未満，20°C 以上に分けて一般世帯の月間消費数量を計算したところ表 4.2 のようになった。

表 4.2　バナナの購入数量 (g)

月間平均気温	15°C 未満	15°C 以上 20°C 未満	20°C 以上
サンプル・サイズ n_i	57	27	43
標本平均 $\bar{x}_i$	1436	1729	1633
分散 σ_i^2	213^2	196^2	271^2

総務省「家計調査」，気温は東京の値 (気象庁)

平均気温が異なるとバナナの購入量が異なるといえるかどうか検定したい。ここでは，母集団の分散を $\sigma_1^2 = 213^2$, $\sigma_2^2 = 271^2$ とする。母集団の分散が未知である場合には，小標本の平均の差の検定の 4.6 節を参照。

I. 仮説を立てる

　　仮説　　$H_0 : \mu_1 = \mu_2$
　　対立仮説 $H_1 : \mu_1 \neq \mu_2$

II. 棄却域の計算

仮説 H_0 が成立すると，つぎの確率変数 Z は標準正規分布で近似できる。

$$Z = \frac{\bar{X}_1 - \bar{X}_2}{\sqrt{\frac{\sigma_1^2}{n_1} + \frac{\sigma_2^2}{n_2}}}$$

したがって，棄却域は，5%水準の両側検定の場合，$|Z| > z_c = 1.960$ となる。分散 $\sigma^2_{\bar{X}_1-\bar{X}_2}$ を計算すると

$$\sigma^2_{\bar{X}_1-\bar{X}_2} = \frac{\sigma_1^2}{n_1} + \frac{\sigma_2^2}{n_2} = 2503.9$$

$\bar{X}_1 - \bar{X}_2$ の棄却域を求めると

4.3 平均の差の検定

$$|\bar{X}_1 - \bar{X}_2| > c = z_c \times \sigma_{\bar{X}_1 - \bar{X}_2} = 1.960 \times \sqrt{2503.9} = 98.08$$

となる。

III. 統計量の値の計算

$\bar{X}_1 - \bar{X}_2$ を計算すると，$\bar{X}_1, \bar{X}_2$ は確率変数ではなく観察値となるので $\bar{x}_1, \bar{x}_2$ となり，

$$\bar{x}_1 - \bar{x}_2 = 1436 - 1633 = -197$$

$|\bar{x}_1 - \bar{x}_2| = 197$ が得られる。

IV. 判定

$$|\bar{x}_1 - \bar{x}_2| = 197 > 98.08 = c$$

よって，観察値は棄却域に含まれる。バナナの消費量は気温によって差があると判断できる。表 4.2 の値から推察できるように，バナナの消費量は平均気温が 15°C から 20°C 時期がもっとも多く消費されていることがわかる。□

表 4.3　バナナの価格 (円)

月間平均気温	15°C 未満	15°C 以上 20°C 未満	20°C 以上
サンプル・サイズ n_i	57	27	43
標本平均 $\bar{x}_i$	21.63	22.77	22.41
分散 σ_i^2	1.975^2	2.260^2	1.671^2

総務省「家計調査」，気温は東京の値 (気象庁)

寒い時期に消費量が少ないのは，供給が少ないという原因も考えられる。これを確かめるために，今度は気温の高い時期と低い時期でバナナの平均価格が違うかどうかを検定して確かめてみる。供給が少なければ価格が上昇し，需要量が減ると考えられるからである。価格や所得がほとんど変わらないのに，消費量が異なるのは経済的理由ではない可能性が高い。

バナナの価格 $\bar{X}_1, \bar{X}_2$ についても同じように平均の差の検定を行うと，5%水準の両側検定の臨界値 c は，つぎのようになる。

$$c = z_c \times \sqrt{\frac{\sigma_1^2}{n_1} + \frac{\sigma_2^2}{n_2}} = 1.960 \times \sqrt{\frac{1.975^2}{57} + \frac{1.671^2}{43}} = 0.7158$$

標本平均の差の統計量の値は，つぎのようになる．

$$|\bar{x}_1 - \bar{x}_2| = |21.63 - 22.41| = 0.78$$

したがって，

$$|\bar{x}_1 - \bar{x}_2| = |21.63 - 22.41| = 0.78 > 0.7158 = c$$

より，棄却域に含まれる．そのため価格は等しいという仮説はサイズ 5% で棄却されることになる．ここでは，気温が異なると価格も異なるという結果になった．しかし，気温が低い方が価格が低いということがいえる (寒い時の標本平均 $\bar{x}_1 = 21.63 <$ 暑い時の標本平均 $\bar{x}_2 = 22.41$) ため，消費量は供給の制約によって価格が上昇しそのため下がったとはいえない．

例 4.5 (ペアになっている因子の差の仮説検定) アンケート調査などでは，1 つの対象について 2 つ以上の質問をすることが多い．このような場合，回答の評価に差があるかどうかを検定したい場合がある．

たとえば表 4.4 のように，5 点評価で経済予測と血液型性格判断のどちらが当たると思うかを調べた例を扱う．1 つの評価方法は，それぞれの平均点の差を検定することである．これは先の例と同様の方法で行えばよい．別の評価方法は，回答者ごとに評価点の差を計算してその平均がゼロかどうかを検定する方法が考えられる．

表 4.4 血液型性格判断と経済予測どちらが当たると思うか

個人番号	1	2	3	4	5	6	7	8	9	10	...	643
血液型性格判断	2	5	3	4	3	4	3	0	3	1	...	3
経済予測	3	3	3	2	2	4	2	4	3	2	...	2
評価の差	−1	2	0	2	1	0	1	−4	0	−1	...	1

1 人の人が答える 2 つの回答は独立であるという仮定は成立しない．信じ込みやすいひとは，経済予測も血液型性格判断も当たると評価するかもしれないし，懐疑的な人はどちらも当たらないと評価するかもしれない．いま第 i 番目の人の経済予測の評価を Xe_i，血液型性格判断の評価を Xb_i とすると，この場合，2 つの確率変数の差だけを問題にしているので，$X_i = Xe_i - Xb_i$ が確率

4.3 平均の差の検定

変数となる。Xe_i と Xb_i が独立であろうとなかろうと，$X_1, X_2, ..., X_n$ が無作為抽出であれば，つまり独立で同一の分布に従えばよい。X_i の平均 μ がゼロであるかどうかを検定することになる。ここで X_i の分散を σ^2 とする[4]。

I. 仮説を立てる

　　仮説　　　$H_0:$　$\mu_1 - \mu_2 = 0$ (同じ評価)
　　対立仮説 $H_1:$　$\mu_1 - \mu_2 \neq 0$

II. 統計量の値の計算

仮説 H_0 が成り立つとすると，ペアとなっている評価の差 $X_i = Xe_i - Xb_i$ は，平均 $\mu = 0$，分散 σ^2 で分布する。このとき X_i の標本平均 $\bar{X}$ の分布は，平均 $\mu = 0$，分散

$$\sigma_{\bar{X}}^2 = \frac{\sigma^2}{n}$$

をもつ。したがって，

$$Z = \frac{\bar{X}}{\sqrt{\sigma^2/n}}$$

は仮説 H_0 が成立するとき，平均 0，分散 1 の標準正規分布で近似できる。実際に数値 $n = 643$，$\bar{x} = 0.04354$，$\sigma^2 = 3.278475$ を代入すると

$$z = \frac{0.04354}{\sqrt{3.278475/643}} = 0.609841$$

III. 棄却域の計算

サイズ 10%の両側検定で検定する場合，カット・オフの値は 1.645 である。したがって，$|Z| > 1.645$ が棄却域となる。

IV. 判定

$|z| = 0.6098 < 1.645$ より，仮説 H_0 を棄却できない。したがって，経済予測と血液型性格判断についての評価に差があるとはいえない。□

---

[4] ちなみに，Xe_i の平均を μ_{Xe}，分散を σ_{Xe}^2，Xb_i の μ_{Xb}，分散を σ_{Xb}^2 とすると，σ^2 は (4.3) 式と同じで，つぎのように表すことができる。

$$\sigma^2 = \mathbb{E}[(Xe_i - Xb_i - (\mu_{Xe} - \mu_{Xb}))^2] = \sigma_{Xe}^2 + \sigma_{Xb}^2 - 2\mathrm{Cov}(Xe, Xb)$$

練習問題

問1 2002年ワールドカップ関連グッズの支出額を100人の男性について調べたところ1.2(万円) であった。女性100人についても調べてみたところ1.45(万円) であった。女性の関連グッズ支出額の分散は,男性とほぼ同じで $\sigma^2 = 1$(万円) であるとする。女性の平均支出額 μ_1 は男性 μ_2 と差があるといえるか。仮説 $H_0 : \mu_1 = \mu_2$ にたいして対立仮説 $H_1 : \mu_1 \neq \mu_2$ を設定し,検定のサイズ (棄却域の大きさ) は $\alpha = 0.05(5\%)$ として検定しなさい。
(前節問3と類似の問題)

問2 ペアになっている因子の差の仮説検定の例4.5は,仮説 H_0 を棄却できなかった。同じ評価の差 $\bar{x} = 0.04354$ と分散 $\sigma^2 = 3.278475$ であったとしても,サンプル・サイズ n が大きければ,Z の観察値 z は大きくなるはずである。$z \geq 1.645$ となる最小の n の値を求めなさい。たとえこの評価の差が $\bar{x} = 0.01$ であったとしても,n が十分大きければ $z \geq 1.645$ となるはずである。このときの n の最小値を求めなさい。

4.4 割合の検定

割合は標本平均の一種であることを3.3節で学習した。この事実を割合の検定にも利用することができる。平均の検定との変更点は,棄却域の計算で利用する分散である。割合の検定では,分散は仮説 H_0 の割合の値 p_0 を利用して計算される。

例 4.6 (割合の仮説検定) 日本では血液型がA型の人の比率は40%であるといわれている。これに対して2744人について調べたところ,A型は1019人であった。これとは異なるという対立仮説を検定のサイズ1%で検定したい。A型の比率を p とし,仮説 H_0 に設定する通説の値を $p_0 = 0.4$ とする。

I. 仮説を立てる
  仮説 $H_0 : p = p_0 = 0.4$ (通説による日本人の血液型のA型比率)
  対立仮説 $H_1 : p \neq p_0 = 0.4$ (通説が成り立つかどうか)

4.4 割合の検定

II. 棄却域の計算

仮説 H_0 の値 $p = p_0 = 0.4$ が成り立つと仮定すると，調査した割合 $\hat{p} \equiv X/n$ は，平均 $p_0 = 0.4$，分散

$$\sigma_{\hat{p}}^2 = \frac{p_0(1-p_0)}{n} = \frac{0.24}{2744}$$

で，基準化するとその分布は中心極限定理によって，標準正規分布で近似できる。したがって，

$$Z = \frac{\hat{p} - p_0}{\sqrt{p_0(1-p_0)/n}} = \frac{\hat{p} - 0.4}{\sqrt{0.24/2744}} \sim N(0,1) \qquad (4.5)$$

対立仮説 H_1 より，1%の水準で両側検定するので，標準正規分布表から $z = 2.576$ ならば，次式が成り立つ。

$$\mathbb{P}(|Z| > 2.576) = 0.01$$

この Z に上の式 (4.5) を代入して，

$$\left| \frac{\hat{p} - p_0}{\sqrt{p_0(1-p_0)/n}} \right| = \left| \frac{\hat{p} - 0.4}{\sqrt{0.24/2744}} \right| = |Z| > 2.576$$

となる $\hat{p}$ の値の範囲が棄却域である。図 4.4 に示すように，両側の部分が棄却域である。

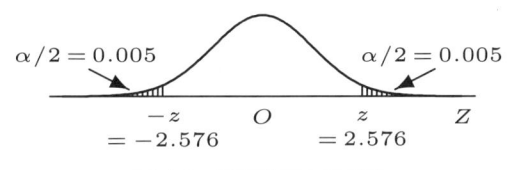

図 4.4 両側検定の棄却域

すなわち，

$$\hat{p} < p_0 - 2.576\sqrt{\frac{p_0(1-p_0)}{n}} = 0.4 - 2.576\sqrt{\frac{0.24}{2744}} = 0.3759$$

あるいは

$$\hat{p} > p_0 + 2.576\sqrt{\frac{p_0(1-p_0)}{n}} = 0.4 + 0.02409 = 0.4241$$

III. 統計量の値の計算

サンプルの比率を計算すると (ここで $\hat{p}$ は確率変数ではなくなる),
$$\hat{p} = \frac{x}{n} = \frac{1019}{2744} = 0.3714$$

IV. 判定
$$\hat{p} = 0.3714 < 0.3759$$

以上より,観察値 $\hat{p}$ は棄却域に入る。したがって,仮説 H_0 が成立することはありえないと考えられる。つまり,日本人の血液型が A 型である比率は,40％より小さくなったといえる。□

もうひとつ例題を掲載しておこう。

例 4.7 (割合の仮説検定) 英国の放送局 BBC の行った英国内の世論調査では捕鯨に賛成の人は1.9％にすぎず,大半が反対意見であった。日本では捕鯨に賛成しているといえるのかどうか検定してみることにした。日本国内の世論調査 ($n = 2401$) では,56.0％の人が賛成だと答えている。

I. 仮説を立てる

仮説 H_0: $p = 0.50$ に対して対立仮説 H_1: $p \neq 0.50$ を設定し,サイズ $\alpha = 5\%$ の両側検定を行った。

II. 棄却域の計算

仮説 H_0 が成立すると仮定したとき割合 $\hat{p}$ が
$$c_1 = 0.5 - 1.96\sqrt{\frac{0.5^2}{2401}} = 0.5 - 0.02 = 0.48$$
と
$$c_2 = 0.5 + 1.96\sqrt{\frac{0.5^2}{2401}} = 0.52$$
との間に含まれる確率は 95％になる。棄却域は,
$$\hat{p} < c_1 = 0.48, \quad \text{または } 0.52 = c_2 < \hat{p}$$

III. 統計量の値の計算
$$\hat{p} = 0.56 \quad \text{ここで } \hat{p} \text{ は観察値である。}$$

4.4 割合の検定

IV. 判定

$c_2 = 0.52 < 0.56 = \hat{p}$ より，棄却域に含まれる．したがって，仮説 H_0 を棄却する．日本では捕鯨賛成派は5%水準で統計的に有意に50%より多いといえる．

(データは朝日新聞 (2008年2月) 調査によるが，サンプル・サイズを変更，40代以上の男性の80%が捕鯨賛成で，20代の女性には捕鯨支持は40%と低いことも報告されている．および英国は *BBC Focus* 誌を参照，CBBCサイトには子どもへのアンケートがある．)□

練習問題

問1 通説では日本人の血液型の分布では，B型の血液型の割合は $p = 0.2$ であるとされている．$n = 100$ 人について調べたところ，24人がB型であった．(I) 仮説 $H_0 : p = 0.2$，対立仮説 $H_1 : p > 0.2$ と置いて，右片側 $\alpha = 5\%$ の仮説検定を行いたい．(II) 臨界値の計算には，$z = 1.645$ を用いることにする．仮説が正しいとき $\hat{p}$ の分散はいくらか．さらに，臨界値 c を求めなさい．(III) 棄却域は，臨界値 c より観察値 $\hat{p}$ が 1. 大きい，2. 小さい 領域である．(IV) $\hat{p}$ の値を求めるといくらになるか．その結果，仮説 H_0 を棄却 1. できる，2. できない ．したがって，B型の比率は20%とくらべ，1. 増えた，2. 減った，3. なんともいえない といえる．

問2 スペースシャトル・チャレンジャーの事故原因の1つとしてO-リングが寒さで弾力性を失って燃料漏れしたといわれている．その根拠を統計的に確かめたい．気温が20°C以上のとき弾力性を失う比率が0.05であるのに対し，20°C未満のとき $n = 95$ 回の試行で10回弾力性が失われている．この割合に差があるかどうか検定する．仮説 $H_0: p = 0.05$，および対立仮説 $H_1: p \neq 0.05$ のように設定し，サイズ5%で両側検定を行う．棄却域を求めなさい．$\hat{p}$ の値を計算するといくらになるか．その結果，仮説 H_0 を棄却 1. できる 2. できない ．すなわち気温が低いとO-リングの弾力性を失う確率は 1. 低くなる 2. 高くなる 3. いずれでもない といえる．(S.R. Dalal, E.B. Fowlkes, B. Hoadley (1989) "Risk analysis of the space shuttle: Pre-Challenger prediction of failure," *Journal of the American Statistical Association*, **84**, pp. 945–957 より．)

問3 SARSは，これまでに累積患者数が8100人に対して死亡数は770人（死亡率は約0.095）である．SARSの死亡率は10%であるという仮説 $H_0 : p = 0.10$ に対して，それよりも低いという対立仮説 $H_1 : p < 0.10$ を設定し片側検定しなさい．ただし，検定のサイズ（棄却域の大きさ）は $\alpha = 0.05(5\%)$ とする．(SARSの数字はWorld Health Organization(WHO)による．)

問4 10,000人に調査したところ5月の失業率は4.6%であった．この値は，過去からつづいている4.9%という水準よりも下がったということができるだろうか．サイズ（別名では棄却域の大きさ，第一種の過誤確率 α，あるいは有意水準）を5%としたとき，仮説検定を行いなさい．仮説 H_0 を $p = 0.049$，対立仮説 H_1 を $p < 0.049$ とする．

問5 総選挙である選挙区に2人の候補者が出馬していた．A候補者に対する得票率を出口調査で調べたところ，無作為に選んだ100人のうち64人がA候補者に投票した．出口調査の結果から，A候補とB候補が引き分けであるという仮説に対して，対立仮説でA候補が勝つという片側検定を，サイズ5%で行いなさい．

4.5　割合の差の検定

割合についても2つのグループで差があるかどうかを検定したい場合がある．この場合，仮説 H_0 では，グループ1の割合 p_1 とグループ2の割合 p_2 が等しい p という割合であると設定する．対立仮説 H_1 では，p_1 と p_2 が異なるとする．

例 4.8 (割合の差の仮説検定)　　たとえば，10年前と現在の統計学の出席者の男女比率を比較したいとする．2つのグループから無作為抽出されたサンプルであると考えると，10年前には出席者が $n_1 = 111$ 人でうち女子が $x_1 = 34$ 人，現在は出席者が $n_2 = 286$ 人で，女子が $x_2 = 71$ 人であったとする．女子比率を p として，10年前には p_1，現在は p_2 であるとする．仮説 H_0 は10年前も現在も女子比率は一定である $p_1 = p_2 = p$ というものである．

4.5 割合の差の検定

I. 仮説を立てる

仮説 H_0: $p_1 = p_2 = p$ に対して対立仮説 H_1: $p_1 \neq p_2$ を設定し，サイズ $\alpha = 5\%$ の両側検定を行う。

II. 統計量の値の計算

仮説 H_0 が成立すると仮定したとき割合 $\hat{p}$ は，つぎのように計算できる。

$$\hat{p} = \frac{x_1 + x_2}{n_1 + n_2} = \frac{34 + 71}{111 + 286} = 0.2645$$

2つの割合の差の分散 $\sigma^2_{\hat{p}_1 - \hat{p}_2}$ は，分散の和 (4.4) 式の公式を利用してつぎのように計算できる。

$$\sigma^2_{\hat{p}_1 - \hat{p}_2} = \sigma^2_{\hat{p}_1} + \sigma^2_{\hat{p}_2}$$
$$= \frac{p(1-p)}{n_1} + \frac{p(1-p)}{n_2}$$
$$= p(1-p)\left(\frac{1}{n_1} + \frac{1}{n_2}\right)$$

いま $p = p_1 = p_2$ の推定値に $\hat{p}$ を利用すると，

$$\hat{\sigma}^2_{\hat{p}_1 - \hat{p}_2} = \hat{p}(1-\hat{p})\left(\frac{1}{n_1} + \frac{1}{n_2}\right)$$
$$= 0.2645 \times (1 - 0.2645) \times \left(\frac{1}{111} + \frac{1}{286}\right)$$
$$= 0.002433$$

以上より

$$z = \frac{\hat{p}_1 - \hat{p}_2}{\hat{\sigma}_{\hat{p}_1 - \hat{p}_2}} = \frac{0.058055}{\sqrt{0.002433}} = 1.177$$

III. 棄却域の設定

サイズ5%の両側検定を行う場合を考えると，カット・オフの値は1.96である。したがって，$|z| > 1.96$ のとき仮説 H_0 を棄却する。

IV. 判定

$|z| = 1.177 < 1.96$ より，仮説 H_0 を棄却できない。したがって，男女比に10年前と差があったとはいえない。□

練習問題

問 1 テレビ番組で寒天ダイエットの効果を調査した。無作為に抽出した 15 人について寒天ダイエットを行ったところ 4 人の体重が 2 週間で 2kg 以上減少した。コントロール群の 20 人については 5 人が 2 週間で 2kg 以上の体重減少があった。寒天ダイエットが統計的に意味のあるダイエットあるかどうか，サイズ 5%で両側検定しなさい。

問 2 娯楽番組で関東地区の 400 世帯に調査したところ 2003 年で最高だった視聴率は「トリビアの泉・素晴らしきムダ知識」で 27.5%であった。2004 年で最高だった視聴率は関東地区の 319 世帯に調査したところ「行列のできる法律相談所」が 21.3%となった。両者で視聴率に差があるといえるか。サイズ 10%で両側検定しなさい。(注:ビデオ・リサーチ社の数字を修正して利用)

4.6 小標本の場合の仮説検定

サンプル・サイズが大きい場合には，分散が未知の場合でも，標本分散 s^2 を分散 σ^2 の代わりに利用して大きな問題はない。しかし，サンプル・サイズが 30 以下という小さな場合には，標本分散に含まれる誤差が無視できなくなって，より安全な方法が求められる。これは区間推定の場合と同様である。

一般的な母集団の分布については，解析的に分布関数が求められるわけではない。正規分布に従う母集団 (正規母集団) の場合にのみ正確な分布 (スチューデントの t 分布) が計算されている。

ここではその手続きを解説することにする。

例 4.9 (平均の仮説検定：小標本で分散が未知) ビールの購入数量は，平均気温や価格に変化がなければ正規分布すると仮定して，表 4.5 のような観察結果が得られた。気温が 15°C 以上 20°C 未満の場合のサンプル・サイズは $n = 27$ であり，大標本を想定するわけにはいかない。仮説 H_0 として，この時期のビールの消費量は 3 リットルより少ないかどうかを調べたいとする。

I. 仮説を立てる

仮説 $H_0: \mu = 3$ に対して対立仮説 $H_1: \mu \neq 3$ を設定し，サイズ $\alpha = 5\%$

4.6 小標本の場合の仮説検定

表 4.5 ビールの購入数量

月間平均気温	15°C 未満	15°C 以上 20°C 未満	20°C 以上
サンプル・サイズ n	57	27	43
標本平均 $\bar{x}$ (リットル)	2.56	2.74	3.68
標本標準偏差 s	0.91	0.56	1.06
標本分散 s^2	0.91^2	0.56^2	1.06^2

総務省「家計調査」, 気温は東京の値 (気象庁)

の両側検定を行う。

II. 統計量の値の計算

仮説 H_0 が成立すると仮定したとき,

$$T = \frac{\bar{X} - \mu}{S/\sqrt{n}}$$

は, 自由度 $n-1$ のスチューデントの t 分布に従う (定理 2.21)。サンプルから得られた値を代入すると

$$t = \frac{2.74 - 3}{0.56/\sqrt{27}} = -2.41$$

III. 棄却域の設定

サイズ 5% の両側検定を行う場合を考えると, カット・オフの値は t 分布表 (自由度 $n-1=26$) より, $t_c = 2.056$ である。したがって, $|t| > 2.056$ のとき仮説 H_0 を棄却する。

IV. 判定

$|t| = 2.41 > 2.056$ より, 仮説 H_0 を棄却できる。したがって, ビールの消費量は, 3 リットルより下がるといえる。□

つぎに, 2 つのグループの平均の差の検定について, 小標本で分散が未知の場合にどう扱うことが望ましいかを考える。やはり, 母集団の分布が正規分布であることを想定する。このとき, もし 2 つのグループの分散 σ_1^2, σ_2^2 がわかっていれば, グループ間の標本平均の差 $\bar{X}_1 - \bar{X}_2$ の分散は,

$$\sigma^2_{\bar{X}_1 - \bar{X}_2} = \frac{\sigma_1^2}{n_1} + \frac{\sigma_2^2}{n_2}$$

となる。ここで n_1, n_2 は各グループから無作為抽出したときのサンプル・サイズである。したがって, 両グループ間で平均が等しい $\mu_1 = \mu_2$ のとき

$$Z = \frac{\bar{X}_1 - \bar{X}_2}{\sqrt{\frac{\sigma_1^2}{n_1} + \frac{\sigma_2^2}{n_2}}}$$

は，正規母集団の仮定 (大標本の場合には中心極限定理が利用できた) によって標準正規分布に従う。$X_{1,i}$ をグループ 1 からの第 i 番目の観察値 (まだ観察していない)，$X_{2,j}$ をグループ 2 からの第 j 番目の観察値 (まだ観察していない) とし，グループ 1 の分散が σ_1^2，グループ 2 の分散が σ_2^2 であるならば，グループが互いに独立であればカイ 2 乗分布の性質から理論的には

$$\chi_{n_{12}}^2 = \sum_{i=1}^{n_1} \frac{(X_{1,i} - \bar{X}_1)^2}{\sigma_1^2} + \sum_{i=1}^{n_2} \frac{(X_{2,i} - \bar{X}_2)^2}{\sigma_2^2}$$
$$= \frac{(n_1 - 1)S_1^2}{\sigma_1^2} + \frac{(n_2 - 1)S_2^2}{\sigma_2^2}$$

は，自由度 $n_{12} = n_1 + n_2 - 2$ のカイ 2 乗分布に従う確率変数となる。

$$\frac{\chi_{n_1+n_2-2}^2}{n_1 + n_2 - 2}$$

と Z の分母の

$$\frac{\sigma_1^2}{n_1} + \frac{\sigma_2^2}{n_2}$$

の比率を計算しても，未知パラメタである σ_1^2, σ_2^2 は消えない (注 3 参照)。その比率が以前として未知のままである。結局，検定ができるのは，$\sigma_1^2 = \sigma_2^2$ のときである。このときには，

$$T = \frac{\bar{X}_1 - \bar{X}_2}{\sqrt{(n_1 - 1){S_1}^2 + (n_2 - 1){S_2}^2}} \sqrt{\frac{n_1 n_2 (n_1 + n_2 - 2)}{n_1 + n_2}}$$

が，自由度 $n_1 + n_2 - 2$ のスチューデントの t 分布に従う。

例 4.10 (平均の差の仮説検定：小標本で分散が未知) 先の例題では，ビールの消費量に差が認められたが，もしかするとビールの価格に差があるからかもしれない。そこで，ビールの価格に差があったかどうかを調べることにする。データは表 4.6 のように得られている。15°C 以上 20°C 未満のときの価格の平均を μ_1，20°C 以上のときの価格の平均を μ_2 とする。

4.6 小標本の場合の仮説検定

表 4.6 ビールの価格

月間平均気温	15°C 未満	15°C 以上 20°C 未満	20°C 以上
サンプル・サイズ n_i	57	27	43
標本平均 $\bar{x}_i$ (円/リットル)	512.0	509.5	515.1
標本標準偏差 s_i	10.56	12.47	9.56
標本分散 s_i^2	10.56^2	12.47^2	9.56^2

総務省「家計調査」, 気温は東京の値 (気象庁)

I. 仮説を立てる

仮説 $H_0: \mu_1 = \mu_2$ に対して対立仮説 $H_1: \mu_1 \neq \mu_2$ を設定し，サイズ $\alpha = 5\%$ の両側検定を行う。

II. 統計量の値の計算

仮説 H_0 が成立すると仮定したとき，

$$T = \frac{\bar{X}_1 - \bar{X}_2}{\sqrt{(n_1-1)S_1^2 + (n_2-1)S_2^2}} \sqrt{\frac{n_1 n_2 (n_1 + n_2 - 2)}{n_1 + n_2}}$$

は，自由度 $n_1 + n_2 - 2$ のステューデントの t 分布に従う。サンプルから得られた値を代入すると

$$t = \frac{509.5 - 515.1}{\sqrt{(27-1)12.47^2 + (43-1)9.56^2}} \sqrt{\frac{27 \times 43(27 + 43 - 2)}{27 + 43}}$$

$$= \frac{-5.6}{\sqrt{7881.5546}} \sqrt{1127.8286}$$

$$= -5.6 \times 0.37828 = -2.118$$

III. 棄却域の設定

サイズ 5% の両側検定を行う場合を考えると，カット・オフの値は t 分布表 (自由度 $n_1 + n_2 - 2 = 68$) より，$t_c = 1.9955$ である。したがって，$|t| > 1.996$ のとき仮説 H_0 を棄却する。

IV. 判定

$|t| = 2.118 > 1.9955$ より，仮説 H_0 を棄却できる。したがって，ビールの価格は，気温が低いときに安かった。□

ここで，気をつけておかなければいけないのが，分散が等しいという仮定である。標本分散は 2 つのグループで，12.47^2 と 9.56^2 であった。当然である

が，この等分散の検定も行うことが多い。いろいろな手法が考案されているが，もっとも基本的なものは F 比を用いるものである。$F = S_1^2/S_2^2 \geq 0$ は，母集団が正規分布で分散が等しければ，自由度 $n_1 - 1$, $n_2 - 1$ の F 分布に従う。分散が異なると 1 と離れた値をとることになる。

例 4.11 (分散の比の仮説検定)

I. 仮説を立てる

仮説 H_0: $\sigma_1^2 = \sigma_2^2$ に対して対立仮説 H_1: $\sigma_1^2 \neq \sigma_2^2$ を設定し，サイズ $\alpha = 5\%$ の両側検定を行う。

II. 統計量の値の計算

仮説 H_0 が成立すると仮定したとき，

$$F = \frac{S_1^2}{S_2^2}$$

は，自由度 n_1, n_2 の F 分布に従う。値を代入すると，

$$F_o = \frac{12.47^2}{9.56^2} = 1.70144$$

III. 棄却域の設定

サイズ 5% の両側検定を行う場合を考えると，$F > 1$ のときの右側 0.025% の値 ($F_{c,0.975}$)，および $F < 1$ のときの左側 0.025% の値 ($F_{c,0.025}$) か，$1/F > 1$ の右側 0.025% の値 ($F_{c,0.975}$ と同じ) を求める。カット・オフの値は F 分布表 (自由度 $n_1 - 1 = 26$, $n_2 - 1 = 42$) より，

$$F_c(0.975) = 1.964452, \quad F_c(0.025) = 0.4799765$$

である。したがって，棄却域は観察された F の値が

$$F > 1.964452, \quad \text{あるいは } F < 0.4799765$$

の領域となる。

IV. 判定

$F_o = 1.70144 < 1.964452$ かつ $F_o > 0.4799765$ より，仮説 H_0 を棄却できない。$F_o > 0.4799765$ と同じことだが，$1/F_o = 1/1.70144 = 0.58774 < 1.964452$ のため棄却できない。したがって，ビールの価格の分散は，気温によって変わるとはいえない。□

練習問題

問1 築年数が 1 年増えると家賃は 0.5 万円下がるという不動産屋の勘があったとする。これが本当か調べたところ，$n=6$，下落額の標本平均 $\bar{x}=-0.4$，標本分散 $s^2=0.01$ となった。仮説 $H_0: \beta=-0.5$，$H_1: \beta \neq -0.5$ として 10%の棄却域で仮説検定 (両側) を行いなさい。

問2 主に暖房用の燃料から排出される亜硫酸ガス (SOx) の大気中濃度を夏期 (4–9 月) と冬期 (10–3 月) にランダムに選んだ 16 日について測定した ($n_1=n_2=16$)。その結果，亜硫酸ガス濃度の標本平均は，夏期で $\bar{x}_1=$10ppm，冬期で $\bar{x}_2=$12ppm であった。標本分散は，夏期で $s_1^2=$1，冬期で $s_2^2=$6 であった。以下では亜硫酸ガスの大気中濃度は正規分布すると考える。亜硫酸ガスの夏期の母平均 μ_1 と冬期の母平均 μ_2 で差があるかどうかを，仮説 $H_0: \mu_1-\mu_2=0$ と対立仮説 $H_1: \mu_1-\mu_2 \neq 0$ のもとで，サイズ 5%で検定しなさい。

問3 東京都目黒区の住宅地の坪あたりの地価調査は 5 ヶ所について行われている。その 2005 年 10 月の結果をまとめるとつぎのような数値がえられた。標本平均 $\bar{x}_1=277$(万円)，標本分散 $s_1^2=2370$，$n_1=5$。同じ場所で一年前の坪あたりの地価の標本平均は $\bar{x}_2=300$ 万円であった。$n_2=5$，標本分散 $s_2^2=1520$ であるとき，一年前と地価は変わっていないという仮説を，5%の有意水準 (サイズ) で (両側) 検定しなさい。(第 3.4 節の練習問題 問 3 と関連)

4.7 補論：尤度比検定

定義 3.12 で尤度比について紹介している。そこでは最尤法で得られた分布パラメーターの推定値と真の値にもとづいたときの尤度の比として導入していた。尤度比検定はこの考えにもとづく検定方法である。実は，これまで紹介した検定方法はこの尤度比検定から導かれるものとして考えられることが多い。

定義 4.7 (尤度比検定，Likelihood ratio test，LRT) 観察データ x が与えられたとき，仮説 $H_0: \theta=\theta_0$ と，対立仮説 $H_1: \theta=\theta_1$ を考える。典型的には，θ_0 は仮説が成立するとしたときの分布パラメーター θ の推定量，θ_1 は制約なしの分布

パラメーターで θ の最尤推定量 $\hat{\theta}$ とすることが多い.

$$\lambda(\boldsymbol{x}) \equiv \frac{lh(\theta_0|\boldsymbol{x})}{lh(\theta_1|\boldsymbol{x})} \qquad 定義 3.12 参照$$

が計算できる. これを尤度比検定統計量 (likelihood ratio test statistic) という. 尤度比検定は臨界値 $0 \le c \le 1$ によって棄却域が $\lambda(\boldsymbol{x}) \le c$ と定まる検定である.

定理 3.13 によりサンプル・サイズが大きいとき, 尤度比統計量 $-2\log\lambda(\boldsymbol{x})$ は自由度 p の χ^2 分布する. 自由度 p は対立仮説 H_1 で自由に選べるパラメーターの数から, 仮説 H_0 で自由に選べるパラメーターの数を引いたものである. θ が 1 次元の場合には, 仮説 H_0 で 1 つの値を設定するので, 仮説 H_0 で自由に選べるパラメーターの数はゼロで, 対立仮説 H_1 で自由に設定できるパラメーターの数は 1 であるから, $p=1$ である.

$$\mathbb{P}\left[-2\log\lambda(\boldsymbol{x}) \ge \chi_\alpha^2\right] = \alpha$$

とすると,

$$\lambda(\boldsymbol{x}) \le e^{-\chi_\alpha^2/2} = c$$

であればサイズ α で仮説 H_0 を棄却することになる.

例 4.12 (正規母集団の平均の仮説検定) 平均 μ, 分散 σ^2 の正規分布をする母集団について, 平均の仮説検定を行う状況を考える. 密度関数 $f(x)$ は,

$$f(x|\mu,\sigma^2) = \frac{1}{\sqrt{2\pi\sigma^2}} e^{-\frac{(x-\mu)^2}{2\sigma^2}}$$

このとき無作為抽出されたサイズ n のサンプル $(x_1, x_2, \ldots, x_n)$ にもとづく尤度比は,

$$\lambda(\boldsymbol{x}) \equiv \frac{lh(\mu_0,\sigma^2)}{lh(\mu_1,\sigma^2)} = \frac{(2\pi\sigma^2)^{-n/2}}{(2\pi\sigma^2)^{-n/2}} \frac{\exp\left\{-\frac{1}{2\sigma^2}\sum_{i=1}^n (x_i-\mu_0)^2\right\}}{\exp\left\{-\frac{1}{2\sigma^2}\sum_{i=1}^n (x_i-\mu_1)^2\right\}}$$
$$= \exp\left\{-\frac{n}{2\sigma^2}\left(\mu_0^2 - \mu_1^2 - 2(\mu_0-\mu_1)\bar{x}\right)\right\}$$

となる. ここで $\bar{x} \equiv \frac{1}{n}\sum_{i=1}^n x_i$ である.

μ_1 として, 最尤推定量 $\hat{\mu} = \bar{x}$ を代入すると, つぎのように簡単化される.

$$\lambda(\boldsymbol{x}) = \exp\left\{-\frac{n}{2\sigma^2}(\bar{x}-\mu_0)^2\right\}$$

4.7 補論：尤度比検定

尤度比検定のカット・オフの値を $0 < c < 1$ とすると，

$$\lambda(\boldsymbol{x}) = \exp\left\{-\frac{n}{2\sigma^2}(\bar{x} - \mu_0)^2\right\} < c$$

のときに仮説 H_0 を棄却することになる。この不等式を変形すると，

$$-2\log \lambda(\boldsymbol{x}) = \frac{(\bar{x} - \mu_0)^2}{\sigma^2/n} > -2\log c$$

が得られる。ここで，仮説 H_0 が成立しているとすると各 X_i が平均 μ_0，分散 σ^2 の正規分布に従う。このとき標本平均 $\bar{x}$ は観察する前に，

$$\bar{X} \equiv \frac{1}{n}\sum_{i=1}^{n} X_i$$

と書けるが，$\bar{X}$ は平均 μ_0，分散 σ^2/n の正規分布に従う。つまり，不等式の左辺は観察する前には標準正規分布する確率変数 $Z = \frac{(\bar{X}-\mu_0)}{\sigma/\sqrt{n}}$ の 2 乗である。この場合は $-2\log \lambda(\boldsymbol{X})$ が厳密に自由度 1 の χ^2 分布をすることがわかる。□

系 4.8 (スコア検定，Score test)

尤度比検定と同じ自由度でカイ 2 乗分布する統計量の 1 つにスコア検定統計量がある。θ_0 を真のパラメターの値とすると，スコアは，

$$S(\boldsymbol{X}|\theta_0) \equiv \left.\frac{\partial \log f(\boldsymbol{X}|\theta)}{\partial \theta}\right|_{\theta=\theta_0} \equiv \frac{\partial l(\theta_0|\boldsymbol{X})}{\partial \theta}$$

で定義される。

さらに，フィッシャーの情報量 $I_n(\theta)$(定義 3.10) を使ってスコア検定統計量は定義される。

$$S(\boldsymbol{X}|\theta_0)' I_n^{-1}(\theta_0) S(\boldsymbol{X}|\theta_0) \xrightarrow{D} \chi_p^2$$

パラメター θ がベクトルのとき，その次数を p とするとスコア検定統計量の分布は自由度 p のカイ 2 乗分布に分布収束する。スコア検定は，帰無仮説を条件とした制約付きの最尤法から導くことができる。そのため，ラグランジュ乗数検定ともいわれている。θ についての帰無仮説を $h(\theta) = 0$ という式で表し，対数尤度を

$$l(\theta|\boldsymbol{x}) = \sum_{i=1}^{n} \ln f(\theta|x_i)$$

と表す。制約付き対数尤度の最大化のためには，ラグランジュ乗数を λ としてラグラジアン $\mathcal{L}$ をつぎのように定義する。

$$\mathcal{L} \equiv l(\theta|\boldsymbol{x}) - \lambda h(\theta)$$

この 1 階の条件式はつぎのようになる.

$$\frac{\partial \mathcal{L}}{\partial \theta} = \frac{\partial l(\theta|\boldsymbol{x})}{\partial \theta} - \lambda \frac{\partial h(\theta)}{\partial \theta} = 0$$

$$\frac{\partial \mathcal{L}}{\partial \lambda} = h(\theta) = 0$$

ここで $\frac{\partial l(\theta|\boldsymbol{x})}{\partial \theta}$ に $\theta = \theta_0$ を代入したものは上に定義したスコアである. 1 階の条件は, スコアが次式となることを示している.

$$S(\boldsymbol{X}|\theta_0) = \lambda(\boldsymbol{X}) \frac{\partial h(\theta)}{\partial \theta}$$

$I_n(\theta_0)$ をフィッシャーの情報量とすると, スコアは $N(0, I_n(\theta_0))$ に分布収束する. したがって, $\lambda(\boldsymbol{x}) \frac{\partial h(\theta)}{\partial \theta}$ も $N(0, I_n(\theta_0))$ に分布収束する. ∎

系 4.9 (ワルト検定, Wald test)　　フィッシャーの情報量のみを利用したものが, ワルト検定 (Wald, Abraham, 1902–1950) である. θ_0 を真のパラメターの値, $\hat{\theta}$ はその推定量とすると, ワルト検定の統計量は

$$(\hat{\theta} - \theta_0)' I_n(\theta_0)(\hat{\theta} - \theta_0) \xrightarrow{D} \chi_p^2$$

で定義される. パラメター θ がベクトルのとき, その次数を p とするとワルト検定統計量の分布は自由度 p のカイ 2 乗分布に漸近する. 定理 3.11 によると $\hat{\theta}$ が θ_0 の最尤推定量の場合, $I_n^{-1}(\theta_0)$ は $\hat{\theta}$ の分散共分散行列になる. θ_0 が 1 次元の場合を考え, $Z = \frac{\hat{\theta} - \theta_0}{S}$, S は $\hat{\theta}$ の標準偏差の推定量とするとワルト検定統計量は Z^2 となる. すなわち, Z はもっとも単純な平均の検定の場合と同じ式となる. ∎

上記のいずれの場合にも真のパラメター θ_0 に依存する形で定義されているが, 漸近的には θ_0 に確率収束するどんな推定量, つまり一致推定量 $\hat{\theta}$ で, 置き換えても結論は変わらない.

4.8　補論：検定力とネイマン・ピアソンの補題

仮説検定にもいろいろなタイプがあるが, この中で優劣をつけるために第 II 種の過誤確率 (定義 4.5) で定義した検定力 $(1 - \beta)$ を分布パラメターの θ の関数として考えた検定力関数という概念が使われる.

4.8 補論：検定力とネイマン・ピアソンの補題

定義 4.10 (検定力関数, Power function of test)

$$\gamma(\theta) \equiv \begin{cases} \text{第 I 種の過誤確率} = \alpha & \theta = \theta_0 \text{仮説 } H_0 \text{ が成立するとき} \\ 1 - \text{第 II 種の過誤確率} = 1 - \beta & \theta = \theta_1 \text{対立仮説 } H_1 \text{ が成立するとき} \end{cases}$$

検定力関数を用いて，仮説検定の用語をより正確に定義することができる．すなわち，仮説 H_0 が成立するとき，検定力関数の値が α と等しい $\gamma(\theta) = \alpha$ 場合を，サイズ α の仮説検定，検定力関数の値が α 以下 $\gamma(\theta) \leq \alpha$ の場合，レベル α の仮説検定と区別している．この検定力関数 $\gamma(\theta)$ は，つぎの検定関数 (test function) $\phi(X)$ を用いて定義することもできる．検定関数とは，

$$\phi(X) \equiv \begin{cases} 1 & \text{検定統計量が棄却域に入るとき} \\ \delta(X) & \text{検定統計量が棄却域の境界線上のとき} \\ 0 & \text{検定統計量が棄却域に入らないとき} \end{cases}$$

$0 \leq \delta(X) \leq 1$ である．ϕ はインディケータ関数であるので，期待値をとると確率となる．もし仮説 H_0 が成立したならば，検定統計量が棄却域に入る確率は α であるし，対立仮説 H_1 が成立するときに正しく検定統計量が棄却域に入る確率は $1 - \beta$ である．

$$\gamma(\theta) = \mathbb{E}[\phi(X)], \quad \text{すべての} \theta \text{について}$$

特に $\theta = \theta_0$ のとき，$\mathbb{E}[\phi(X)|\theta_0] = \alpha$ であり，$\theta = \theta_1$ のとき，$\mathbb{E}[\phi(X)|\theta_1] = 1 - \beta$ である．

$\delta(X)$ は不要と思われるかもしれないが，つぎのような場合に必要になる．10 人に内閣支持率を聞いて，50%以上かどうかを検定することを考える．仮説 H_0: $p \geq \frac{1}{2}$, 対立仮説 H_1: $p < \frac{1}{2}$ となる．検定のサイズを 5%とし，仮説 H_0 の最低水準である $p = \frac{1}{2}$ のときの 2 項分布の確率を計算してみると，

支持する人数 X	0	1	2	3	4	5	6	7	8	9	10
$\mathbb{P}(X \geq c)$	1	0.999	0.989	0.945	0.828	0.623	0.377	0.172	0.0547	0.0107	0.00977

臨界値を $c = 8$ とすると，第 I 種の過誤確率が $\alpha = 0.0547$ になるので，検定のサイズよりも大きくなる．しかし，$c = 9$ とすると $\alpha = 0.0107$ となり厳しすぎる．

そこで，支持する人数が8人になったときに，0.05となるように分布関数を線形補間したxの値を計算する。$0.05 = 0.40625 - 0.04394531x$となる$x = 8.106667$である。そこで8が出た場合に，$\delta = 1 - 0.106667 = 0.89333$の確率で受け入れるようにすると正確に$\alpha = 0.05$となる。

補題 4.11 (ネイマン・ピアソン，Neyman-Pearson) 単純対単純仮説として，仮説$H_0: \theta = \theta_0$と対立仮説$H_1: \theta = \theta_1$を考える。

$$尤度比：\lambda(\boldsymbol{x}) \equiv \frac{lh(\theta_0|\boldsymbol{x})}{lh(\theta_1|\boldsymbol{x})}$$

尤度比検定統計量$\lambda(\boldsymbol{X})$が臨界値c以下のとき仮説H_0を棄却するという検定を行う。$c \geq 0$である。これには，検定関数$\phi(\boldsymbol{x})$をつぎのように設定するとよい。

$$\phi(\boldsymbol{x}) = \begin{cases} 1 & もし\ lh(\theta_0|\boldsymbol{x}) < c \cdot lh(\theta_1|\boldsymbol{x}) \\ \delta(\boldsymbol{x}) & もし\ lh(\theta_0|\boldsymbol{x}) = c \cdot lh(\theta_1|\boldsymbol{x}) \\ 0 & もし\ lh(\theta_0|\boldsymbol{x}) > c \cdot lh(\theta_1|\boldsymbol{x}) \end{cases}$$

検定のサイズは$\alpha = \mathbb{E}[\phi(\boldsymbol{X})|\theta_0]$とする。この期待値は，$\theta = \theta_0$，つまり仮説$H_0$が成り立つときに，棄却する確率と定義している。

こうして定義された検定$\phi(\boldsymbol{x})$はサイズα以下のすべての検定のなかで，最大の検定力を持つ。さらに，すべてのサイズαの検定で，最大の検定力をもつ検定があるならば，それは尤度比検定$\phi(\boldsymbol{x})$である。ただし，仮説H_0・対立仮説H_1の両方のもとで確率ゼロ ($lh(\theta_0|\boldsymbol{x}) = c \cdot lh(\theta_1|\boldsymbol{x})$) となる点$\boldsymbol{x}$を除く。

$\psi(\boldsymbol{x})$をサイズが$\phi(\boldsymbol{x})$のサイズであるα以下の任意の検定とする。つまり$\mathbb{E}[\psi(\boldsymbol{x})|\theta_0] \leq \mathbb{E}[\phi(\boldsymbol{x})|\theta_0] = \alpha$となる。

$$U(\boldsymbol{x}) \equiv \{\phi(\boldsymbol{x}) - \psi(\boldsymbol{x})\}\{c \cdot lh(\theta_1|\boldsymbol{x}) - lh(\theta_0|\boldsymbol{x})\}$$

と定義する。$U(\boldsymbol{x})$は，

$c \cdot lh(\theta_1|\boldsymbol{x}) - lh(\theta_0|\boldsymbol{x}) > 0$のとき$\phi(\boldsymbol{x}) = 1$であるから，$U(\boldsymbol{x}) \geq 0$である。
$c \cdot lh(\theta_1|\boldsymbol{x}) - lh(\theta_0|\boldsymbol{x}) < 0$のとき$\phi(\boldsymbol{x}) = 0$であるから，$U(\boldsymbol{x}) \geq 0$である。
$c \cdot lh(\theta_1|\boldsymbol{x}) - lh(\theta_0|\boldsymbol{x}) = 0$のとき$U(\boldsymbol{x}) = 0$であるから，$U(\boldsymbol{x}) \geq 0$である。
したがって，$U(\boldsymbol{x})$を積分しても0以上である。

4.8 補論：検定力とネイマン・ピアソンの補題

$$0 \leq \int \{\phi(\boldsymbol{x}) - \psi(\boldsymbol{x})\} \{c \cdot lh(\theta_1|\boldsymbol{x}) - lh(\theta_0|\boldsymbol{x})\} d\boldsymbol{x}$$
$$= c \left\{ \int \phi(\boldsymbol{x}) lh(\theta_1|\boldsymbol{x}) d\boldsymbol{x} - \int \psi(\boldsymbol{x}) lh(\theta_1|\boldsymbol{x}) dx \right\}$$
$$+ \int \psi(\boldsymbol{x}) lh(\theta_0|\boldsymbol{x}) d\boldsymbol{x} - \int \phi(\boldsymbol{x}) lh(\theta_0|\boldsymbol{x}) dx$$
$$= c \{\mathbb{E}[\phi(\boldsymbol{X})|\theta_1] - \mathbb{E}[\psi(\boldsymbol{X})|\theta_1]\} + \{\mathbb{E}[\psi(\boldsymbol{X})|\theta_0] - \mathbb{E}[\phi(\boldsymbol{X})|\theta_0]\}$$

ここで，第 2 項目は，$\psi(\boldsymbol{x})$ の前提から

$$\mathbb{E}[\psi(\boldsymbol{X})|\theta_0] - \mathbb{E}[\phi(\boldsymbol{X})|\theta_0] \leq 0$$

である。$c \geq 0$ であるから，

$$\mathbb{E}[\phi(\boldsymbol{X})|\theta_1] - \mathbb{E}[\psi(\boldsymbol{X})|\theta_1] \geq 0$$

これは，$\theta = \theta_1$ のときの $\phi(\boldsymbol{x})$ の検定力 $1 - \beta$ の方が，$\psi(\boldsymbol{x})$ の検定力以上であることを示している。

もし，$\phi(\boldsymbol{x})$ と同じサイズ α と検定力 $1 - \beta$ をもつ検定関数 $\psi(\boldsymbol{x})$ が存在するとすると，さきほど作成した $U(\boldsymbol{x}) \geq 0$ の期待値は 0 となる。つまり，すべての $\boldsymbol{x}$ について $U(\boldsymbol{x}) = 0$ となる。したがって，$c \cdot lh(\theta_1|\boldsymbol{x}) - lh(\theta_0|\boldsymbol{x}) = 0$ 以外の点では，$\psi(\boldsymbol{x}) = \phi(\boldsymbol{x})$ となる。■

ネイマン・ピアソンの補題といわれている定理は単純対単純仮説に適用されるものである。一様最強力検定 (UMP, uniformly most powerful test) とは，検定のサイズが α 以下で，他のすべての (サイズが α 以下の) 検定よりも検定力が大きい検定のことである。この補題は，尤度比検定が単純対単純仮説の場合に，一様最強力検定であることをいっている。しかし，たとえば両側検定には一様最強力検定は存在しない。また，複合対複合検定の場合には，仮説 H_0 を満たすすべてのパラメターについてサイズ α を決めることが難しくなる。単純対単純仮説では，たとえば分散が未知の場合には正規母集団を前提にした平均に関する検定でも成立しなくなる。分散 σ^2 のとる値が仮説に指定されていないので，単純仮説ではなくなるためである。この未知の分散のようなパラメターは局外母数 (ニューサンス・パラメター) とよばれ，仮説には直接関係ないが検定をするために必要なパラメターをどうするかが問題となる (たとえば，E. L. Lehmann and J. P. Romano (2005) *Testing Statistical Hypotheses*, 3rd ed. Springer を参照)。

4.9 補論：ベイジアンの仮説検定[*]

ベイジアンでは，θ についての事前確率 $\pi(\theta)$ を想定して，ベイズの規則によってデータが与えられたあとでの事後確率 $\pi(\theta|\boldsymbol{x})$ を計算する．統計的推論は事後確率 $\pi(\theta|\boldsymbol{x})$ を使って行われる．ここで，仮説 H_0 が成立する場合に θ が含まれる集合を Θ_0 とし，逆に対立仮説 H_1 が成立する場合に θ が含まれる集合を Θ_1 とする．仮説 H_0 がなりたつときの事前確率を $\pi_0 = \pi(\theta \in \Theta_0)$，事後確率を $\pi(\theta \in \Theta_0|\boldsymbol{x})$ とする．同様に，対立仮説 H_1 がなりたつときの事前確率を $\pi_1 = \pi(\theta \in \Theta_1)$，事後確率を $\pi(\theta \in \Theta_1|\boldsymbol{x})$ とする．単純対単純仮説を考えると，仮説か対立仮説のいずれかに属するので，$\pi_0 + \pi_1 = 1$ となる．事後確率 $\pi(\theta \in \Theta_0|\boldsymbol{x})$ が $1/2$ より大，すなわち $\pi(\theta \in \Theta_0|\boldsymbol{x}) > \frac{1}{2}$ であれば，仮説 H_0 を支持すると判断することができる．

事前確率，事後確率に依存せずに決めることもできる．$\theta \in \Theta_0$ のときの確率密度関数を $f(\boldsymbol{x}|\theta_0)$，$\theta \in \Theta_1$ のときの確率密度関数を $f(\boldsymbol{x}|\theta_1)$ とすると，仮説 H_0 がなりたつときの事後確率は，

$$\mathbb{P}[\text{仮説 } H_0 \text{ が真} |\boldsymbol{x}] = \pi(\theta \in \Theta_0|\boldsymbol{x}) = \frac{\pi_0 f(\boldsymbol{x}|\theta_0)}{\pi_0 f(\boldsymbol{x}|\theta_0) + \pi_1 f(\boldsymbol{x}|\theta_1)}$$

と表される．同様に

$$\mathbb{P}[\text{仮説 } H_1 \text{ が真} |\boldsymbol{x}] = \pi(\theta \in \Theta_1|\boldsymbol{x}) = \frac{\pi_1 f(\boldsymbol{x}|\theta_1)}{\pi_0 f(\boldsymbol{x}|\theta_0) + \pi_1 f(\boldsymbol{x}|\theta_1)}$$

であるから，この2つの事後確率の比率 (オッズ) はつぎの式となる．

$$\frac{\mathbb{P}[\text{仮説 } H_0 \text{ が真} |\boldsymbol{x}]}{\mathbb{P}[\text{仮説 } H_1 \text{ が真} |\boldsymbol{x}]} = \frac{\pi_0 f(\boldsymbol{x}|\theta_0)}{\pi_1 f(\boldsymbol{x}|\theta_1)}$$

ここで，

$$B \equiv \frac{f(\boldsymbol{x}|\theta_0)}{f(\boldsymbol{x}|\theta_1)}$$

をベイズ・ファクターと呼んでいる．観察データが得られると，事前確率で評価した仮説 H_0 の対立仮説 H_1 に対するオッズ π_0/π_1 がどれだけ事後確率では変わったかを示す指標である．$B > 1$ であれば，H_0 を支持することになる．ベイズ・ファクターと古典的な仮説検定は，大きく異なる結果をもたらすことがある．

例 4.13 (ベイズ・ファクターと古典的仮説検定[5])　X は試行回数 n で 1 となる

---

5 G. A. Young and R. L. Smith (2005) *Essentials of Statistical Inference*, Cambridge University Press による．

4.9 補論：ベイジアンの仮説検定

確率が p の2項分布にしがたうものとする (例2.18)。p の事前分布は，区間 $(0,1)$ の一様分布であるとする。仮説 $H_0: p = \frac{1}{2}$，対立仮説 $H_1: p \neq \frac{1}{2}$ を検定する場合を考える。$X = x$ が与えられたときのベイズ・ファクター B を計算すると，

$$f(x|\pi_0 = 1/2) = {}_nC_x p^x (1-p)^{n-x}$$

$$f(x|\pi_0 \neq 1/2) = {}_nC_x \int_0^1 p^x (1-p)^{n-x} dp$$

$$= {}_nC_x \frac{\Gamma(x+1)\Gamma(n-x+1)}{\Gamma(n+2)}$$

$$B = \frac{\Gamma(n+2)}{\Gamma(x+1)\Gamma(n-x+1)} p^x (1-p)^{n-x}$$

ベイズ・ファクター B はベータ分布の確率密度関数である。

$p = 1/2$ を代入し，$n = 100$，$x = 60$ の場合には，古典的には $\hat{p} = 0.6$ で，検定統計量の値 $z = (0.6 - 0.5)/\sqrt{0.5^2/100} = 2$ である。したがって，サイズ $\alpha = 0.05$ で仮説 H_0 は棄却される。ベイズ・ファクターを計算すると，$B = 1.095231$ となり，$B > 1$ なので仮説 H_0 は支持される。

サンプル・サイズを大きくし $n = 400$，$x = 220$ とすると，$\hat{p} = 0.55$ でやはり $z = (0.55 - 0.5)/\sqrt{0.5^2/400} = 2$ となるので両側検定した場合，仮説 H_0 は5%水準で棄却される。ベイズ・ファクターを計算すると，$B = 2.1673$ となり仮説 H_0 はより一層支持される。

さらに，サンプル・サイズを大きくし $n = 10000$，$x = 5100$ とすると，$\hat{p} = 0.51$ でやはり $z = (0.51 - 0.5)/\sqrt{0.5^2/10000} = 2$ となる。ネイマン・ピアソン流の仮説検定では状況は同じで，仮説 H_0 は棄却される。ベイズ・ファクターを計算すると，$B = 10.80$ となり仮説 H_0 はさらに強く支持される。□

5 多変量分布

この章では,これまで主に一つの確率変数 X について扱ってきたものを二つかそれ以上の確率変数 $X_1, X_2, \ldots, X_n$ に拡張する。といっても,二つまでの確率変数を同時に扱うことが中心となる。つまり 2 次元の分布を扱うことになる。第 2 章から第 4 章までは,統計分析の内容について解説していたが,この章では,再び確率論と統計学の共通部分の解説になる。

5.1 結合確率分布

例 5.1 (2 枚のコイン投げ) 再びコイン投げの例からはじめよう。コインを 2 枚投げるとき,それぞれの事象を X_1 と X_2 で表わすとすると,表 5.1 のような組み合わせが考えられる。

表 5.1 2 枚のコインを投げる

	表 (H) $X_2 = 1$	裏 (T) $X_2 = 0$	X_1 の周辺確率
表 (H) $X_1 = 1$	$\mathbb{P}(X_1 = 1, X_2 = 1)$	$\mathbb{P}(X_1 = 1, X_2 = 0)$	$\mathbb{P}(X_1 = 1)$
裏 (T) $X_1 = 0$	$\mathbb{P}(X_1 = 0, X_2 = 1)$	$\mathbb{P}(X_1 = 0, X_2 = 0)$	$\mathbb{P}(X_1 = 0)$
X_2 の周辺確率	$\mathbb{P}(X_2 = 1)$	$\mathbb{P}(X_2 = 0)$	1

表にある周辺確率とは

$$\mathbb{P}(X_1 = 1) = \mathbb{P}(X_1 = 1, X_2 = 1) + \mathbb{P}(X_1 = 1, X_2 = 0),$$
$$\mathbb{P}(X_1 = 0) = \mathbb{P}(X_1 = 0, X_2 = 1) + \mathbb{P}(X_1 = 0, X_2 = 0),$$

$$\mathbb{P}(X_2 = 1) = \mathbb{P}(X_1 = 1, X_2 = 1) + \mathbb{P}(X_1 = 0, X_2 = 1),$$
$$\mathbb{P}(X_2 = 0) = \mathbb{P}(X_1 = 1, X_2 = 0) + \mathbb{P}(X_1 = 0, X_2 = 0)$$

で定義される。コインは裏か表しかないので，

$$\mathbb{P}(X_1 = 1) + \mathbb{P}(X_1 = 0) = 1, \quad \mathbb{P}(X_2 = 1) + \mathbb{P}(X_2 = 0) = 1$$

である。X_1 が裏で，X_2 が表である確率を $\mathbb{P}(X_1 = 0, X_2 = 1)$ と書くのは面倒なので，関数を使って $f(x_1, x_2) = \mathbb{P}(X_1 = x_1, X_2 = x_2)$ と記述することが多い。この関数 $f(x_1, x_2)$ を，**結合質量関数** (joint mass function) と呼んでいる。

こうすれば，表 5.1 は，表 5.2 のように書ける。ここでは，添え字の 1, 2 で変数名を表わしている。このほかに，確率変数 X と Y について $f_{X,Y}(x, y)$ を結合質量関数と定義する場合もある。□

表 5.2　2 枚のコインを投げる

	表 (H) $X_2 = 1$	裏 (T) $X_2 = 0$	X_1 の周辺確率
表 (H) $X_1 = 1$	$f(1,1)$	$f(1,0)$	$f_1(1)$
裏 (T) $X_1 = 0$	$f(0,1)$	$f(0,0)$	$f_1(0)$
X_2 の周辺確率	$f_2(1)$	$f_2(0)$	1

例 5.2　公平なコインを 2 枚投げる。公平なコインならば，1 枚ずつ投げたときには裏と表の出る確率は 1/2 になるはずである。2 枚一緒に投げた場合には，それだけでは公平な 2 枚投げになるかどうかはわからない。表 5.3 の例では，θ がゼロであれば公平といえるが，同時に表が出る確率が低い $0 \leq \theta \leq 1/4$ か高い $-1/4 \leq \theta \leq 0$ 場合もある。□

表 5.3　2 枚の公平なコインを投げる

	表 (H) $X_2 = 1$	裏 (T) $X_2 = 0$	X_1 の周辺確率
表 (H) $X_1 = 1$	$\frac{1}{4} - \theta$	$\frac{1}{4} + \theta$	$\frac{1}{2}$
裏 (T) $X_1 = 0$	$\frac{1}{4} + \theta$	$\frac{1}{4} - \theta$	$\frac{1}{2}$
X_2 の周辺確率	$\frac{1}{2}$	$\frac{1}{2}$	1

5.1 結合確率分布

定義 5.1 (結合質量関数, Joint mass function) 2つの離散確率変数 X, Y の場合, 結合質量関数は $f(x,y)$ あるいは $f_{X,Y}(x,y)$ と記し, X が x, Y が y という値をとる確率を示す。$0 \le f_{X,Y}(x,y) \le 1$ で,

$$1 = \sum_{\text{すべての } y} \sum_{\text{すべての } x} f_{X,Y}(x,y)$$

である[1]。

一般に n 個の離散確率変数 $X_1, X_2, \ldots, X_n$ について, 結合質量関数 $f(x_1, x_2, \ldots, x_n)$ は, それぞれが $X_1 = x_1$, $X_2 = x_2$, ..., $X_n = x_n$ という値をとるときの確率を示した関数である。定義域は n 次元の実数で, 値域は $0 \le f(x_1, x_2, \ldots, x_n) \le 1$ である。

定義 5.2 (周辺質量関数, Marginal mass function) 周辺質量関数とは2つの離散確率変数 X, Y の場合, $f_X(x)$ あるいは $f_Y(y)$ などと記し,

$$f_X(x) \equiv \sum_{\text{すべての } y} f_{X,Y}(x,y), \quad f_Y(y) \equiv \sum_{\text{すべての } x} f_{X,Y}(x,y)$$

となる。$0 \le f_X(x) \le 1$, $0 \le f_Y(y) \le 1$ で,

$$1 = \sum_{\text{すべての } x} f_X(x), \quad 1 = \sum_{\text{すべての } y} f_Y(y)$$

である。

一般に, 離散確率変数 $X_1, X_2, \ldots, X_n$ についての周辺質量関数 $f_{X_1}(x_1)$ とは, 結合質量関数 $f(x_1, x_2, \ldots, x_n)$ に対して X_1 以外のすべての確率変数についてとり得る値の和をとったものである。すなわち

$$f_{X_1}(x_1) \equiv \sum_{\text{すべての } x_2} \sum_{\text{すべての } x_3} \cdots \sum_{\text{すべての } x_n} f(x_1, x_2, \ldots, x_n)$$

である。$f_{X_2}(x_2), \ldots, f_{X_n}(x_n)$ も同様に, $X_2, \ldots, X_n$ について, 該当する確

---

[1] D. R. Cox (2006) *Principles of Statistical Inference*, Cambridge University Press では, 離散確率変数でも連続確率変数と同じ結合密度関数ということにすると宣言している。総和記号 $\sum$ はすべて積分記号 $\int dx$ や $\int dy$ で記述されている。ここでは従来どおり離散と連続を区別して定義することにするが, 将来的にはあまり区別しなくてもその状況によって離散なら総和, 連続なら積分を使うということになるかもしれない。

率変数以外の確率変数のすべての値について和をとったものである．定義域は1次元の実数で，値域は $0 \leq f_{X_i}(x_i) \leq 1, (i = 1, \ldots, n)$ である．

定義 5.3 (期待値) 2つの離散確率変数 X, Y の関数 $g(X, Y)$ の期待値は，

$$\mathbb{E}[g(X,Y)] \equiv \sum_{\text{すべての } x} \sum_{\text{すべての } y} g(x,y) f_{X,Y}(x,y)$$

となる．ただし和は無限大に発散しないものとする．一般の場合 $\mathbb{E}[g(X_1, X_2, \ldots, X_n)]$ にも総和記号 $\sum$ が n 個になる以外は同様に定義できる．

定義 5.4 (共分散, Covariance) 2つの確率変数 X, Y の共分散 $\text{Cov}[X, Y]$ は，期待値を使ってつぎのように定義される．$\mu_X \equiv \mathbb{E}[X]$, $\mu_Y \equiv \mathbb{E}[Y]$ とすると

$$\text{Cov}[X,Y] \equiv \mathbb{E}[(X - \mu_X)(Y - \mu_Y)] = \mathbb{E}[XY] - \mu_X \mu_Y$$

定義 5.5 (相関係数, Correlation coefficient) 2つの確率変数 X, Y の相関係数 $\rho[X, Y]$ は，期待値を使ってつぎのように定義される．それぞれの平均を μ_X, μ_Y, 分散を $\sigma_X^2 \equiv \mathbb{E}[(X - \mu_X)^2]$, $\sigma_Y^2 \equiv \mathbb{E}[(Y - \mu_Y)^2]$ とすると

$$\rho[X,Y] \equiv \frac{\text{Cov}[X,Y]}{\sigma_X \sigma_Y}$$

例 5.3 (期待値の計算：結合質量関数の場合) 先の表5.3のコイン投げのベルヌーイ事象 X_1, X_2 の期待値を計算してみよう．

$$\mathbb{E}[X_1 X_2] \equiv \sum_{x_2=0}^{x_2=1} \sum_{x_1=0}^{x_1=1} x_1 x_2 f(x_1, x_2)$$

$$= 1 \cdot 1 \left(\frac{1}{4} - \theta\right) + 0 \cdot 1 \left(\frac{1}{4} + \theta\right) + 1 \cdot 0 \left(\frac{1}{4} + \theta\right) + 0 \cdot 0 \left(\frac{1}{4} - \theta\right)$$

$$= \frac{1}{4} - \theta$$

共分散は，$\mu_X = 1/2$, $\mu_Y = 1/2$ であるから，

$$\text{Cov}[X,Y] = \frac{1}{4} - \theta - \frac{1}{2}\frac{1}{2} = -\theta$$

5.1 結合確率分布

となる。相関係数は，第 1 章の例から

$$\sigma_X^2 = p(1-p) = 1/4, \quad \sigma_Y^2 = p(1-p) = 1/4$$

なので，

$$\rho[X,Y] = -\frac{\theta}{\sqrt{1/4}\sqrt{1/4}} = -4\theta$$

となる。□

つぎに，連続確率変数の例を見ながら結合分布を定義してみよう。2 つの一様連続確率変数 X, Y が区間 $[0,1] \times [0,1]$ で定義されているとする。このとき (X,Y) の発生する組み合わせについての関数 $f_{X,Y}(x,y)$ は，図 5.1(a) のような 1 辺の長さが 1 の直方体となる。つまり区間 $[0,1] \times [0,1]$ 内のどんな区間 $[a,b] \times [c,d]$ でも単位底面積当たりでは同じ確率で発生するので，高さは同じになる。区間 $[a,b] \times [c,d]$ に (X,Y) が発生する確率は，つぎの式で表わされる図 5.1(b) のような体積となる。

$$\mathbb{P}(a \leq X \leq b, c \leq Y \leq d) = (b-a) \times (d-c) \times 1$$

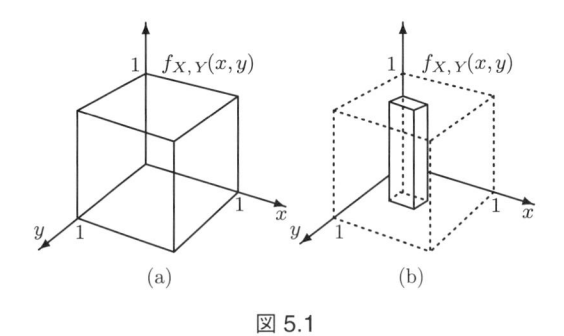

図 5.1

定義 5.6 (結合密度関数, Joint density function) 2 つの連続確率変数 X, Y の場合，結合密度関数は $f(x,y)$ あるいは $f_{X,Y}(x,y)$ と記し，X が x, Y が y という値のときの確率密度を示す。$0 \leq f_{X,Y}(x,y)$ で，

$$1 = \int_{-\infty}^{\infty} \int_{-\infty}^{\infty} f_{X,Y}(x,y) dx dy$$

である．積分は通常 $-\infty$ から ∞ まで行うが，起こりえない X と Y の組み合わせについては $f_{X,Y}(x,y)$ はゼロとなる．

一般に n 個の連続確率変数 $X_1, X_2, \ldots, X_n$ について，結合密度関数 $f(x_1, x_2, \ldots, x_n)$ は，それぞれが $X_1 = x_1$, $X_2 = x_2$, …, $X_n = x_n$ という値のときの確率密度を示す．定義域は n 次元の実数で，値域は $0 \leq f(x_1, x_2, \ldots, x_n)$ である．

定義 5.7 (周辺密度関数，Marginal density function) 周辺密度関数とは 2 つの連続確率変数 X, Y の場合，$f_X(x)$ あるいは $f_Y(y)$ などと記し，

$$f_X(x) \equiv \int_{-\infty}^{\infty} f_{X,Y}(x,y)dy, \quad f_Y(y) \equiv \int_{-\infty}^{\infty} f_{X,Y}(x,y)dx$$

となる．$0 \leq f_X(x)$, $0 \leq f_Y(y)$ で，

$$1 = \int_{-\infty}^{\infty} f_X(x)dx, \quad 1 = \int_{-\infty}^{\infty} f_Y(y)dy$$

である．

一般に，連続確率変数 $X_1, X_2, \ldots, X_n$ について，周辺密度関数 $f_{X_1}(x_1)$ とは，結合密度関数 $f(x_1, x_2, \ldots, x_n)$ に対して X_1 以外のすべての確率変数について積分したものである．すなわち

$$f_{X_1}(x_1) \equiv \int_{-\infty}^{\infty} \cdots \int_{-\infty}^{\infty} f(x_1, x_2, \ldots, x_n)dx_2 \cdots dx_n$$

である．$f_{X_2}(x_2)$, …, $f_{X_n}(x_n)$ も同様に，$X_2, \ldots, X_n$ について，該当する確率変数以外の確率変数について積分したものである．定義域は 1 次元の実数で，値域は $0 \leq f_{X_i}(x_i)$, $(i = 1, \ldots, n)$ である．

例 5.4 (確率の計算) 連続確率変数 X が $a \leq X \leq b$, Y が $c \leq Y \leq d$ となる確率は，X と Y の結合密度関数 $f_{X,Y}(x,y)$ を使ってつぎのように計算できる．

$$\mathbb{P}(a \leq X \leq b, c \leq Y \leq d) = \int_c^d \int_a^b f_{X,Y}(x,y)dxdy$$

(X, Y) が区間 $[0,1] \times [0,1]$ の一様確率変数の場合，結合密度関数 $f_{X,Y}(x,y)$ は，区間 $[0,1] \times [0,1]$ で $f_{X,Y}(x,y) = 1$, そのほかで $f_{X,Y}(x,y) = 0$ である．したがって，

5.1 結合確率分布

$$\mathbb{P}(a \leq X \leq b, c \leq Y \leq d) = \int_c^d \int_a^b f_{X,Y}(x,y) dx dy = \int_c^d \int_a^b dx dy$$
$$= \int_c^d x\big|_a^b dy = (b-a) \int_c^d dy = (b-a)(d-c) \quad \square$$

定義 5.8 (期待値)　2つの連続確率変数 X, Y の関数 $g(X,Y)$ の期待値は,

$$\mathbb{E}[g(X,Y)] \equiv \int_{-\infty}^{\infty} \int_{-\infty}^{\infty} g(x,y) f_{X,Y}(x,y) dx dy$$

となる。ただし積分は無限大に発散しないものとする。一般の場合 $\mathbb{E}[g(X_1, X_2, \ldots, X_n)]$ にも積分 $\int$ が n 個になる以外は同様に定義できる。

定義 5.9 (連続確率変数の共分散と相関係数)　離散確率変数の場合に, 共分散・相関係数もともに期待値 (定義 5.3) で定義しているので, 同じ定義 5.4 がなりたつ。ただし, 実際の計算には結合密度関数を積分することになる。

例 5.5 (期待値の計算: 結合密度関数の場合)　一様確率変数 X, Y の期待値を計算してみよう。

$$\mathbb{E}[XY] \equiv \int_0^1 \int_0^1 xy f_{X,Y}(x,y) dx dy$$
$$= \int_0^1 \frac{1}{2} x^2 \big|_0^1 y dy = \frac{1}{2} \int_0^1 y dy$$
$$= \frac{1}{4} y^2 \big|_0^1 = \frac{1}{4}$$

共分散は, $\mu_X = 1/2$, $\mu_Y = 1/2$ であるから,

$$\mathrm{Cov}[X,Y] = \frac{1}{4} - \frac{1}{2}\frac{1}{2} = 0$$

となる。相関係数は $\sigma_X^2 = 1/12$, $\sigma_Y^2 = 1/12$ (第 1 章で求めた) であるが共分散がゼロであるからゼロである。

$$\rho[X,Y] = \frac{0}{\sigma_X \sigma_Y} = 0 \quad \square$$

例 5.6 (2 変量正規分布)　確率変数 X と Y が平均 μ_X, μ_Y, 分散 σ_X^2, σ_Y^2, 相関係数 ρ の 2 変量正規分布に従うとは, つぎの結合密度関数をもつ場合で

ある。

$$f_{X,Y}(x,y) = \frac{1}{2\pi\sigma_X\sigma_Y\sqrt{1-\rho^2}} \exp\left(-\frac{1}{2}Q(x,y)\right)$$

$$Q(x,y) = \frac{1}{1-\rho^2}\left[\left(\frac{x-\mu_X}{\sigma_X}\right)^2 - 2\rho\left(\frac{x-\mu_X}{\sigma_X}\right)\left(\frac{y-\mu_Y}{\sigma_Y}\right) + \left(\frac{y-\mu_Y}{\sigma_Y}\right)^2\right]$$

この共分散 Cov[X,Y] は、

$$\mathrm{Cov}[X,Y] \equiv \mathbb{E}[(X-\mu_X)(Y-\mu_Y)] = \rho\sigma_X\sigma_Y$$

すなわち $\rho = 0$ ならば、共分散はゼロである。$\rho = 0$ のとき、結合密度関数は、

$$f_{X,Y}(x,y) = \frac{1}{2\pi\sigma_X\sigma_Y}\exp\left(-\frac{1}{2}\left\{\left(\frac{x-\mu_X}{\sigma_X}\right)^2 + \left(\frac{y-\mu_Y}{\sigma_Y}\right)^2\right\}\right)$$

$$= \frac{1}{\sqrt{2\pi}\sigma_X}\exp\left(-\frac{1}{2}\frac{(x-\mu_X)^2}{\sigma_X^2}\right)\frac{1}{\sqrt{2\pi}\sigma_Y}\exp\left(-\frac{1}{2}\frac{(y-\mu_Y)^2}{\sigma_Y^2}\right)$$

$$= f_X(x)f_Y(y)$$

となり、X と Y は統計的に独立になる。2変量正規分布のときには共分散がゼロであれば、2つの確率変数は統計的に独立である。□

練習問題

問1 $X + aY$ の分散 $\mathrm{Var}[(X+aY)] \geq 0$ であることを利用して、相関係数 ρ が $-1 \leq \rho \leq 1$ となることを証明しなさい。

問2 $Y - (a+bX)$ の分散 $\mathrm{Var}[Y-(a+bX)]$ を最小にする b を求めなさい。

問3 X と Y を独立な標準正規分布に従う確率変数とする。X と $Z = aX + bY$ の結合密度分布を計算しなさい。

5.2 条件付き分布

多変量の確率変数がある場合、その一部の情報がすでに知られているとき、他の確率変数の分布はどうなるであろうか。これを計算するのが条件付き分布である。

定義 5.10 (条件付き質量関数、Conditional mass function)

5.2 条件付き分布

$f_{X,Y}(x,y)$ を離散確率変数 X, Y の結合質量関数とする．それから導かれる周辺質量関数 $f_X(x)$, $f_Y(y)$ はゼロにはならないとする．確率変数 Y の値を $Y=y$ と与えたときの X の条件付き質量関数とは,

$$f_{X|Y}(x|y) \equiv \frac{f_{X,Y}(x,y)}{f_Y(y)}$$

同様に確率変数 X の値を $X=x$ と与えたときの Y の条件付き質量関数とは,

$$f_{Y|X}(y|x) \equiv \frac{f_{X,Y}(x,y)}{f_X(x)}$$

で定義される．

定義 5.11 (条件付き密度関数, Conditional density function)
$f_{X,Y}(x,y)$ を連続確率変数 X, Y の結合密度関数とする．それから導かれる周辺密度関数 $f_X(x)$, $f_Y(y)$ はゼロにはならないとする．確率変数 Y の値を $Y=y$ と与えたときの X の条件付き密度関数とは,

$$f_{X|Y}(x|y) \equiv \frac{f_{X,Y}(x,y)}{f_Y(y)}$$

同様に確率変数 X の値を $X=x$ と与えたときの Y の条件付き密度関数とは,

$$f_{Y|X}(y|x) \equiv \frac{f_{X,Y}(x,y)}{f_X(x)}$$

で定義される．

定義 5.12 (統計的独立性) 連続確率変数 X, Y あるいは離散確率変数 X, Y が統計的に独立であるとは，すべての x, y について

$$f_{X,Y}(x,y) = f_X(x) f_Y(y)$$

が成立するときであり，またそのときに限る．

確率変数 X, Y が統計的に独立ならば，条件付き分布の各関数について,

$$f_{X|Y}(x|y) = f_X(x), \ \text{また} \ f_{Y|X}(y|x) = f_Y(y)$$

が成立する．

例 5.7 (期待値の計算: 独立な確率変数の積)　確率変数 X, Y が独立な場合，積 XY の期待値を計算してみよう．

$$\begin{aligned}
\mathbb{E}[XY] &\equiv \int_{-\infty}^{\infty}\int_{-\infty}^{\infty} xy f_{X,Y}(x,y)dxdy \\
&= \int_{-\infty}^{\infty}\int_{-\infty}^{\infty} xy f_X(x)f_Y(y)dxdy \\
&= \int_{-\infty}^{\infty} xf_X(x)\int_{-\infty}^{\infty} yf_Y(y)dxdy \\
&= \int_{-\infty}^{\infty} xf_X(x)dx \int_{-\infty}^{\infty} yf_Y(y)dy \\
&= \mathbb{E}[X]\mathbb{E}[Y] \quad \square
\end{aligned}$$

もし確率変数が $X_1, X_2, \ldots, X_n$ と n 個ある場合には，n 個すべてが互いに独立であるならば，確率密度関数 $f_{X_1,X_2,\ldots,X_n}(x_1,x_2,\ldots,x_n)$ は，それぞれの周辺密度関数 $f_{X_1}(x_1)$, $f_{X_2}(x_2)$, $\ldots$, $f_{X_n}(x_n)$ の積として表現できる．またその時に限る．すなわち

$$f_{X_1,X_2,\ldots,X_n}(x_1,x_2,\ldots,x_n) = f_{X_1}(x_1)f_{X_2}(x_2)\cdots f_{X_n}(x_n)$$

ここでは反例を述べないが，すべてのペアが独立で

$$\begin{aligned}
f_{X_1,X_2}(x_1,x_2) &= f_{X_1}(x_1)f_{X_2}(x_2), \\
f_{X_1,X_3}(x_1,x_3) &= f_{X_1}(x_1)f_{X_3}(x_3), \\
\cdots &\quad \cdots
\end{aligned}$$

であっても，互いに独立であるとは限らないことに注意しよう．

定義 5.13 (条件付き期待値)　$f_{X,Y}(x,y)$ を連続確率変数 X,Y の結合密度関数，あるいは離散確率変数 X,Y の結合質量関数とする．$X=x$ を条件とする Y の条件付き期待値は，つぎの式で得られる．

$$\mathbb{E}[Y|X=x] \equiv \int_{-\infty}^{\infty} y f_{Y|X}(y|x)dy = \int_{-\infty}^{\infty} y \frac{f_{X,Y}(x,y)}{f_X(x)} dy$$

あるいは

5.2 条件付き分布

$$\mathbb{E}[Y|X=x] \equiv \sum_{\text{すべての } y} y f_{Y|X}(y|x)$$

$\mathbb{E}[Y|X=x]$ は $\mathbb{E}[Y|X]$ と x の値を省略して記入する場合が多い。

定理 5.14 (全期待値の法則, Law of total expectation) 繰り返し期待値の定理 (law of iterated expectation) ともいわれるが、さまざまな場所で利用されており、確率論では重要な公式である。条件付き期待値 $\mathbb{E}[Y|X]$ はつぎの等式を満たす。

$$\mathbb{E}_X[\mathbb{E}[Y|X]] = \mathbb{E}[Y]$$

$\mathbb{E}[Y|X]$ は確率変数 X の関数 $\Psi(X) = \mathbb{E}[Y|X]$ なので、その期待値は X の分布についてとる。それを明示するために、$\mathbb{E}_X$ と下付き X をつけている。■

これと双子の定理が、全確率の法則（ベイズの定理 1.10 の証明で利用した）、たとえば $\mathbb{P}(B) = \mathbb{P}(A|B)\mathbb{P}(B) + \mathbb{P}(A|B^c)\mathbb{P}(B^c)$、である。ただし B^c は B の余事象である。証明は、結合密度関数を使って期待値を書き下せばすぐにわかる。

例 5.8 (無作為抽出標本) 第 2 章で学習した標本抽出によると、無作為抽出をした場合のサンプル $(X_1, X_2, \ldots, X_n)$ の各要素 X_i は相互に**独立で同一の分布** (independently, identically, distribute, iid) に従う。つまり、サンプル $(X_1, X_2, \ldots, X_n)$ の結合密度関数を $f(x_1, x_2, \ldots, x_n)$ で表わし、それぞれの周辺密度関数を $f_{X_1}(x_1), f_{X_2}(x_2), \ldots, f_{X_n}(x_n)$ で表わすと、つぎの関係が成立するとき、無作為抽出標本であるという。

$$f(x_1, x_2, \ldots, x_n) = f_{X_1}(x_1) f_{X_2}(x_2) \cdots f_{X_n}(x_n)$$
$$= f_X(x_1) f_X(x_2) \cdots f_X(x_n)$$

ここで、$f_X(x_i)$ は各要素 $X_1, X_2, \ldots, X_n$ に共通で同一の周辺分布である。□

例 5.9 (ベイズ推定) 条件付き分布とベイズの定理 1.10 を利用すると、ベイズ推定の公式を導くことができる。$X = x$ が与えらた条件のもとで、Y に

ついての予測をするには，Y の条件付き分布を利用すればよい。すなわち
$$f_{Y|X}(y|x) = \frac{f(x,y)}{f_X(x)}$$
ここで，右辺についてつぎの二つの等式が成立する。
$$f(x,y) = f_{X|Y}(x|y)f_Y(y)$$
$$f_X(x) = \int_{-\infty}^{\infty} f(x,y)dy$$
したがって，
$$f_{Y|X}(y|x) = \frac{f_{X|Y}(x|y)f_Y(y)}{\int_{-\infty}^{\infty} f(x,y)dy} \quad \square$$

ここで，解釈として $f_Y(y)$ は確率変数 Y の条件のついてない分布であるので，Y の事前分布，左辺の $f_{Y|X}(y|x)$ は観察の結果 $X=x$ という条件がついているので，Y の事後分布と考える。Y としてパラメター θ を考え，x はサンプル $(x_1, x_2, \ldots, x_n)$ するとベイジアン (Bayesian) の推定式となる。慣例としてベイジアンではパラメター θ の分布に π を使うことが多いので，f_Y を π と置き換える。分子の $f_{X|\theta}(\boldsymbol{x}|\theta)$ は θ が未知数で，$\boldsymbol{x}$ が観察値なので，尤度 $lh(\theta|\boldsymbol{x})$ である。これらを代入するとつぎのベイジアンの推定式が得られる。
$$\pi(\theta|\boldsymbol{x}) = \frac{lh(\theta|\boldsymbol{x})\pi(\theta)}{f_X(\boldsymbol{x})}$$
$\pi(\theta)$ は**事前分布**と呼ばれている。これは主観的な分布であるという場合もあるが，作業仮説としてパラメターが $\pi(\theta)$ に従って分布すると考える (頻度論では θ は分布しない一定値である)。

$\boldsymbol{X}$ という確率変数を観察して，$\boldsymbol{x}$ というデータ・実現値が得られたとする。この情報をもとに事前分布 $\pi(\theta)$ を修正したものが，左辺の条件付き確率 $\pi(\theta|\boldsymbol{x})$，事後分布，である。分母を計算するためにパラメター θ について分布の定義域全域で積分することがなかなか難しい。両辺を θ の全域にわたって積分したものが 1 になるよう，つじつまを合わせるための比例定数（分配関数）が分母の積分
$$f_X(\boldsymbol{x}) = \int_{-\infty}^{\infty} f(\boldsymbol{x},\theta)d\theta$$
である。この積分計算を式ではなく，コンピュータ・シミュレーションで行っ

5.3 分割表と適合度検定

てしまう方法の 1 つが MCMC である。

最尤法は，分子の $lh(\theta|\boldsymbol{x}) \equiv f_{X|\theta}(\boldsymbol{x}|\theta)$ を最大にするような θ の値を探す方法であったが，ベイジアンの推定は，左辺の条件付き分布関数 (事後確率) にもとづいて計算されるリスク（典型的には平均 2 乗誤差）を最小にする推定量を求める。たとえば，平均 2 乗誤差をリスク関数とした場合には，θ の平均 μ_θ の推定に，θ の事後分布の期待値 $\mathbb{E}[\theta|\boldsymbol{X}=\boldsymbol{x}] = \int \pi(\theta|\boldsymbol{x})d\theta$ を推定量として用いることになる。

練習問題

問 1 つぎの条件付き分散の等式を導きなさい。

$$\mathrm{Var}[X] = \mathbb{E}_Y[\mathrm{Var}[X|Y]] + \mathrm{Var}_Y[\mathbb{E}[X|Y]]$$

問 2 N の分布がポアソン分布 $\lambda^N e^{-\lambda}/N!$ のとき，2 項分布 ${}_N C_n p^x (1-p)^{N-x}$ はどのような分布に従うか。

問 3 θ が平均 μ，分散 σ^2 の正規分布 (事前分布) に従い，さらに X が平均 θ，分散 τ^2 の正規分布に従う場合，X を観察したときの θ の事後分布を求めなさい。

$$\pi(\theta) = \frac{1}{\sqrt{2\pi\sigma^2}} e^{-\frac{(\theta-\mu)^2}{2\sigma^2}}, \quad f(x|\theta) = \frac{1}{\sqrt{2\pi\tau^2}} e^{-\frac{(x-\theta)^2}{2\tau^2}},$$

$$f(x) = \int_{-\infty}^{\infty} f(x|\theta)\pi(\theta)d\theta$$

である。事後分布は，$\pi(\theta|x) = \frac{f(x|\theta)\pi(\theta)}{f(x)}$ である。

5.3 分割表と適合度検定

結合分布の応用として，**2 元分割表** (two way contingency table) を取り上げてみよう。アンケートなどのデータで属性によって分類して頻度を表示することがある。この操作をクロス・タビュレーション (cross tabulation, cross tab) と呼んでいる。クロス・タビュレーションの結果は，分割表 (contingency table) で表わされることが多い。

その前に，一変数の場合で分布の形を調べる**適合度検定** (goodness-of-fit test) について学習しておこう。分割表についての検定は，この適合度検定の

応用だからである[2]。

例 5.10 (適合度検定, Goodness-of-fit test, tests of fit) 日本人の血液型 A, O, B, AB の構成比は, 0.4, 0.3, 0.2, 0.1 であるといわれている。10 数年間にわたって受講生の血液型を調べてきた結果表 5.4 の数値が得られた。

表 5.4

血液型	A	O	B	AB	合計
人数 O_i	1019	791	637	297	2744
予測人数 E_i	1097.6	823.2	548.8	274.4	2744

適合度検定では, p_i の合計が 1 という制約に注意して,

仮説 H_0 : $p_A = 0.4$, $p_O = 0.3$, $p_B = 0.2$, $p_{AB} = 0.1$

対立仮説 H_1 : 少なくとも 2 つの等式が成立しない。

という仮説をたてる。仮説 H_0 が成立するとき,

$$W = \sum_{i=1}^{m} \left\{ \frac{(O_i - E_i)^2}{E_i} \right\}$$

は, 近似的に自由度 $m-1$ の χ^2 分布に従う (補論を参照)。ここで O_i は観察された頻度, E_i はサンプル・サイズを n とすると, 仮説 H_0 から期待される $E_A = p_A n$, $E_O = p_O n$, $E_B = p_B n$, $E_{AB} = p_{AB} n$ である。

実際に観察値を代入してこの値を計算すると,

$$w = 22.9245$$

自由度 $4-1$ の χ^2 分布の右片側 5%のカット・オフの値は, χ^2 分布表より 7.8147 である。$w = 22.9245 > 7.8147 = c$ より仮説 H_0 を棄却できる。血液型の構成比に違いが発生してきたものと考えられる。□

---

[2] この節は, A. Stuart and K. Ord (1999) *Kendall's Advanced Theory of Statistics: Classical Inference and the Linear Model*, 6th ed. vol. 2A, Chapter 25 "Tests of Fit" を参照。

5.3 分割表と適合度検定

例 5.11 (占いと経済予測) 統計学などの履修者 643 人に血液型性格判断と経済予測の当たり具合について，「当たる」を 5,「当たらない」を 0 で 5 段階評価してもらうアンケート調査を行った．その結果を表 5.5 の 2 元分割表にまとめてみた (例 4.5 と同じデータ)．□

表 5.5 経済予測

		0	1	2	3	4	5	周辺
血	0	12	5	19	47	18	1	102
液	1	1	10	26	24	6	0	67
型	2	3	4	20	33	10	0	70
性	3	2	5	31	76	26	1	141
格	4	2	13	41	103	24	2	185
	5	5	3	23	29	10	8	78
	周辺	25	40	160	312	94	12	643

例 5.12 (独立性の検定，χ^2 tests of independence) (分割基準の独立性の検定)

最初に調べることは，この分割基準が独立であるかどうか，ということである．血液型性格判断を信じやすい人が経済予測も信じやすい傾向にあるか，逆に血液型性格判断を信じやすい人は経済予測は信じない傾向にあるか，あるいは，独立かどうかということの検定である．p_{ij} で表の i 行 j 列に分類される母集団の構成比 (結合確率) を表し，$p_{X,i}$ と $p_{Y,j}$ で周辺確率を表すとする．$i = 1, \ldots, r$ で，$j = 1, \ldots, c$ とする．ここでは $r = c = 6$ である．

$$\text{仮説 } H_0 : p_{ij} = p_{X,i} p_{Y,j} \quad \text{すべての } (i,j)$$

$$\text{対立仮説 } H_1 : \text{どれか等式が成立しない．}$$

という仮説 H_0 を検定することになる．仮説 H_0 が成立するとき，次式で与えられる検定統計量 χ^2 は，自由度 $(r-1)(c-1)$ の χ^2 分布に従う．

$$n \equiv \sum_{i=1}^{r} \sum_{j=1}^{c} V_{ij}$$

とすると，

$$\chi^2 = n \sum_{i=1}^{r} \sum_{j=1}^{c} \frac{(\hat{p}_{ij} - \hat{p}_{X,i}\hat{p}_{Y,j})^2}{\hat{p}_{X,i}\hat{p}_{Y,j}}$$

ここで, V_{ij} を i 行 j 列に観測される頻度とする (まだ観察されていないので確率変数である)。$\hat{p}_{ij}$ はその割合 $\hat{p}_{ij} = V_{ij}/n$, 同様に,

$$\hat{p}_{X,i} = \sum_{j=1}^{c} V_{ij}/n, \quad \hat{p}_{Y,j} = \sum_{i=1}^{c} V_{ij}/n$$

と定義されている。実際この値を計算してみると,

$$\chi_o^2 = 89.73267$$

となる。自由度 $(6-1)(6-1) = 25$ の χ^2 分布の右片側 5% のカット・オフの値は, 37.65248 である。得られた値は 89.73 であるので, 棄却域に含まれている。□

何らかの関連性があることがわかったので, どのように相関しているかを標本相関係数 R を計算することで確かめてみる。

定義 5.15 (標本相関係数, Sample correlation coefficient)　　標本相関係数 R はつぎの計算式で定義される。i は個人の識別番号である。

$$R = \frac{\sum_{i=1}^{n}(X_i - \bar{X})(Y_i - \bar{Y})}{\sqrt{\sum_{i=1}^{n}(X_i - \bar{X})^2 \sum_{i=1}^{n}(Y_i - \bar{Y})^2}}$$

(X_i, Y_i) の観察値 (x_i, y_i) を代入すると

$$r = \frac{\sum_{i=1}^{n}(x_i - \bar{x})(y_i - \bar{y})}{\sqrt{\sum_{i=1}^{n}(x_i - \bar{x})^2 \sum_{i=1}^{n}(y_i - \bar{y})^2}} = 0.1113547$$

であることが計算された。つまり, 予測を信じやすい人は占いも信じやすいということである。

例 5.13 (相関係数の検定)　　(母相関係数 $\rho = 0$ の仮説検定)

確率変数 X と Y が 2 変量正規分布に従うとき, $\rho = 0$ であれば, ± の符号

5.3 分割表と適合度検定

は R の符号と同じで

$$T = \pm\sqrt{\frac{(n-2)R^2}{1-R^2}}$$

は自由度 $n-2$ のスチューデントの t 分布に従う[3]。かりに上の条件が満たされたとして，この場合には，$t = 2.83692$ である。$n-2 = 641$ であるから，仮説 H_0: $\rho = 0$ は，5%有意で棄却される。正の相関があるという結論になる。

母相関係数 ρ がゼロではなく $\rho \neq 0$ のときには，フィッシャーの z 変換を利用する。すなわち

$$Z = \frac{1}{2}\log\left(\frac{1+R}{1-R}\right), \quad \zeta = \frac{1}{2}\log\left(\frac{1+\rho}{1-\rho}\right)$$

としたとき，$Z - \zeta$ は平均 0，分散 $1/(n-3)$ の正規分布で近似できる[4]。□

練習問題

問 1 所得の世帯別分布が対数正規分布に従うかどうかを適合度検定で調べたい。500 世帯について観察された世帯数を O_i，予測した世帯数を E_i とすると表 5.6 のデータが得られた。サイズ 5%で検定してみなさい。予測は対数正規分布の確率から計算した世帯数 (データは総務省 (2004)「全国消費実態調査」を利用している)。

表 5.6

世帯所得 (万円)	-300	300-400	400-500	500-600	600-700
世帯数 O_i	51	66	69	63	54
予測 E_i	60	65	69	63	53

世帯所得 (万円)	700-800	800-1000	1000-1500	1500-	計
世帯数 O_i	46	65	63	21	500
予測 E_i	43	59	63	26	500

問 2 20 歳から 24 歳の男女で継続就業者，転職者，離職者，新規就業者，継続非就業者の人数構成が表 5.7 のように与えられている (総務省 (2007)「就業構

---

[3] 証明は，A. Stuart and K. Ord (1994) *Kendall's Advanced Theory of Statistics: Distribution Theory*, 6th ed. vol. 1, 16.24–28.

[4] R. A. Fisher (1921) "On the 'probable error' of a coefficient of correlation deduced from a small sample," *Metron*, 1, pp. 3–32 による。証明は，A. Stuart and K. Ord (1994) 前出 vol. 1, 16.33 により詳細な漸近展開の公式も記載されている。

表 5.7

(単位: 1000 人)

20～24歳	継続就業者	転職者	離職者	新規就業者	継続非就業者	総数
男子	1,557.5	280.7	150.4	550.5	1,078.7	3,679.7
女子	1,461.0	319.4	201.3	586.2	902.7	3,518.4

造基本調査」). 男女で構成比に違いがあるといえるか. 独立性の検定を利用してサイズ 5% で検定しなさい.

問 3 2000 人に父親 X_i と母親 Y_i の身長を調査した. その結果, つぎの値を得た. 標本相関係数 r を計算して, $\rho = 0$ の仮説検定をサイズ 1% で行いなさい.

$$\bar{x} = 170.67, \quad \bar{y} = 157.96$$

$$\sum_{i=1}^{n}(x_i - \bar{x})^2 = 61506, \quad \sum_{i=1}^{n}(y_i - \bar{y})^2 = 54989, \quad \sum_{i=1}^{n}(x_i - \bar{x})(y_i - \bar{y}) = 8017$$

5.4 補論 1 : 変数変換

補論では微積分の復習と将来の必要性をみて不足している部分について解説している. その第一が, 分布関数の変数変換の公式である.

1 変数の変換

例 5.14 (離散確率変数の場合) (離散確率変数 X の確率質量関数が $f_X(x)$ であたえられていて, その関数 $Y = g(X)$ の分布) 関数 $g(x)$ は一対一対応関数であるとし, すべての x についてその逆関数 $x = g^{-1}(y)$ が存在するとする. このとき Y の確率質量関数 $f_Y(y)$ はつぎの式で与えられる.

$$f_Y(y) = f_X(g^{-1}(y)) \quad \square$$

例 5.15 (連続確率変数の場合) (連続変数 X の確率密度関数が $f_X(x)$ であたえられていて, その関数 $Y = g(X)$ の分布) 関数 $g(x)$ は一対一対応関数であるとし, すべての x についてその逆関数 $x = g^{-1}(y)$ が存在するとする. Y が小さな区間 $y + dy = g(x + dx)$ と $y = g(x)$ の間に存在する確率は $f_Y(y)dy$ と書ける. ただし $dy \geq 0$ である. y が y から $y + dy$ だけ動くとき x は x から $x + dx$ だけ動いたとする. このとき

$$dx = g^{-1}(y + dy) - g^{-1}(y) = dg^{-1}(y)$$

5.4 補論1：変数変換

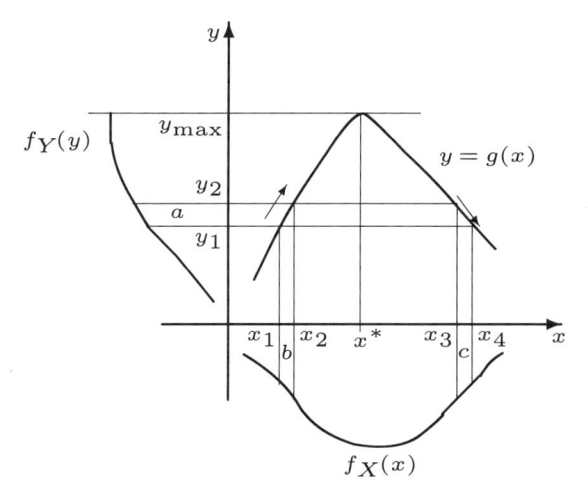

図5.2 1変数の変数変換

が成り立つ。したがって

$$f_Y(y)dy = f_X(g^{-1}(y))dx = f_X(g^{-1}(y))dg^{-1}(y)$$

が成立する。すなわち

$$f_Y(y) = f_X(g^{-1}(y))\frac{dg^{-1}(y)}{dy} \tag{5.A1}$$

となる[5]。

図5.2には $y = g(x)$ が山の形で y と x が一対一対応しないものが描かれている。X の分布 $f_X(x)$ は下向きに描かれている。Y が y_1 から y_2 にある確率 $\mathbb{P}(y_1 < Y < y_2)$ は，X が x_1 と x_2 の間にあるときと，x_3 と x_4 の間にあるときの二通りある。すなわち

$$\mathbb{P}(y_1 < Y < y_2) = \mathbb{P}(x_1 < X < x_2) + \mathbb{P}(x_3 < X < x_4)$$

である。図では求めたい値を $\mathbb{P}(y_1 < Y < y_2) = a$，既知の値は $\mathbb{P}(x_1 < X < x_2) = b$，$\mathbb{P}(x_3 < X < x_4) = c$，$a = b + c$ と求める。b の面積を求める場合には，

$$b = \int_{x_1}^{x_2} f_X(x)dx$$

---

[5] 小平邦彦 (1997, 2003)『解析入門 I』岩波書店，第4章4節，高木貞治 (1961, 1983)『解析概論』改訂第三版，岩波書店，第3章34節などを参照。

で積分し，c の面積を求める場合には，
$$c = \int_{x_3}^{x_4} f_X(x) dx$$
で積分することになる。対応する y の値は，$y_1 = g(x_1)$，$y_2 = g(x_2)$ で $y_2 > y_1$ であるが，$y_2 = g(x_3)$，$y_1 = g(x_4)$ となり，x と y で積分範囲の順序が入れ替わっている。これは，$g(x)$ が $x > x^*$ では減少関数だからである。公式 (5.A1) が成り立つのは，$y = g(x)$ が一対一対応で $g(x)$ が増加関数のときのみである。$g(x)$ が減少関数のときには，
$$f_Y(y) = f_X(g^{-1}(y)) \left| \frac{dg^{-1}(y)}{dy} \right|$$
のように絶対値をつける必要がある。いずれにしても一対一対応をしているかどうかは丁寧に調べ上げなければならない。□

2 変数の変換

ここでは 1 変数の変換を拡張して 2 変数の変換を扱うことにする[6]。離散確率変数の場合は 1 変数の場合とあまり変わらない。

例 5.16 (離散確率変数の場合)　(離散確率変数 (X_1, X_2) の結合質量関数が $f_{X_1, X_2}(x_1, x_2)$ であたえられていて，その関数 $Y_1 = g_1(X_1, X_2)$，$Y_2 = g_2(X_1, X_2)$ の分布)

連立方程式 $y_1 = g_1(x_1, x_2)$，$y_2 = g_2(x_1, x_2)$ は一対一対応関数であるとし，すべての (x_1, x_2) についてその逆関数
$$x_1 = g_1^{-1}(y_1, y_2) = h_1(y_1, y_2), \quad x_2 = g_2^{-1}(y_1, y_2) = h_2(y_1, y_2)$$
が存在するとする。このとき (Y_1, Y_2) の結合質量関数 $f_{Y_1, Y_2}(y_1, y_2)$ はつぎの式で与えられる。
$$f_{Y_1, Y_2}(y_1, y_2) = f_{X_1, X_2}(h_1(y_1, y_2), h_2(y_1, y_2)) \quad □$$

例 5.17 (連続確率変数の場合)　(連続確率変数 (X_1, X_2) の結合密度関数が

---

[6] 詳細な説明は，たとえば小平邦彦 (1997, 2003)『解析入門 II』岩波書店，第 7 章 3 節および第 8 章 3 節，あるいは高木貞治 (1961, 1983) 前掲書，第 8 章 96 節を参照。

5.4 補論 1：変数変換

$f_{X_1,X_2}(x_1,x_2)$ であたえられていて，その関数 $Y_1 = g_1(X_1,X_2), Y_2 = g_2(X_1,X_2)$ の分布)

連立方程式 $y_1 = g_1(x_1,x_2)$, $y_2 = g_2(x_1,x_2)$ は一対一対応関数であるとし，積分領域内ではすべての (x_1,x_2) についてその逆関数

$$x_1 = g_1^{-1}(y_1,y_2) = h_1(y_1,y_2), \quad x_2 = g_2^{-1}(y_1,y_2) = h_2(y_1,y_2)$$

と偏微分 $\frac{\partial h_i}{\partial y_j}$ が存在し，連続であるとする。このとき (Y_1,Y_2) の結合密度関数 $f_{Y_1,Y_2}(y_1,y_2)$ はつぎの式で与えられる。

$$f_{Y_1,Y_2}(y_1,y_2) = f_{X_1,X_2}(h_1(y_1,y_2),h_2(y_1,y_2))\,|J|$$

ここで，J は変換のヤコビアンである。

$$J = det\begin{pmatrix} \frac{\partial h_1(y_1,y_2)}{\partial y_1} & \frac{\partial h_1(y_1,y_2)}{\partial y_2} \\ \frac{\partial h_2(y_1,y_2)}{\partial y_1} & \frac{\partial h_2(y_1,y_2)}{\partial y_2} \end{pmatrix} = \frac{\partial h_1}{\partial y_1}\frac{\partial h_2}{\partial y_2} - \frac{\partial h_1}{\partial y_2}\frac{\partial h_2}{\partial y_1}$$

このヤコビアンは，記号

$$J(y_1,y_2) = \frac{\partial(x_1,x_2)}{\partial(y_1,y_2)}$$

で表わす。

この公式は，概略つぎのようにして導かれる。図 5.3(a) の y_1, y_2 座標で dy_1 と dy_2 だけずらしたときの単位立方体 $OABC$ が，変換 h によって図 5.3(b) の x_1, x_2 座標での四辺形 $O'A'B'C'$ に移るとする。

たとえば B' の座標は

$$(h_1(y_1+dy_1,y_2+dy_2), \quad h_2(y_1+dy_1,y_2+dy_2))$$

となる。四辺形は十分微小単位でのことなので，すべて線形で十分に近似できると仮定できる。つまり B' の座標は

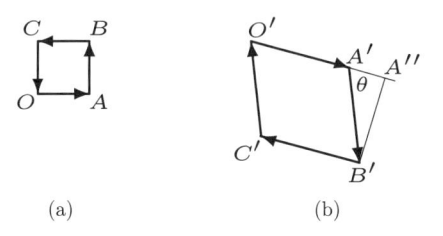

(a)   (b)

図 5.3

$$(h_1 + h_{11}dy_1 + h_{12}dy_2, \quad h_2 + h_{21}dy_1 + h_{22}dy_2)$$

となる。ここで

$$h_{11} = \frac{\partial h_1}{\partial y_1}, \quad h_{12} = \frac{\partial h_1}{\partial y_2}, \quad h_{21} = \frac{\partial h_2}{\partial y_1}, \quad h_{22} = \frac{\partial h_2}{\partial y_2}$$

である。それぞれ (y_1, y_2) で評価されていることは省略している。このとき，図 (a) の単位面積が図 (b) ではどのくらいに変換されるかが求める数値となる。

四辺形の面積がベクトル $\vec{a} = \overrightarrow{O'A'}$ と $\vec{b} = \overrightarrow{A'B'}$ の外積 $\vec{a} \times \vec{b}$ で表わされることを知っている場合には簡単である。

$$dx_1 dx_2 = |\vec{a} \times \vec{b}| = ||\vec{a}||\,||\vec{b}||\,|\sin\theta|$$

$|\cdot|$ は絶対値，$||\cdot||$ はノルム ($||\vec{a}|| = \sqrt{a_1^2 + a_2^2}$) である。

$$\vec{a} = \overrightarrow{O'A'} = \begin{pmatrix} h_1(y_1 + dy_1, y_2) \\ h_2(y_1 + dy_1, y_2) \end{pmatrix} - \begin{pmatrix} h_1(y_1, y_2) \\ h_2(y_1, y_2) \end{pmatrix}$$

$$\approx \begin{pmatrix} h_1 \\ h_2 \end{pmatrix} + \begin{pmatrix} h_{11} dy_1 \\ h_{21} dy_1 \end{pmatrix} - \begin{pmatrix} h_1 \\ h_2 \end{pmatrix}$$

$$= \begin{pmatrix} h_{11} \\ h_{21} \end{pmatrix} dy_1$$

$$\vec{b} = \overrightarrow{A'B'} = \begin{pmatrix} h_1(y_1 + dy_1, y_2 + dy_2) \\ h_2(y_1 + dy_1, y_2 + dy_2) \end{pmatrix} - \begin{pmatrix} h_1(y_1 + dy_1, y_2) \\ h_2(y_1 + dy_1, y_2) \end{pmatrix}$$

$$\approx \begin{pmatrix} h_{12} \\ h_{22} \end{pmatrix} dy_2$$

$\vec{a}$ と $\vec{b}$ の外積は，$|h_{11}h_{22} - h_{21}h_{22}|dy_1 dy_2$ である。ここで dy_1, dy_2 は必ずプラスにとっている。h_{ij} を偏微分の記号で書きなおすと

$$dx_1 dx_2 = \left| \frac{\partial h_1}{\partial y_1} \frac{\partial h_2}{\partial y_2} - \frac{\partial h_2}{\partial y_1} \frac{\partial h_1}{\partial y_2} \right| dy_1 dy_2 = |J| dy_1 dy_2$$

となる。すなわち，

$$\int\int_{\mathcal{X}} f_{Y_1, Y_2}(y_1, y_2) dx_1 dx_2 = \int\int_{\mathcal{Y}} f_{X_1, X_2}(h_1(y_1, y_2), h_2(y_1, y_2)) |J| dy_1 dy_2$$

が得られる。

外積についてよく知らない人には，つぎに述べる四辺形の面積を直接計算する方法

5.4 補論1：変数変換

がある。$\vec{a}$ の大きさは，

$$||\vec{a}|| = |\overrightarrow{O'A'}| = \sqrt{h_{11}^2 + h_{12}^2} dy_1$$

で，問題は点 B' から直線 $O'A'$ へ伸ばした垂線の足の長さを計算することである。直線 $O'A'$ の方程式 (u_1, u_2) は，

$$u_2 - h_2 = \frac{h_1 + h_{11}dy_1 - h_1}{h_2 + h_{12}dy_1 - h_2}(u_1 - h_1) = \frac{h_{21}}{h_{11}}(u_1 - h_1)$$

点 B' の座標は，

$$(h_1 + h_{11}dy_1 + h_{12}dy_2, h_2 + h_{21}dy_1 + h_{22}dy_2)$$

である。ここから直線 $O'A'$ への垂線の足 A'' の座標を (w_1, w_2) とする。$\overrightarrow{O'A'}$ と $\overrightarrow{B'A''}$ は直交するので，つぎの式（内積がゼロ）が成り立つ。

$$(h_1 + h_{11}dy_1 + h_{12}dy_2 - w_1)h_{11} + (h_2 + h_{21}dy_1 + h_{22}dy_2 - w_2)h_{21} = 0$$

さらに点 A'' は直線 $O'A'$ 上にあるので，

$$w_2 - h_2 = \frac{h_{21}}{h_{11}}(w_1 - h_1)$$

が成立する。この2本の方程式を連立させて解くと，垂線の足 A'' の座標 (w_1, w_2) が求められる。

$$w_1 = h_1 + h_{11}dy_1 + \frac{h_{11}(h_{11}h_{12} + h_{21}h_{22})}{h_{11}^2 + h_{21}^2}dy_2$$

$$w_2 = h_2 + h_{21}dy_1 + \frac{h_{21}(h_{11}h_{12} + h_{21}h_{22})}{h_{11}^2 + h_{21}^2}dy_2$$

垂線の足の長さ $|\overrightarrow{B'A''}|$ は，B' と A'' の座標の差の2乗が $|\overrightarrow{B'A''}|^2$ であることを利用する。

$$|\overrightarrow{B'A''}|^2 = \left(h_{12} - \frac{h_{11}(h_{11}h_{12} + h_{21}h_{22})}{h_{11}^2 + h_{21}^2}\right)^2 \{dy_2\}^2$$

$$+ \left(h_{22} - \frac{h_{21}(h_{11}h_{12} + h_{21}h_{22})}{h_{11}^2 + h_{21}^2}\right)^2 \{dy_2\}^2$$

$$= \frac{(h_{12}h_{22} - h_{21}h_{12})^2}{h_{11}^2 + h_{21}^2}\{dy_2\}^2$$

$$|\overrightarrow{B'A''}| = \frac{|h_{12}h_{22} - h_{21}h_{12}|}{\sqrt{h_{11}^2 + h_{21}^2}}dy_2$$

となる。したがって面積は

$$S = |\overrightarrow{B'A''}| \cdot |\overrightarrow{O'A'}| = |h_{12}h_{22} - h_{21}h_{12}|dy_1 dy_2$$

となる。■

5.5 補論2:モーメント母関数

これまでは分散までしか計算していないので、積分も高々2乗までであった。それでもかなり面倒な計算があったと思う。この積分の計算が微分になれば、もっと機械的に計算できるだろう。それを実現するのが**モーメント母関数** (moment generating function, MGF) である。

定義 5.16 (モーメント, Moment) 確率変数 X の k 次モーメントとは、

$$\mu_k \equiv \mathbb{E}[X^k]$$

で与えられる。ただし期待値は存在するものとする。

定義 5.17 (モーメント母関数, MGF) モーメント母関数とは、指数関数 e^x の特徴を利用した大変便利な道具である。確率変数 X の MGF は、

$$M_X(t) \equiv \mathbb{E}[e^{tX}], \quad t > 0$$

で定義される。ただし期待値は存在するものとする。

指数関数 e^{tX} をテイラー展開するとつぎのようになる。

$$e^{tX} = 1 + tX + \frac{1}{2!}(tX)^2 + \frac{1}{3!}(tX)^3 + \cdots$$

確率変数 X について両辺の期待値をとると

$$M_X(t) = \mathbb{E}[e^{tX}]$$
$$= 1 + t\mathbb{E}[X] + \frac{1}{2!}t^2\mathbb{E}[X^2] + \frac{1}{3!}t^3\mathbb{E}[X^3] + \cdots$$
$$M_X(t) = \mu_0 + t\mu_1 + \frac{1}{2!}t^2\mu_2 + \frac{1}{3!}t^3\mu_3 + \cdots$$

$t = 0$ を代入すると

$$M_X(0) = \mu_0 = 1$$

$M_X(t)$ を t で微分したのちに $t = 0$ を代入すると

$$M_X'(0) = \mu_1 = \mathbb{E}[X]$$

さらに t で微分したのちに $t = 0$ を代入すると

$$M_X''(0) = \mu_2 = \mathbb{E}[X^2]$$

5.5 補論2：モーメント母関数

となる。つまり k 次モーメントを計算したければ，MGF を k 回微分し，$t = 0$ を代入すればよい。

$$M_X^{(k)}(0) = \mu_k \equiv \mathbb{E}[X^k]$$

モーメント母関数 (MGF) はモーメントの計算以外にも便利な点がある。ここでは証明は省くが，2つの確率変数で MGF が一致すれば，分布関数は両者で同じものになる。そして，密度関数や質量関数の形が複雑でも，モーメント母関数にすると非常に単純な関数形になるものが多い。そのため MGF と分布関数が一対一対応するという性質を使って，多くの計算が簡単になる。

定理 5.18 (独立な確率変数の和のモーメント母関数) X_1, X_2 を独立な確率変数で，MGF を $M_{X_1}(t), M_{X_2}(t)$ とする。$X_1 + X_2$ の MGF，$M_{X_1+X_2}(t)$ は，$M_{X_1}(t)M_{X_2}(t)$ で得られる。

$$\begin{aligned}M_{X_1+X_2}(t) &= \mathbb{E}[e^{t(X_1+X_2)}] = \mathbb{E}[e^{tX_1}e^{tX_2}] \\ &= \mathbb{E}[e^{tX_1}]\mathbb{E}[e^{tX_2}] = M_{X_1}(t)M_{X_2}(t) \quad \blacksquare\end{aligned}$$

系 5.19 無作為抽出したサンプル $(X_1, X_2, \ldots, X_n)$ の和 $Y = \sum_{i=1}^{n} X_i$ の MGF，$M_Y(t)$ は，

$$M_Y(t) = M_X(t)^n$$

で与えられる。$X_1, \ldots, X_n$ がすべて同一の分布に従うので，同じ MGF，$M_X(t)$ となる。さらに互いに独立なので

$$\begin{aligned}M_Y(t) &= M_{X_1+X_2+\cdots+X_n}(t) \\ &= \mathbb{E}[e^{t(X_1+X_2+\cdots+X_n)}] \\ &= \mathbb{E}[e^{tX_1}]\mathbb{E}[e^{tX_2}]\cdots\mathbb{E}[e^{tX_n}] \\ &= M_X(t)M_X(t)\cdots M_X(t) \\ &= M_X(t)^n \quad \blacksquare\end{aligned}$$

定理 5.20 (確率変数の線形関数の MGF) X を確率変数，その MGF は $M_X(t)$ とする。さらに a と b を定数とすると確率変数 $Y = a + bX$ の MGF，$M_Y(t)$ は

$$M_Y(t) = e^{ta}M_X(bt)$$

で得られる。

$$M_Y(t) = M_{a+bX}(t) = \mathbb{E}[e^{t(a+bX)}] = e^{ta}\mathbb{E}[e^{tbX}]$$
$$= e^{ta}M_X(tb) \quad \blacksquare$$

例 5.18 (正規分布の MGF)　まず標準正規分布 N(0,1) の MGF を求める。

$$M_Z(t) = \mathbb{E}[e^{tZ}] = \frac{1}{\sqrt{2\pi}}\int_{-\infty}^{\infty} e^{tz}e^{-\frac{z^2}{2}}dz$$
$$= \frac{1}{\sqrt{2\pi}}\int_{-\infty}^{\infty} e^{-\frac{(z-t)^2}{2}}e^{\frac{t^2}{2}}dz$$
$$= e^{\frac{t^2}{2}}\frac{1}{\sqrt{2\pi}}\int_{-\infty}^{\infty} e^{-\frac{(z-t)^2}{2}}dz$$
$$= e^{\frac{t^2}{2}}\frac{1}{\sqrt{2\pi}}\int_{-\infty-t}^{\infty-t} e^{-\frac{z^2}{2}}dz = e^{\frac{t^2}{2}}$$

つぎに、一般の平均 μ, 分散 σ^2 の正規分布 $N(\mu, \sigma^2)$ に従う確率変数 $X = \mu + \sigma Z$ は、定理 5.20 を用いて、

$$M_X(t) = M_{\mu+\sigma Z}(t)$$
$$= e^{t\mu}M_Z(t\sigma) = e^{t\mu}e^{\frac{(t\sigma)^2}{2}} = e^{\mu t + \sigma^2 \frac{t^2}{2}}$$

となる。□

定理 5.21 (中心極限定理, Central limit theorem, CLT)　平均 μ, 分散 σ^2 の母集団から無作為抽出したサンプル $(X_1, X_2, \ldots, X_n)$ の標本平均 $\bar{X}$ を基準化した変数 $Z_n = (\bar{X} - \mu)/(\sigma/\sqrt{n})$ の MGF を平均 0, 分散 1 の MGF で表現する。$Y_i = (X_i - \mu)/\sigma$ は相互に独立で平均 0, 分散 1 の分布に従うので、この MGF を $M_Y(t)$ とする。

$$Z_n = \sqrt{n}\frac{\bar{X} - \mu}{\sigma} = \frac{\sqrt{n}}{n}\frac{\sum_i (X_i - \mu)}{\sigma} = \frac{1}{\sqrt{n}}\sum_{i=1}^{n} Y_i$$

$$M_{Z_n}(t) = M_{\frac{1}{\sqrt{n}}\sum_{i=1}^{n} Y_i}(t) = M_Y\left(\frac{t}{\sqrt{n}}\right)^n$$

ここで、$M_Y(t/\sqrt{n})$ を、$t = 0$ の近傍で Taylor 展開する。

$$M_Y\left(\frac{t}{\sqrt{n}}\right) = M_Y(0) + M_Y'(0)\frac{t}{\sqrt{n}} + \frac{M_Y''(0)}{2}\left(\frac{t}{\sqrt{n}}\right)^2 + o\left(\frac{t^2}{n}\right)$$

$o(x_n)$ は、$\lim_{n\to\infty}\frac{o(x_n)}{x_n} = 0$ となる記号である。$M_Y(0) = 1$, $M_Y'(0) = 0$,

5.5 補論 2：モーメント母関数

$M_Y''(0) = 1$ であるから，

$$M_Y\left(\frac{t}{\sqrt{n}}\right) = 1 + \frac{t^2}{2n} + o\left(\frac{t^2}{n}\right)$$
$$= 1 + \frac{t^2}{2n}\left\{1 + \frac{2n}{t^2}o\left(\frac{t^2}{n}\right)\right\}$$

$\lim_{n \to \infty} \frac{n}{t^2} o\left(\frac{t^2}{n}\right) = 0$ であるから，

$$\lim_{n \to \infty}\left\{M_Y\left(\frac{t}{\sqrt{n}}\right)\right\}^n = \lim_{n \to \infty}\left\{1 + \frac{t^2}{2n}\left\{1 + \frac{2n}{t^2}o\left(\frac{t^2}{n}\right)\right\}\right\}^n = e^{\frac{t^2}{2}}$$

$\lim_{n \to \infty} M_{Z_n}(t) = e^{\frac{t^2}{2}}$ より，これは標準正規分布の MGF である。したがって，Z_n の分布は n が無限大になると，いくらでも標準正規分布に近づく。■

例 5.19 (カイ 2 乗分布の MGF)　　自由度 m のカイ 2 乗分布の確率密度関数 $f(x)$ は

$$f(x) = \frac{1}{\Gamma(m/2)2^{m/2}} x^{m/2-1} e^{-x/2}, \quad 0 \leq x < \infty,\ m = 1, 2, \ldots$$

である。$\Gamma(\alpha)$ はガンマ関数 $\Gamma(\alpha) = \int_0^\infty x^{\alpha-1} e^{-x} dx$ である。証明は上の関数を積分すると 1 になることを用いる。

$$M_X(t) = \int_0^\infty e^{tx} \frac{1}{\Gamma(m/2)2^{m/2}} x^{m/2-1} e^{-x/2} dx$$
$$= \frac{1}{\Gamma(m/2)2^{m/2}} \int_0^\infty x^{m/2-1} e^{-(1-2t)x/2} dx$$

$y = (1 - 2t)x$ と変数変換する。ここで $dy = (1 - 2t)dx$ であるから

$$= \frac{1}{\Gamma(m/2)2^{m/2}} \int_0^\infty \left(\frac{y}{1-2t}\right)^{m/2-1} e^{-y/2} dy \left|\frac{1}{1-2t}\right|$$
$$= \frac{1}{\Gamma(m/2)2^{m/2}} \int_0^\infty y^{m/2-1} e^{-y/2} dy \left(\frac{1}{1-2t}\right)^{m/2}$$
$$= \left(\frac{1}{1-2t}\right)^{m/2}, \quad \text{ただし } t < \frac{1}{2} \quad \square$$

カイ 2 乗分布の平均と分散を計算してみると，

$$M_X(t)' = \frac{2m}{2} \frac{1}{(1-2t)^{m/2+1}} = \frac{m}{(1-2t)^{m/2+1}}$$

$$\mu_1 = M_X(0)' = m$$
$$M_X(t)'' = 2m\left(\frac{m}{2}+1\right)\frac{1}{(1-2t)^{m/2+2}}$$
$$= m(m+2)\frac{1}{(1-2t)^{m/2+2}}$$
$$\mu_2 = M_X(0)'' = m^2 + 2m$$
$$\sigma^2_{\chi^2_m} = m^2 + 2m - m^2 = 2m$$

例 2.29 で示したようにカイ 2 乗分布の平均は自由度，分散は 2 倍の自由度となることが確かめられる。

例 5.20 (ベルヌーイ分布の MGF) ベルヌーイ分布は確率 p で $X = 1$，$1-p$ で $X = 0$ となる離散確率変数 X の分布である。
$$M_X(t) = \mathbb{E}[e^{tX}] = e^{t1}p + e^{t0}(1-p) = e^t p + (1-p) \quad \square$$

例 5.21 (2 項分布の MGF) 2 項分布は独立で同一なベルヌーイ分布に従う確率変数 X_1, X_2,..., X_n の和 $Y = \sum_{i=1}^n X_i$ の分布である。したがって，系 5.19 を利用して
$$M_Y(t) = \left(e^t p + (1-p)\right)^n \quad \square$$

5.6 補論 3：適合度検定の分布

血液型性格判断の評価を X，経済予測の評価を Y とすると，評価 $X = 0$ は第 1 行で，評価 $Y = 5$ は第 6 列になる。この行数 (row) を r，列数 (column) を c とし，i 行 j 列のセル (i, j) によって人数 w_{ij} が決まる。上の表の場合，$w_{14} = 42$，$w_{43} = 27$ という具合である。いま行数は $r = 6$ で，列数も $c = 6$ である。

各セルの母集団の構成比が p_{ij} であるとすると，この母集団から無作為に選ばれたサンプルであれば，セルの人数 W_{ij} の結合質量関数は，確率が p_{ij} の多項分布になる。すなわち，
$$\frac{n!}{w_{11}!w_{12}!\cdots w_{rc}!}p_{11}^{w_{11}}p_{12}^{w_{12}}\cdots p_{rc}^{w_{rc}}, \quad 0 \le w_{ij} \le n, \quad \sum_{ij} w_{ij} = n$$

ここで，$0 < p_{ij} < 1$ で $\sum_{i,j} p_{ij} = 1$ である。対数尤度はつぎの式になる。

5.6 補論3：適合度検定の分布を

$$\ell(p) \equiv \sum_{i,j} w_{ij} \ln p_{ij}, \quad 0 < p_{ij} < 1, \quad \sum_{i,j} p_{ij} = 1$$

この式には $rc-1$ 個のパラメーター p_{ij} が含まれている。対数尤度を

$$\sum_{i,j} p_{ij} = 1$$

という制約付きで最大にするパラメーター p_{ij} の推定値は，

$$\hat{p}_{ij} = \frac{w_{ij}}{n}$$

である。そのときの対数尤度の最大値は

$$\sum_{i,j} w_{ij} \ln(\hat{p}_{ij})$$

である。

もし X と Y が独立ならば，結合質量関数 $f(x,y)$ はそれぞれの周辺質量関数の積 $f(x,y) = f_X(x)f_Y(y)$ で表わされる。すなわち行 i の母集団の構成比は，$f_X(x)$ $(x=0,\ldots,5)$ であり，これは

$$p_{X,i} = \sum_{j=1}^{c} p_{ij} \quad (i=1,\ldots,r)$$

に等しい。$f_X(0) = p_{X,1}$, $f_X(1) = p_{X,2}$ 等である。同様に列 j の母集団の構成比も，$f_Y(y)$ $(y=0,\ldots,5)$ であり，これは

$$p_{Y,j} = \sum_{i=1}^{r} p_{ij} \quad (j=1,\ldots,c)$$

に等しい。対数尤度は先の p_{ij} に $p_{X,i} p_{Y,j}$ を代入した，次式である。

$$\ell^*(p) \equiv \sum_{i,j} w_{ij} \ln(p_{X,i} p_{Y,j}), \quad \sum_i p_{X,i} = 1, \quad \sum_j p_{Y,j} = 1$$

このモデルには $(r-1)+(c-1)$ 個のパラメーターがある。2つの制約がある場合の極値を探した結果は，

$$\hat{p}_{X,i} = \sum_{j=1}^{c} w_{ij}/n, \quad \hat{p}_{Y,j} = \sum_{i=1}^{r} w_{ij}/n$$

である。したがって対数尤度の最大値は，

$$\sum_{i,j} w_{ij} \ln(\hat{p}_{X,i} \hat{p}_{Y,j})$$

である。仮説 H_0 が成立するならば，$-2\times$ 尤度比の対数は漸近的に χ^2 分布することが知られている。そのときの自由度は，$rc-1-\{(r-1)+(c-1)\} = (r-1)(c-1)$

である。すなわち

$$\chi^2_{(r-1)(c-1)} \approx -2\left\{\sum_{i,j} w_{ij}\ln(\hat{p}_{X,i}\hat{p}_{Y,j}) - \sum_{i,j} w_{ij}\ln(\hat{p}_{ij})\right\}$$
$$= 2\sum_{i,j} w_{ij}\ln\left(\frac{\hat{p}_{ij}}{\hat{p}_{X,i}\hat{p}_{Y,j}}\right)$$

これを線形近似したつぎの式が，ピアソンの χ^2 といわれる検定統計量になる[7]。

$$\chi^2 = n\sum_{i=1}^{r}\sum_{j=1}^{c}\frac{(\hat{p}_{ij} - \hat{p}_{X,i}\hat{p}_{Y,j})^2}{\hat{p}_{X,i}\hat{p}_{Y,j}}$$

---

[7] K. Pearson (1900) 第 2 章注 11 の論文。証明は Stuart and Ord (1994) vol. 1 前出, 15.14, Example 15.3. ピアソンの誤りについては，S. M. Stigler (2008) "Karl Pearson's theoretical errors and the advances they inspired," *Statistical Science*, 23(2), pp. 261–271.

6 回帰分析

　経済現象を対象にする分析では，ある変数は他の変数の変化によってどのように変動するかを問題にすることが多い。たとえば，「家計のエンゲル係数は，家計所得の高低に応じてどのように変動するか」，「就学年数の長さは，賃金率にどう影響するのか」，「施肥量と穀物の収穫量の間の関係」などが具体的な例だ。このような変数間の関係を分析する道具が回帰分析で，統計的方法の中でもっとも多用される手法だといってよい。本書で学習する回帰分析は，ある変数の変動を説明する変数がただ一つだけの単純回帰分析といわれる。実際の応用分析では，説明する変数が二つ以上ある重回帰分析を使うことが多い。たとえば，穀物の収穫量は，施肥量だけでなく降雨量，労働投入量，土地の質などに依存するであろう。また，実際の計算もパッケージ・プログラムなどを利用してコンピューターで実施する。しかし，この章で学習する単純回帰分析によって，回帰分析の有用性，推定や検定の方法とその結果の解釈の仕方を学習することは，実際の応用分析の土台になる。

　これまでの章では，ある確率変数を大文字 X，そしてその実現値を小文字 x で表記してきたが，本章では文字の大きさによって確率変数とその実現値を区別することをせずに，その変数が確率変数である場合には適宜指摘することにする。

6.1 単純線形回帰モデルの定義

図 6.1 には，家計の総消費支出額とエンゲル係数に関する観察値 (a) とその散布図 (b) を示した[1]。この図から，総消費支出が小さいほどエンゲル係数が大きいことが観察できる。しかし，すべてのデータが一直線上に並んでいるわけではなく，ばらつきがあることも観察できる。

ここでエンゲル係数を y，家計総消費支出額を x として，変数 x が変数 y の変動を説明するモデルを

$$y = \alpha + \beta x + u \tag{6.1}$$

と書こう。ここで u は，y に影響する x 以外の因子の影響である。エンゲル係数の例では，世帯主年齢，子供の数，菜食主義であるかどうかなど総消費支出以外にエンゲル係数に影響を与えると考えられる要因の効果の合計を u で表現する。穀物の収穫量の例では，穀物収穫量が y，施肥量が x，u は肥料以外

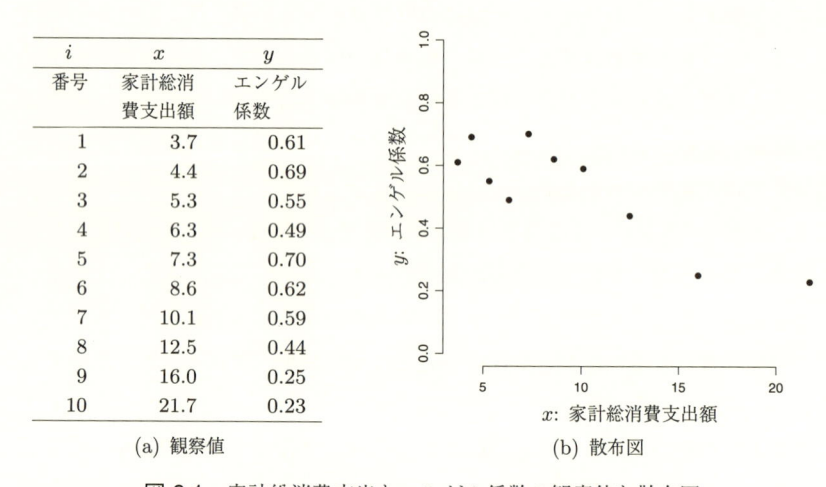

i 番号	x 家計総消費支出額	y エンゲル係数
1	3.7	0.61
2	4.4	0.69
3	5.3	0.55
4	6.3	0.49
5	7.3	0.70
6	8.6	0.62
7	10.1	0.59
8	12.5	0.44
9	16.0	0.25
10	21.7	0.23

(a) 観察値　　(b) 散布図

図 6.1 家計総消費支出とエンゲル係数の観察値と散布図

---

[1] インドの全国標本調査機関 (NSSO: National Sample Survey Organization, Government of India) による「第 61 回全国標本調査」(National Sample Survey, NSS, 2004 年 7 月から 2005 年 6 月の調査) における「家計調査」(household consumption expenditure) の個票を使用した。データは，都市部に居住する世帯主年齢 30 歳以上 40 歳以下の家計から抽出したもので，家計総消費支出額は家計人員数で除した一人当たりの数値である。

6.1 単純線形回帰モデルの定義

に収穫量に影響を与える降雨量，労働投入量，土地の質などの効果の合計を表す。この u は，分析者にとって直接観察することができないものとされる。つまり，分析者にとっては予知できない仕方で変動する確率変数だとされる。

式 (6.1) は，変数 y の変動を 2 つの部分に分解して説明している。つまり，x によって説明される部分 $\alpha + \beta x$ と u によって表されるそのほかの要因によって説明される部分だ。前者を**系統的部分** (systematic part)，後者を**非系統的部分** (unsystematic part) と呼ぶこともある。

定義 6.1 (単純線形回帰モデル)　式 (6.1) を単純線形回帰モデル (simple linear regression model) と呼ぶ[2]。変数 y を**被説明変数** (explained variable)，変数 x を**説明変数** (explanatory variable)，u を**誤差項** (error term) あるいは**撹乱項** (disturbance) と呼ぶ[3]。x, y, u は確率変数であるとする。また α と β を**回帰係数** (regression coefficients) と呼ぶ。

---

[2] 回帰 (regression) という用語は，イギリスの優生学 (遺伝学) 者で統計学者のフランシス・ゴルトン (Francis Galton, 1822-1911) に由来する。ゴルトンは，F. Galton (1886) "Regression Towards Mediocrity in Hereditary Stature," *Journal of the Anthropological Institute*, 15, pp. 246-64 において「回帰」ということばを用いた。背の高い親からは背の高い子が，低い親からは低い子が生まれるとすれば，人間は背の高いグループと低いグループに分化してしまうだろうし，巨大な人間が現れても不思議ではない。しかし実際には，人間の身長は世代を超えて定常的に見える。この事実を統計的に分析して見せたのがゴルトンだ。ゴルトンは，背の高い親の子どもの平均身長は親より低く，背の低い親の子供の平均身長は親より高いことを見出した。そしてこの現象を「平均 (平凡, mediocrity) への回帰」と呼んだのである。ゴルトンは相関係数を使って直線を導いたがこの種の分析手法を回帰分析と呼ぶようになった。ゴルトンと回帰分析の話については，デイヴィッド・サルツブルグ『統計学を拓いた異才たち』(竹内 恵行・熊谷 悦生 訳，日本経済新聞社，2006年) の第 2 章や，Joshua D. Angrist and Jörn-Steffen Piscke (2009) *Mostly Harmless Econometrics*, Princeton University Press の第 3 章にも招介されている。

[3] 変数 x と y にはつぎのようにさまざまな呼び方がある。

y	x
被説明変数 (explained variable)	説明変数 (explanatory variable)
従属変数 (dependent variable)	独立変数 (independent variable)
内生変数 (endogenous variable)	外生変数 (exogenous variable)
反応変数 (response variable)	制御変数 (control variable)
regressand	regressor

6.2 最小2乗法による直線の当てはめ

回帰係数 α と β の具体的な値は，分析者にとって未知の定数だ．したがって，それらの具体的な値を母集団から抽出されたサンプルによって推定しなければならない．係数 α と β の値を特定の値，たとえば $\alpha = 0.7$, $\beta = -0.02$ に定めれば，図 6.1 の散布図のうえに 1 本の直線，$y = 0.7 - 0.02x$ を引くことができる．この直線は，式 (6.1) の系統的部分に相当するものだから，観察値のできるだけ傍を通ることが望ましい．

ここでサイズ n のサンプルを $\{(x_1, y_1), (x_2, y_2), \ldots, (x_n, y_n)\}$ と書こう．回帰係数に特定の値，$\alpha = \hat{\alpha}$, $\beta = \hat{\beta}$ を与えると，

$$\hat{y}_i \equiv \hat{\alpha} + \hat{\beta} x_i, \quad i = 1, 2, \ldots, n \tag{6.2}$$

は，切片 $\hat{\alpha}$, 傾き $\hat{\beta}$ の直線上の値で，観察値 y_i に対応した計算値を示す．これを観察値 y_i の**理論値**と呼ぶ．そして，データと理論値の差，

$$\hat{u}_i \equiv y_i - \hat{y}_i = y_i - (\hat{\alpha} + \hat{\beta} x_i), \quad i = 1, 2, \ldots, n \tag{6.3}$$

を観察値 i の**残差**と呼ぶ．

図 6.2 は，観察値，理論値，残差の関係を示している．たとえば，$\hat{\alpha} = 0.7$, $\hat{\beta} = -0.02$ として，図 6.1 のデータに当てはめてみると，$\hat{y}_5 = 0.7 - 0.02 x_5 = 0.554$ で，$\hat{u}_5 = 0.70 - 0.554 = 0.146$ となる．

残差は，回帰モデルで理論的に説明できる部分 $\hat{\alpha} + \hat{\beta} x_i$ 以外の残余の部分だ．したがって，残差が小さいほど理論的に説明できる部分が大きくなるの

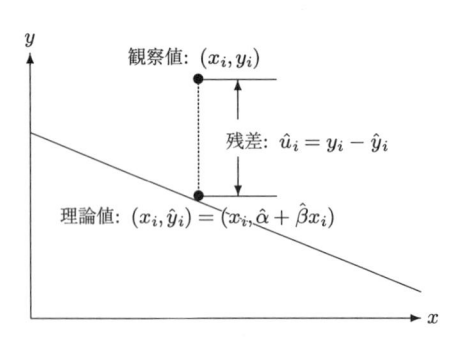

図 6.2　最小 2 乗法の考え方——残差

6.2 最小2乗法による直線の当てはめ

で望ましい。サンプルに含まれるすべての観察値から計算される**残差平方和** (sum of squared residuals) を最小にするように $\hat{\alpha}$ と $\hat{\beta}$ の値を決定する方法を**最小2乗法** (least squares method) という[4]。

残差平方和を S で記す。S の値は係数 $\hat{\alpha}$ と $\hat{\beta}$ の値に応じて直線がどこに位置するかによって変化する。つまり S は $\hat{\alpha}, \hat{\beta}$ の関数である。したがって，S をつぎのように書くことができる。

$$S(\hat{\alpha}, \hat{\beta}) \equiv \sum_{i=1}^{n} \hat{u}_i^2 = \sum_{i=1}^{n} \left[y_i - (\hat{\alpha} + \hat{\beta} x_i) \right]^2 \tag{6.4}$$

S を最小にする $\hat{\alpha}$ と $\hat{\beta}$ は，$S(\hat{\alpha}, \hat{\beta})$ の $\hat{\alpha}$ と $\hat{\beta}$ に関する偏導関数を同時にゼロにする (多変数関数最小化の必要条件)。

$$\frac{\partial S(\hat{\alpha}, \hat{\beta})}{\partial \hat{\alpha}} = -2 \sum_{i=1}^{n} \left[y_i - (\hat{\alpha} + \hat{\beta} x_i) \right] = 0 \tag{6.5}$$

$$\frac{\partial S(\hat{\alpha}, \hat{\beta})}{\partial \hat{\beta}} = -2 \sum_{i=1}^{n} \left[y_i - (\hat{\alpha} + \hat{\beta} x_i) \right] x_i = 0 \tag{6.6}$$

整理して書き直せば $\hat{\alpha}$ と $\hat{\beta}$ に関する線形連立方程式 (連立1次方程式) を得る。これを**正規方程式** (normal equation) と呼ぶ。

定義 6.2 (正規方程式)

$$n\hat{\alpha} + \left(\sum_{i=1}^{n} x_i \right) \hat{\beta} = \sum_{i=1}^{n} y_i \tag{6.7}$$

---

[4] 最小2乗法は1800年代初頭に惑星の軌道を同定する方法として発見された。それは，観測で与えられる方程式の数が未知数よりも多いときに，いかに未知数の値を決定するかという数学的問題を解決する過程で発見された。ガウス・マルコフの定理 (定理6.9) にその名前が登場するドイツ人学者ガウスは，1809年に出版した『天体運動論』において，最小2乗法は彼自身が1795年以来使ってきた原理であると主張した。しかし，最小2乗法を最初に書物の中で記したのはフランス人学者のルジャンドル (Adrian Marie Legendre, 1752–1833) で，1805年の著書『彗星軌道の決定のための新方法』において Méthode des miondres quarrés として最小2乗法を紹介し，こんにち正規方程式と呼ばれているものを導きだしている。ガウスによる先取権の主張やルジャンドルとの手紙のやりとりなどは，安藤洋美『最小二乗法の歴史』(現代数学社，1995年)，R. L. Plackett (1972) "Studies in the history of probability and statistics. XXIX: The discovery of the method of least squares," *Biometrika*, 59(2), pp. 239–251 に詳しい。

$$\left(\sum_{i=1}^{n} x_i\right) \hat{\alpha} + \left(\sum_{i=1}^{n} x_i^2\right) \hat{\beta} = \sum_{i=1}^{n} x_i y_i \tag{6.8}$$

正規方程式を $\hat{\alpha}$ と $\hat{\beta}$ について解いたものを回帰係数 α, β の**最小 2 乗推定量** (least square estimator) という (導出の詳細は補論を参照)。

定理 6.3 (回帰係数の最小 2 乗推定量)

$$\hat{\beta} = \frac{\sum_{i=1}^{n}(y_i - \bar{y})(x_i - \bar{x})}{\sum_{i=1}^{n}(x_i - \bar{x})^2} \tag{6.9}$$
$$\hat{\alpha} = \bar{y} - \hat{\beta}\bar{x}$$

(6.9) によって得られる

$$\hat{y} = \hat{\alpha} + \hat{\beta}x \tag{6.10}$$

を**標本回帰方程式** (sample regression equation) あるいは**標本回帰直線** (sample regression line) と呼ぶ。また, $\hat{y}_i \equiv \hat{\alpha} + \hat{\beta}x_i$ を y_i の**回帰値** (regression value), **推定値** (estimated value), **理論値** (theoretical value) などという。(6.9) からわかるように標本回帰直線は, x と y の標本平均

$$\bar{x} \equiv \frac{1}{n}\sum_{i=1}^{n} x_i, \quad \bar{y} \equiv \frac{1}{n}\sum_{i=1}^{n} y_i$$

を通る直線である。

$$\hat{u}_i \equiv y_i - \hat{y}_i = y_i - (\hat{\alpha} + \hat{\beta}x_i), \quad i = 1, 2, \ldots, n \tag{6.11}$$

を**最小 2 乗残差** (least square residual) あるいは**回帰残差** (regression residual) といい, 残差平方和最小化の必要条件 (6.5) と (6.6) からつぎの性質を満たすことがわかる。

$$\sum_{i=1}^{n} \hat{u}_i = 0 \tag{6.12}$$

$$\sum_{i=1}^{n} \hat{u}_i x_i = 0 \tag{6.13}$$

6.2 最小2乗法による直線の当てはめ

つまり,最小2乗残差は正値と負値の両方を含むが,その合計はゼロであり,したがってその標本平均もゼロになる.また,(6.13) は,残差ベクトル $(\hat{u}_1, \hat{u}_2, \ldots, \hat{u}_n)$ と説明変数のベクトル $(x_1, x_2, \ldots, x_n)$ が直交することを意味している.これは最小2乗法の幾何学的な特徴だ[5].■

例 6.1 (エンゲル係数と総消費支出額の関係:回帰係数の推定) 図 6.1 に示した家計のエンゲル係数 (y) と総消費支出額 (x) に関するサンプルを使って,標本回帰直線を求めてみよう.表 6.1 を使うと計算のメカニズムを理解するのに便利である.

$$\hat{\beta} = \frac{\sum_{i=1}^{10}(y_i - \bar{y})(x_i - \bar{x})}{\sum_{i=1}^{10}(x_i - \bar{x})^2} = \frac{-7.3933}{293.549} \approx -0.0252$$

$$\hat{\alpha} = \bar{y} - \hat{\beta}\bar{x} = 0.517 - (-0.0252) \times 9.59 = 0.758668$$

以上より標本回帰直線は

$$\hat{y} = 0.758668 - 0.0252x$$

表 6.1 回帰係数の計算

i	x_i	y_i	$x_i - \bar{x}$	$y_i - \bar{y}$	$(x_i - \bar{x})^2$	$(y_i - \bar{y})^2$	$(x_i - \bar{x})(y_i - \bar{y})$
1	3.7	0.61	-5.89	0.093	34.69	0.008649	-0.5478
2	4.4	0.69	-5.19	0.173	26.94	0.029929	-0.8979
3	5.3	0.55	-4.29	0.033	18.40	0.001089	-0.1416
4	6.3	0.49	-3.29	-0.027	10.82	0.000729	0.0888
5	7.3	0.70	-2.29	0.183	5.24	0.033489	-0.4191
6	8.6	0.62	-0.99	0.103	0.98	0.010609	-0.1020
7	10.1	0.59	0.51	0.073	0.26	0.005329	0.0372
8	12.5	0.44	2.91	-0.077	8.47	0.005929	-0.2241
9	16.0	0.25	6.41	-0.267	41.09	0.071289	-1.7115
10	21.7	0.23	12.11	-0.287	146.65	0.082369	-3.4756
合計	95.9	5.17	0.00	0.000	293.549	0.24941	-7.3933
標本平均	9.59	0.517					

---

[5] 幾何学的に最小2乗法は,説明変数 x が張る空間への被説明変数 y の直交射影として説明できる.これをもって,$y = \alpha + \beta x + u$ を y の x 上への回帰と呼ぶこともある.

表 6.2 推定値と回帰残差

i	y_i	$\hat{y}_i$	$\hat{u}_i$	$x_i\hat{u}_i$	$\hat{u}_i^2$
1	0.61	0.67	−0.06	−0.21	0.0031
2	0.69	0.65	0.04	0.19	0.0018
3	0.55	0.63	−0.08	−0.40	0.0056
4	0.49	0.60	−0.11	−0.69	0.0121
5	0.70	0.57	0.13	0.91	0.0157
6	0.62	0.54	0.08	0.67	0.0061
7	0.59	0.50	0.09	0.87	0.0074
8	0.44	0.44	0.00	−0.05	0.0000
9	0.25	0.36	−0.11	−1.69	0.0111
10	0.23	0.21	0.02	0.39	0.0003
合計	5.17	5.17	0.00	0.00	0.0632

となる。エンゲル係数の推定値と回帰残差を表 6.2 に示した。

図 6.3 の (a) には，図 6.1 のエンゲル係数と家計総消費支出額の散布図に最小2乗法で当てはめた回帰直線を重ねてある。(b) は回帰残差のプロットである。

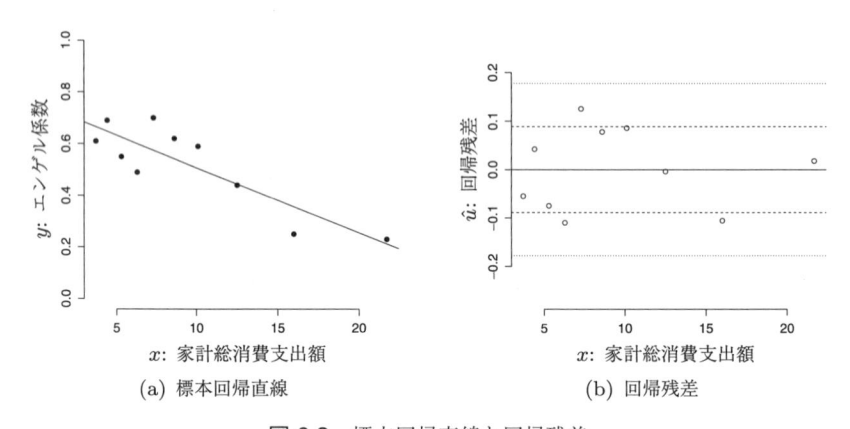

(a) 標本回帰直線

(b) 回帰残差

図 6.3 標本回帰直線と回帰残差

□

6.3 標本回帰直線の当てはまりとモデル選択

最小 2 乗法で得られた標本回帰直線 $\hat{y} = \hat{\alpha} + \hat{\beta}x$ がサンプルの観察値の近くを通るほど，直線の当てはめが巧くいったといえるだろう．標本回帰直線の当てはまりの程度を測る基準として使われるのが**決定係数** (coefficient of determination) だ．決定係数の定義を見るまえに，被説明変数の変動が，標本回帰直線によって説明される部分と残差に完全に分離されることを示しておこう[6]．

定理 6.4

$$\sum_{i=1}^{n}(y_i - \bar{y}_i)^2 = \sum_{i=1}^{n}(\hat{y}_i - \bar{y})^2 + \sum_{i=1}^{n}\hat{u}_i^2 \tag{6.14}$$

左辺は被説明変数の標本平均からの偏差平方和で，被説明変数の全変動といわれる．簡単な計算によってわかるように理論値 $\hat{y}$ の標本平均も $\bar{y}$ であるから，右辺第 2 項は理論値の全変動を示す．したがって，被説明変数の全変動は，理論値の全変動と残差平方和に分解される．つまり，被説明変数 y の変動が，回帰モデルで説明できる部分と説明できない部分に完全に分解できることを意味している．∎

定義 6.5 (決定係数)　　決定係数は，被説明変数 y の全変動に対する回帰モデルの寄与率を表す指標でつぎのように定義される．

---

[6]

$$\sum_{i=1}^{n}(y_i - \bar{y})^2 = \sum_{i=1}^{n}[(y_i - \hat{y}_i) + (\hat{y}_i - \bar{y})]^2 = \sum_{i=1}^{n}[\hat{u}_i + (\hat{y}_i - \bar{y})]^2$$
$$= \sum_{i=1}^{n}(\hat{y}_i - \bar{y})^2 + \sum_{i=1}^{n}\hat{u}_i^2 + 2\sum_{i=1}^{n}\hat{u}_i(\hat{y}_i - \bar{y})$$

最後の式の第 3 項は残差と理論値の標本共分散で，残差の性質 (6.12) と (6.13) を使ってゼロになることを示すことができる．

$$\sum_{i=1}^{n}\hat{u}_i(\hat{y}_i - \bar{y}) = \sum_{i=1}^{n}\hat{u}_i(\hat{\alpha} + \hat{\beta}x_i - \hat{\alpha} - \hat{\beta}\bar{x}) = \hat{\beta}\left(\sum_{i=1}^{n}\hat{u}_ix_i - \bar{x}\sum_{i=1}^{n}\hat{u}_i\right) = 0$$

$$r^2 \equiv \frac{\sum_{i=1}^n (\hat{y}_i - \bar{y})^2}{\sum_{i=1}^n (y_i - \bar{y})^2} \tag{6.15}$$

$$= 1 - \frac{\sum_{i=1}^n \hat{u}_i^2}{\sum_{i=1}^n (y_i - \bar{y})^2} \tag{6.16}$$

定義からわかるように $0 \leq r^2 \leq 1$ である.回帰モデルが被説明変数の変動を完全に説明できるとき,つまりサンプルの観察値のすべてが標本回帰直線上にあるとき $r^2 = 1$ になる.反対に,まったく説明できない,つまり変数 x は y の変動と無関係で,標本回帰直線が $\bar{y}$ の高さで x 軸に平行な直線になるとき $r^2 = 0$ になる.

分子の $\hat{y}_i$ に $\hat{\alpha} + \hat{\beta} x_i$, $\bar{y}$ に $\hat{\alpha} + \hat{\beta}\bar{x}$ を代入すれば,

$$r^2 = \hat{\beta}^2 \frac{\sum_{i=1}^n (x_i - \bar{x})^2}{\sum_{i=1}^n (y_i - \bar{y})^2} \tag{6.17}$$

となり,$\hat{\beta}$ に (6.9) 式を代入すれば,決定係数は変数 x と y の標本相関係数 (定義 5.15) の 2 乗であることもわかる.

例 6.2 (決定係数の計算) 例 6.1 のデータで回帰モデルによって説明される部分 $\sum_{i=1}^{10} (\hat{y}_i - \bar{y})^2$ を (6.14) によって計算すれば,

$$\sum_{i=1}^{10} (\hat{y}_i - \bar{y})^2 = \sum_{i=1}^{10} (y_i - \bar{y})^2 - \sum_{i=1}^{10} \hat{u}_i^2$$
$$= 0.24941 - 0.0632 = 0.18621$$

となる.決定係数をうえで紹介した 3 つの計算式 (6.15), (6.16), (6.17) によって計算するとつぎのようになる.

$$r^2 = \frac{\sum_{i=1}^{10} (\hat{y}_i - \bar{y})^2}{\sum_{i=1}^{10} (y_i - \bar{y})^2} = \frac{0.18621}{0.24941} \approx 0.747$$

$$r^2 = 1 - \frac{\sum_{i=1}^{10} \hat{u}_i^2}{\sum_{i=1}^{10} (y_i - \bar{y})^2} = 1 - \frac{0.0632}{0.24941} \approx 0.747$$

$$r^2 = \hat{\beta}^2 \frac{\sum_{i=1}^{10} (x_i - \bar{x})^2}{\sum_{i=1}^{10} (y_i - \bar{y})^2} = (-0.0252)^2 \times \frac{293.549}{0.24941} \approx 0.747$$

6.3 標本回帰直線の当てはまりとモデル選択

結果から,家計総消費支出額はエンゲル係数の変動をおよそ75%説明することができ,モデルによって説明できない部分が25%ほどあることがわかった.

また x と y の標本相関係数 (定義5.15) は

$$r = -\sqrt{0.747} \approx -0.864$$

となり,総支出額とエンゲル係数の間に負の相関があることを示している. □

例 6.3 (モデル選択: 施肥量と穀物収穫量の関係)　表6.3は,施肥量 x[kg] と穀物の収穫量 y[kg] を関係を記録した仮想的なデータである.

表 6.3　施肥量と収穫量

x:	1	2	3	4	5	6	7	8	9	10
y:	9.99	10.15	10.25	10.33	10.34	10.37	10.38	10.39	10.45	10.49

このデータにつぎの2種類のモデルを当てはてみる (ln は自然対数を示す).

$$\text{モデル1} \quad y = \alpha + \beta x + u \tag{6.18}$$

$$\text{モデル2} \quad \ln y = \alpha + \beta \ln x + u \tag{6.19}$$

モデル2では x と y の関係が非線形だ.線形回帰モデルにおける線形という用語は,モデルが**回帰係数**に関して**線形**な式であることを要請している.回帰モデルの数学的構造としては未知の回帰係数について解くことが問題であり,回帰係数に関する方程式が (6.7) と (6.8) の正規方程式のように回帰係数に関する線形方程式になっていることが要請される.したがって,説明変数 x と被説明変数 y については,線形回帰モデルにそれらの非線形項があっても,正規方程式が回帰係数に関して線形であることに影響しないのだ.モデル2で被説明変数と説明変数の対数値を改めて y, x とおけば,その構造はモデル1と全く同じである.

上のデータを使ってモデル1とモデル2の回帰係数と決定係数を最小2乗法で求めた結果が表6.4だ.図6.4は,2つのモデルの標本回帰直線と回帰残差を示している.モデル2の理論値は $\hat{y} = e^{\hat{\alpha}} x^{\hat{\beta}}$ で計算した[7].

---

[7] $y = ax^\beta v$ の両辺対数をとると $\ln y = \ln a + \beta \ln x + \ln v$ となる.モデル2は,$\alpha = \ln a$,

表 6.4　回帰係数と決定係数

	$\hat{\alpha}$	$\hat{\beta}$	r^2
モデル 1	10.065	0.0046	0.849
モデル 2	2.304	0.0196	0.976

　モデル 1 とモデル 2 の決定係数を比べれば，モデル 1 が 0.85，モデル 2 が 0.98 であるからモデル 2 の方がデータへよくフィットしていることがわかる．図 6.4 を見ても，モデル 2 の曲線は，モデル 1 の直線に比べて観察値の近くを通っており，残差も小さい．以上の結果から，分析者はモデル 2 を選択することになるだろう．

　モデルを選択するときには，決定係数という統計的指標だけにたよるのでなく，方程式の含意も考慮したほうがよい．モデル 1 は，肥料の限界生産性 dy/dx は，施肥量と無関係に β で一定であり，推定結果によれば施肥量を 1kg 増やせば収穫量が 0.0046kg 増える．一方，モデル 2 のような対数線形式の傾き β は弾力性を示し[8]，施肥量の 1% の増加は収穫量を 1.96% 増加させる．一方，肥料の限界生産性は，$e^{\hat{\alpha}}\hat{\beta}x^{\hat{\beta}-1} = 0.196x^{-0.9804}$ で，施肥量が増加する

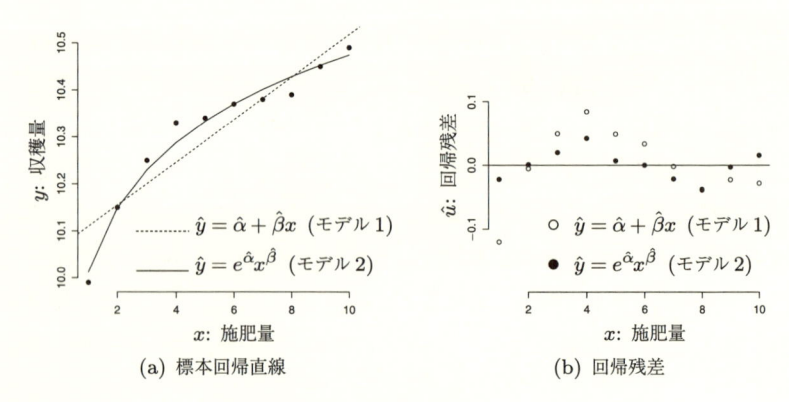

(a) 標本回帰直線　　　　　　(b) 回帰残差

図 6.4　施肥量と穀物収穫量：モデル選択

$u = \ln v$ とおいたものに等しい．

8　$\beta = d\ln y / d\ln x = (dy/y)/(dx/x)$ となり，x の増加率に対する y の増加率を測る指標になる．

のに対応して収穫量の増分は逓減する。最初の 1kg の施肥量から追加的に 1kg の肥料を投入するときには収穫量が 0.196kg 増えるが，施肥量が 10kg のときには追加的な 1kg の肥料の投入は収穫量を 0.021kg しか増やさない。□

6.4 最小 2 乗推定量の標本分布

誤差項 u は確率変数である。結果として，$y = \alpha + \beta x + u$ で計算される被説明変数 y も確率変数になり，(6.9) で計算される回帰係数 α, β の最小 2 乗推定量 $\hat{\alpha}$, $\hat{\beta}$ も確率変数になる。したがって，$\hat{\alpha}$, $\hat{\beta}$ の標本分布は，確率変数 u の性質に依存する。

6.4.1 最小 2 乗推定量の不偏性

回帰係数 α, β の最小 2 乗推定量 $\hat{\alpha}$, $\hat{\beta}$ が不偏推定量であるためにはつぎの仮定 1〜3 が必要だ。

仮定 1 回帰モデルは，パラメターに関して線形である。

$$y = \alpha + \beta x + u \tag{6.20}$$

仮定 2 説明変数 x_i, $i = 1, 2, \ldots, n$ は，異なる値をとる。

仮定 3 説明変数 x の状態が与えられたときの誤差項 u の平均はゼロである。

$$\mathbb{E}[u \mid x] = 0 \tag{6.21}$$

仮定 1 については，例 6.3 で示したように変数 x と y に関して累乗，対数，指数などの非線形変換を除外するものではないので，それほどきつい制約にはならない。例 6.3 で用いた経済学で使われることの多い $y = \alpha x^\beta$ という指数関数も，両辺の対数をとることによって $\ln y = \ln \alpha + \beta \ln x$ と α と β に関しては線形な関数に変換することができる。

仮定 2 については，手元にあるサンプルが 1 点に集中している状態を考えてみよう。例 6.1 や 6.3 の散布図からは，回帰方程式の切片と傾きを彷彿させることができるはずだ。しかし，一点に集中したデータからは，切片や傾きがとり得る値の可能性を無限に想定することができる。解析的にいうならば，説明変数 x の変動を示す偏差平方和 $\sum_{i=1}^{n}(x_i - \bar{x})^2$ が無限にゼロに近く，結果と

して (6.9) の $\hat{\beta}$ が発散してしてしまい，$\hat{\alpha}$ も決定することができないという状況である．このような場合，回帰モデルは**識別不可能** (not identifiable) であるという．これが仮定2を必要とする理由だ．

仮定3のもとで，(6.20) について x が与えられたときの条件付き期待値をとると

$$\mathbb{E}[y|x] = \alpha + \beta x \tag{6.22}$$

を得る．これは，説明変数 x の状態が与えられたときの被説明変数 y の平均が直線 $\alpha + \beta x$ によって与えられることを意味している．

この意味を確かめるために図6.5を見てみよう．図6.5は，例6.1のエンゲル係数の発生メカニズムを示している．家計の総消費支出額を一定の値に固定しても，u で表されるそのほかの要因がさまざまな状態をとるのでエンゲル係数 $y \mid x$ の値は散らばる．つまり，ある家計総支出額 x に対応するエンゲル係数の観察値は，条件付き密度関数 $f_{y|x}(y \mid x)$ で表される $y \mid x$ の母集団から無作為に抽出されたサンプルだと考えるわけだ．その母集団平均が $\mathbb{E}[y \mid x]$ で，図6.5では●で表示され，それらを結ぶ軌跡が直線 $\alpha + \beta x$ なのだ．その意味で，(6.22) 式の $\mathbb{E}[y \mid x] = \alpha + \beta x$ を**母集団回帰式** (population regression equation) とよぶ．もちろん，母集団回帰式を直接に観察することはできないわけで，(6.20) に従って無作為に抽出されたサンプルに最小2乗法を適用することよって標本回帰式を求めるのだ．

定理5.14で学習したように一般に $\mathbb{E}[u|x]$ は x の関数である．しかし仮定3は，説明変数 x がどのような値をとろうとも，誤差項の条件付き期待値がゼロであると仮定している．これは，u の期待値そのものがゼロであり，かつ説明変数 x と誤差項 u は無相関であるといっているに等しい．

$$\mathbb{E}[u] = 0 \tag{6.23}$$

$$\mathrm{Cov}[u,x] = 0 \tag{6.24}$$

誤差項 u は，直接観察することのできない x 以外の要因であった．その平均がゼロであるというのは，きつい条件のように感じるかもしれないが，線形回帰モデルでは $\mathbb{E}[u] = 0$ になるように切片項 α を再定義できることを確認されたい．

6.4 最小2乗推定量の標本分布

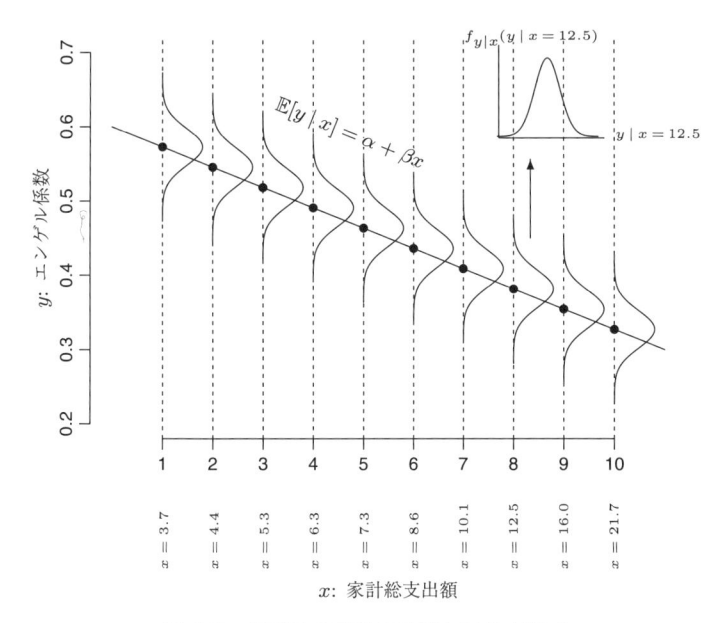

図 6.5 母平均の変動の軌跡と回帰方程式

仮定 3 が成り立たないときには，$\text{Cov}[x, u] = 0$ も成り立たない可能性がある。図 6.5 で，$\text{Cov}[x, u] > 0$，すなわち x の値が小さいときには誤差項 u が負になりがちで，x の値が大きいときには u が正になる傾向があるとしてみよう。このとき，母集団 $f_{y|x}(y \mid x)$ から抽出されるサンプルも，x が小さいときには母集団回帰直線 $\mathbb{E}[y \mid x] = \alpha + \beta x$ より下側に，x が大きいときには母集団回帰直線より上側に観察されるはずだ。そのようなサンプルに最小2乗法で直線を当てはめれば，求められた直線の傾きは過大評価され，切片は過小評価される可能性が高い。すなわち，最小2乗推定量 $\hat{\alpha}$ と $\hat{\beta}$ にバイアスが生じる可能性が高いのだ[9]。

---

[9] 仮定 3 が成り立たない原因として，(1) 説明変数 x が被説明変数 y によって説明される (同時性)，(2) 変数 x または y に測定誤差 (measurement error) がある，(3) y を説明する系統的因子が見落とされていて，誤差項 u に含まれてしまっている (変数の見落とし)，などが考えられる

以上見たように，仮定 3 はサンプルが条件付き分布 $f_{y|x}(y \mid x)$ の縮図になるように抽出された無作為標本 (定義 2.5)[10]であると仮定することと同じである。サイズ n のサンプル $\{(x_1, y_1), (x_2, y_2), \ldots, (x_n, y_n)\}$ は，母集団において

$$y_i = \alpha + \beta x_i + u_i, \quad i = 1, 2, \ldots, n \tag{6.25}$$

を満たし，すべての i について

$$\mathbb{E}[u_i \mid x_i] = 0 \tag{6.26}$$

が成り立つ。一般的な条件は $\mathbb{E}[u_i \mid x] = \mathbb{E}[u_i \mid x_1, x_2, \ldots, x_n] = 0$ であるが，以下の展開では $i \neq j$ では u_i と x_j は統計的に独立であることを前提としている。(6.26) は，次のことを意味している。

$$\mathbb{E}[u_i] = 0, \quad \mathrm{Cov}[x_i, u_i] = 0, \quad i = 1, 2, \ldots, n \tag{6.27}$$

第 2 章で学習した繰り返しの実験のように，被説明変数 y を観察する前に説明変数 x を固定することができて，同じ x のもとで何度も繰り返し y の標本抽出を行うという想定で回帰モデルの説明をする場合もある。この場合，説明変数 x を非確率的な**指定変数** (fixed variable) と呼ぶ。指定変数の仮定は，例 6.3 の農場実験のように統御された実験ができることを想定している。しかし実際に，調査統計などの観察データを使う場合には，家計や企業などの個体を無作為に抽出することができても，x と y は同時に観察されることがほとんどである。また，指定変数の仮定は，ある時点 t の被説明変数 y_t の 1 期前の値 y_{t-1} が説明変数となる時系列分析には適用できない。説明変数 x が指定変数であるという仮定を取り除き，説明変数もまた確率変数であるとしても，x が与えられたもとでの条件付き分布で考察し，説明変数 x と誤差項 u が無相関であるならば，回帰モデルの性質は何ら失われない。

---

[10] サンプルが無作為に抽出されなかった場合には，$\mathrm{Cov}[x, u] = 0$ が成立たない可能性がある。これを**標本選択バイアス** (サンプル・セレクション・バイアス, sample selection bias)(例 2.14) とよび，選択バイアスによって回帰係数 α, β の不偏性や一致性が失われることが知られている。標本選択バイアスについて詳しく知りたい読者は，以下の展望論文が参考になる。J. Heckman (1990) "Varieties of Selection Bias," *American Economic Review*, 80, pp. 313-318.

6.4 最小2乗推定量の標本分布

定理 6.6　仮定1〜3を満たすとき，最小2乗推定量 $\hat{\alpha}$, $\hat{\beta}$ は回帰係数 α, β の不偏推定量 (定義3.3) である。

$$\mathbb{E}[\hat{\alpha}] = \alpha, \quad \mathbb{E}[\hat{\beta}] = \beta \tag{6.28}$$

■

まず，$\hat{\alpha}$, $\hat{\beta}$ は，確率変数 y あるいは u の1次式で表すことができることを示しておこう (導出の詳細は補論参照)。

定理 6.7 (最小2乗推定量の線形性)　$\hat{\alpha}$ と $\hat{\beta}$ は線形推定量 (linear estimator) である。

$$\hat{\alpha} = \sum_{i=1}^{n} d_i y_i = \alpha + \sum_{i=1}^{n} d_i u_i \tag{6.29}$$

$$\hat{\beta} = \sum_{i=1}^{n} c_i y_i = \beta + \sum_{i=1}^{n} c_i u_i \tag{6.30}$$

ここで，ウエイト c_i, d_i はつぎのように定義される。

$$c_i \equiv \frac{x_i - \bar{x}}{\sum_{i=1}^{n}(x_i - \bar{x})^2}, \quad d_i \equiv \frac{1}{n} - c_i \bar{x}, \quad , i = 1, 2, \ldots, n \tag{6.31}$$

$\hat{\alpha}$ と $\hat{\beta}$ の説明変数 x が与えられたときの条件付き期待値をとれば，

$$\begin{aligned} \mathbb{E}[\hat{\alpha} \mid x] &= \alpha + \sum_{i=1}^{n} d_i \mathbb{E}[u_i \mid x_i] \\ \mathbb{E}[\hat{\beta} \mid x] &= \beta + \sum_{i=1}^{n} c_i \mathbb{E}[u_i \mid x_i] \end{aligned} \tag{6.32}$$

となる。仮定3より $\mathbb{E}[u_i \mid x_i] = 0$ であるから，

$$\mathbb{E}[\hat{\alpha} \mid x] = \alpha, \quad \mathbb{E}[\hat{\beta} \mid x] = \beta \tag{6.33}$$

となり，x の条件付き期待値は，x の状態にかかわらず回帰係数 α または β に等しい。したがって，最小2乗推定量 $\hat{\alpha}$, $\hat{\beta}$ が不偏推定量，すなわち，$\mathbb{E}[\hat{\alpha}] = \alpha$, $\mathbb{E}[\hat{\beta}] = \beta$ であることが示された。■

6.4.2 最小2乗推定量の分散

最小2乗推定量が有効な推定量 (定義 3.4) であるためには，つぎの仮定 4 と 5 が必要だ．仮定 4 と 5 は不偏性とは無関係で，これらが成り立たない場合にも最小2乗推定量の不偏性は保たれる．

仮定 4 均一分散 (homoskedasticity) の仮定．誤差項 u は，説明変数 x の状態にかかわらず同じ分散をもつ．

$$\mathrm{Var}[u \mid x] = \sigma^2 \tag{6.34}$$

仮定 5 系列相関 (serial correlation) なしの仮定．異なる2つの個体あるいは異なる2時点の誤差項は無相関である．

$$\mathrm{Cov}[u_i, u_j \mid x] = 0, \quad i \neq j = 1, 2, \ldots, n \tag{6.35}$$

誤差項 u に関する仮定 4 と仮定 5 は，被説明変数 y に関するつぎの仮定と同じである．

仮定 4′ 均一分散 (homoskedasticity) の仮定．

$$\mathrm{Var}[y \mid x] = \sigma^2 \tag{6.36}$$

仮定 5′ 系列相関 (serial correlation) なしの仮定．

$$\mathrm{Cov}[y_i, y_j \mid x] = 0, \quad i \neq j = 1, 2, \ldots, n \tag{6.37}$$

均一分散の仮定 4(4') は，説明変数 x の状態にかかわらず，誤差項 u あるいは被説明変数 y の分散は同じであることを意味している．逆に，説明変数 x の状態に依存して分散が変化する場合を**不均一分散** (heteroskedasticity) という．

クロスセクション・データ[11]を用いるときには，均一分散の仮定が成り立たない場合も多い．家計消費の例でも，所得が低い家計では所得のほとんどが食

---

[11] 時間を特定の期間に固定して，個人，家計，企業などの個体に関する行動の結果や属性を調査したデータを**クロス・セクション・データ** (cross section data) あるいは**横断面データ**という．また，同一対象を時間軸に沿って調査したデータを**時系列データ** (time series data) という．「家計調査」や「工業統計」などの多くのクロスセクション・データは標本調査で，調査ごとにサンプルが異なるのが通常である．また，時系列データは，国民経済計算などに代表されるように集計値を対象にしたものが多い．複数時点のクロスセクション・データを合わせたものを**プール・データ** (pooled data) といい，多数の個体に関する複数時点にわたる追跡調査を**パネル・データ** (panel data) という．

料に費やされる結果として消費の分散が小さくなるのに対し，所得が高い家計ほど消費や貯蓄の多様性が増して，分散も大きくなることが考えられる．また，日本の「家計調査」のように所得階層ごとに1家計当たりの標本平均のデータしか利用できないときには，母集団において全所得階層の分散が同じであったとしても，標本平均の分散はそれぞれ所得階層に関するサンプル・サイズに反比例するから仮定4(4')が成立しない．

誤差項 u の平均はゼロであるから，

$$\text{Var}[u \mid x] = \mathbb{E}\left[(u - \mathbb{E}[u \mid x])^2 \mid x\right] = \mathbb{E}[u^2 \mid x] = \sigma^2 \tag{6.38}$$

および $\mathbb{E}[u_i^2 \mid x_i] = \sigma^2$ が成り立つ．

一方，系列相関がないとする仮定5(5')は，異なる2つのデータが無相関であることを意味し，特に時系列データでは成り立ちにくい．時々刻々の株価や為替の変動がまったくランダムということはめずらしく，現在のデータは過去の意思決定に関する情報を反映していることが多い(例2.4)．

このように不均一分散と系列相関なしという条件は，仮定するというよりは検定の対象になるべきものだ[12]．しかしこれらの仮定は，最小2乗推定量が有効な推定量であるために必要なもので，これらの仮定によって以下に説明する最小2乗推定量の分散の計算も著しく簡単になる．

定理 6.8 仮定4と5が成り立つとき，最小2乗推定量 $\hat{\alpha}$, $\hat{\beta}$ の分散および共分散はつぎのように与えられる(導出の詳細は補論参照)．

$$\text{Var}[\hat{\alpha} \mid x] = \frac{\sum_{i=1}^n x_i^2}{n} \frac{\sigma^2}{\sum_{i=1}^n (x_i - \bar{x})^2} \tag{6.39}$$

$$\text{Var}[\hat{\beta} \mid x] = \frac{\sigma^2}{\sum_{i=1}^n (x_i - \bar{x})^2} \tag{6.40}$$

$$\text{Cov}[\hat{\alpha}, \hat{\beta} \mid x] = -\bar{x} \frac{\sigma^2}{\sum_{i=1}^n (x_i - \bar{x})^2} \tag{6.41}$$

---

[12] 計量経済学では，不均一分散の検定にBP検定(Breusch-Pagan test)，系列相関の有無の検定にDW検定(Durbin-Watson test)などを用いる．詳しくは，蓑谷千凰彦(2007)『計量経済学大全』東洋経済新報社などを参照されたい．

分散は推定量の精度にほかならないが，(6.39), (6.40) の算式からつぎのことがわかる．

1. 誤差項の分散 σ^2 は分子に現れるので，σ^2 が小さいほど推定量 $\hat{\alpha}$, $\hat{\beta}$ の分散と共分散が小さくなる．
2. サンプル・サイズ n が大きいほど $\sum_{i=1}^{n}(x_i - \bar{x})^2$ の値が大きくなり分母の値が大きくなるから，推定量 $\hat{\alpha}$, $\hat{\beta}$ の分散が小さくなる．
3. 説明変数 x が散らばるほど $\sum_{i=1}^{n}(x_i - \bar{x})^2$ 大きくなるから，推定量 $\hat{\alpha}$, $\hat{\beta}$ の分散が小さくなる．説明変数を広い範囲で観察することが，推定の精度を高くするのに寄与する．■

仮定 1〜5 は，**ガウス・マルコフの仮定**とよばれることがある．それは，これらの仮定の下でつぎに示す重要な定理が成り立つからだ．

定理 6.9 (ガウス・マルコフ，**Gauss-Markov**)　仮定 1〜5 が成り立つとき，最小 2 乗推定量は**最良線形不偏推定量** (Best Linear Unbiased Estimator, BLUE) である (証明は補論参照)．■

分散，共分散の推定量 (6.39), (6.40), (6.41) は，母集団パラメター σ^2 を含んでいるので，それらをサンプルから計算することができない．そこで，誤差分散 σ^2 の推定量に残差平方和を $n-2$ で割ったものをもちいる．

定義 6.10 (誤差分散の推定量)

$$\hat{\sigma}^2 = \frac{\sum_{i=1}^{n} \hat{u}_i^2}{n-2} \tag{6.42}$$

ここで残差平方和を n で割るのではなく $n-2$ で割るのは，(6.12) および (6.13) で示したように，最小 2 乗残差 $\hat{u}$ は，

$$\sum_{i=1}^{n} \hat{u}_i = 0, \quad \sum_{i=1}^{n} \hat{u}_i x_i = 0$$

という 2 つの性質を満たさなければならないので，n 個の残差のうち自由に決めることができるのは $n-2$ 個に限られるからだ．また，2 は推定すべき回帰

6.4 最小2乗推定量の標本分布

係数の数でもある。さらに n でなく $n-2$ で割ることで $\hat{\sigma}^2$ が σ^2 の不偏推定量であることも示すことができる (証明は補論参照)。

定理 6.11 (6.42) で定義される誤差分散の推定量 $\hat{\sigma}^2$ は，不偏推定量である。

$$\mathbb{E}[\hat{\sigma}^2] = \sigma^2 \tag{6.43}$$

$$\hat{\sigma} = \sqrt{\hat{\sigma}^2} \tag{6.44}$$

$\hat{\sigma}$ は，回帰の標準誤差 (standard error of the regression) とよばれる。■

誤差分散の不偏推定量 $\hat{\sigma}^2$ を用いて，最小2乗推定量 $\hat{\alpha}$，$\hat{\beta}$ の分散，共分散の不偏推定量をつぎのように計算すればよい。

$$\widehat{\mathrm{Var}}[\hat{\alpha} \mid x] = \frac{\sum_{i=1}^{n} x_i^2}{n} \frac{\hat{\sigma}^2}{\sum_{i=1}^{n}(x_i - \bar{x})^2} \tag{6.45}$$

$$\widehat{\mathrm{Var}}[\hat{\beta} \mid x] = \frac{\hat{\sigma}^2}{\sum_{i=1}^{n}(x_i - \bar{x})^2} \tag{6.46}$$

$$\widehat{\mathrm{Cov}}[\hat{\alpha}, \hat{\beta} \mid x] = -\bar{x}\frac{\hat{\sigma}^2}{\sum_{i=1}^{n}(x_i - \bar{x})^2} \tag{6.47}$$

例 6.4 ($\hat{\alpha}$，$\hat{\beta}$ の分散，共分散の不偏推定量の計算) 例 6.1 の家計総消費支出額とエンゲル係数の回帰モデルの回帰係数は，$\hat{\alpha} = 0.758668$，$\hat{\beta} = -0.0252$ であった。ここでは，$\hat{\sigma}^2$，$\widehat{\mathrm{Var}}[\hat{\alpha} \mid x]$，$\widehat{\mathrm{Var}}[\hat{\beta} \mid x]$，$\widehat{\mathrm{Cov}}[\hat{\alpha}, \hat{\beta} \mid x]$ を計算してみよう。

最初に，誤差の分散の不偏推定量の値は，

$$\hat{\sigma}^2 = \frac{\sum_{i=1}^{10} \hat{u}_i^2}{10 - 2} = \frac{0.0632}{8} = 0.079$$

となる。

$$\sum_{i=1}^{n}(x_i - \bar{x})^2 = \sum_{i=1}^{n} x_i^2 - n\bar{x}^2$$

より，説明変数 x の平方和は，

$$\sum_{i=1}^{10} x_i^2 = 293.549 + 10 \times (9.59)^2 = 1213.23$$

である。したがって，$\hat{\alpha}, \hat{\beta}$ の条件付き分散，共分散の推定値をつぎのように計算できる．

$$\widehat{\mathrm{Var}}[\hat{\alpha} \mid x] = \frac{\sum_{i=1}^{10} x_i^2}{10} \frac{\hat{\sigma}^2}{\sum_{i=1}^{10}(x_i - \bar{x})^2}$$

$$= \frac{1213.23}{10} \times \frac{0.079}{293.549} \approx 0.03265$$

$$\widehat{\mathrm{Var}}[\hat{\beta} \mid x] = \frac{\hat{\sigma}^2}{\sum_{i=1}^{10}(x_i - \bar{x})^2} = \frac{0.079}{293.549} \approx 0.00027$$

$$\widehat{\mathrm{Cov}}[\hat{\alpha}, \hat{\beta} \mid x] = -\bar{x} \frac{\hat{\sigma}^2}{\sum_{i=1}^{10}(x_i - \bar{x})^2} = (-9.59) \times \frac{0.079}{293.549} = -0.00258$$

$\hat{\alpha}, \hat{\beta}$ の標準偏差の推定値は，

$$\sqrt{\widehat{\mathrm{Var}}[\hat{\alpha} \mid x]} \approx 0.07575, \quad \sqrt{\widehat{\mathrm{Var}}[\hat{\beta} \mid x]} \approx 0.01640$$

となる．□

6.5 回帰モデルにおける統計的推測

これまで誤差項 u の説明変数が与えられたときの条件付分布について，平均がゼロ，分散が σ^2 であることを仮定したのみで，その分布の形を特定化していなかった．回帰係数の区間推定や仮説検定を行うために，誤差項 u の条件付き分布が正規分布することを仮定する．

仮定 6　誤差項 $u_1, u_2, \ldots, u_n$ の説明変数 x が与えられたときの条件付き分布は，相互に独立に同一の平均ゼロ，分散 σ^2 の正規分布に従う．

$$u_i \mid x_i \sim \mathrm{N}(0, \sigma^2) \tag{6.48}$$

仮定 6′　仮定 6 は，被説明変数 $y_1, y_2, \ldots, y_n$ の説明変数 x が与えられたときの条件付き分布が

$$y_i \mid x_i \sim \mathrm{N}(\alpha + \beta x_i, \sigma^2) \tag{6.49}$$

となることを仮定しているのと同じだ．

仮定 6 のもとでつぎの命題が成り立つ．

6.5 回帰モデルにおける統計的推測

定理 6.12 (最小 2 乗推定量の標本分布)

1. $\hat{\alpha}$ の周辺分布は，平均 α，分散 $\mathrm{Var}[\hat{\alpha}|x]$ の正規分布である。
   $\hat{\alpha}|x \sim \mathrm{N}(\alpha, \mathrm{Var}[\hat{\alpha}|x])$
2. $\hat{\beta}$ の周辺分布は，平均 β，分散 $\mathrm{Var}[\hat{\beta}|x]$ の正規分布である。
   $\hat{\beta}|x \sim \mathrm{N}(\beta, \mathrm{Var}[\hat{\beta}|x])$
3. $\sum_{i=1}^{n} \hat{u}_i^2 / \sigma^2$ は，自由度 $n-2$ のカイ 2 乗分布に従う。
4. $\hat{\alpha}$ と $\sum_{i=1}^{n} \hat{u}_i^2$ は統計的に独立である。$\hat{\beta}$ と $\sum_{i=1}^{n} \hat{u}_i^2$ も統計的に独立である。∎

以上より，最小 2 乗推定量 $\hat{\alpha}$, $\hat{\beta}$ についてつぎが成り立つ。

定理 6.13

$$T_{\hat{\alpha}} = \frac{\hat{\alpha} - \alpha}{\sqrt{\widehat{\mathrm{Var}}[\hat{\alpha} \mid x]}}, \quad T_{\hat{\beta}} = \frac{\hat{\beta} - \beta}{\sqrt{\widehat{\mathrm{Var}}[\hat{\beta} \mid x]}} \tag{6.50}$$

は，自由度 $n-2$ のスチューデントの t 分布に従う[13]。∎

---

[13] $T_{\hat{\beta}}$ について証明しておこう。

$$Z = \frac{\hat{\beta} - \beta}{\sqrt{\mathrm{Var}[\hat{\beta} \mid x]}} \sim \mathrm{N}(0,1), \quad W = \frac{\sum_{i=1}^{n} \hat{u}_i^2}{\sigma^2} \sim \chi_{n-2}^2$$

とおけば，定理 6.12 より Z と W は統計的に独立である。したがって，定理 2.21 より，

$$T_{\hat{\beta}} = \frac{Z}{\sqrt{W/(n-2)}}$$

は，自由度 $n-2$ のスチューデントの t 分布に従う。

$$Z = \frac{\hat{\beta} - \beta}{\sigma \sqrt{\frac{1}{\sum_{i=1}^{n}(x_i - \bar{x})}}}, \quad \sqrt{\frac{W}{n-2}} = \frac{\hat{\sigma}}{\sigma}$$

であるから，

$$T_{\hat{\beta}} = \frac{\hat{\beta} - \beta}{\sqrt{\frac{\hat{\sigma}^2}{\sum_{i=1}^{n}(x_i - \bar{x})^2}}}$$

を得る。$T_{\hat{\alpha}}$ について同様に確かめることができる。

6.5.1 回帰係数の区間推定

定理 6.13 を利用すれば，$t_{a,n-2}$ を自由度 $n-2$ のスチューデントの t 分布の両側 $a \times 100\%$ 水準の値とすると，

$$\mathbb{P}\left(-t_{a,n-2} < T_{\hat{\beta}} < t_{a,n-2}\right) = 1 - a \tag{6.51}$$

が成り立つから，

$$\mathbb{P}\left(\hat{\beta} - t_{a,n-2}\sqrt{\widehat{\mathrm{Var}}[\hat{\beta} \mid x]} < \beta < \hat{\beta} + t_{a,n-2}\sqrt{\widehat{\mathrm{Var}}[\hat{\beta} \mid x]}\right) = 1 - a \tag{6.52}$$

となる。したがって，回帰係数 β の区間推定のための $(1-a) \times 100\%$ の信頼区間 (定義 3.5) をつぎのように設定することができる。

$$\left[\hat{\beta} - t_{a,n-2}\sqrt{\widehat{\mathrm{Var}}[\hat{\beta} \mid x]}, \hat{\beta} + t_{a,n-2}\sqrt{\widehat{\mathrm{Var}}[\hat{\beta} \mid x]}\right] \tag{6.53}$$

同様に回帰係数 α の区間推定のための $(1-a) \times 100\%$ の信頼区間はつぎのようになる。

$$\left[\hat{\alpha} - t_{a,n-2}\sqrt{\widehat{\mathrm{Var}}[\hat{\alpha} \mid x]}, \hat{\alpha} + t_{a,n-2}\sqrt{\widehat{\mathrm{Var}}[\hat{\alpha} \mid x]}\right] \tag{6.54}$$

例 6.5 ($\hat{\alpha}$, $\hat{\beta}$ の 95%信頼区間の設定)　例 6.1 の家計総消費支出額とエンゲル係数の回帰モデルで $\hat{\alpha}$ と $\hat{\beta}$ の 95%の信頼区間を設定してみよう。

例 6.1 より

$$\hat{\alpha} = 0.758668, \quad \hat{\beta} = -0.0252,$$

例 6.4 より

$$\sqrt{\widehat{\mathrm{Var}}[\hat{\alpha} \mid x]} \approx 0.07575, \quad \sqrt{\widehat{\mathrm{Var}}[\hat{\beta} \mid x]} \approx 0.01640$$

である。また，$t_{0.05,8} = 2.306$ であるから，$\hat{\alpha}$ の 95%信頼区間は，

$$0.758668 \pm 2.306 \times 0.07575 = [0.583989, 0.9333485]$$

となる。$\hat{\beta}$ の 95%の信頼区間は，

$$-0.0252 \pm 2.306 \times 0.01640 = [-0.0630, 0.0126]$$

と求めることができる。$\hat{\beta} = -0.0252$ に対して，その標準偏差が 0.0164 と相対的に大きく，$\beta > 0$ である可能性も示唆している。□

6.5.2　回帰係数の仮説検定

回帰分析では，説明変数 x によって被説明変数 y の変動を説明することができるかどうかが問題である。したがって，$H_0 : \beta = 0$ の検定が重要だ。$\beta = 0$ を棄却できないときには，説明変数 x が y を説明する系統的因子である証拠は乏しいといわざるを得ないからである。

つぎの仮説を有意水準 $a \times 100\%$ で検定しよう。

$$\begin{aligned} H_0 &: \beta = 0 \quad \text{(帰無仮説)} \\ H_1 &: \beta \neq 0 \quad \text{(対立仮説)} \end{aligned} \tag{6.55}$$

帰無仮説 H_0 が真であるとき，すなわち $\beta = 0$ のとき，検定統計量 $T_{\hat{\beta}}$ をつぎ算式で計算できる。

$$T_{\hat{\beta}} = \frac{\hat{\beta} - \beta}{\sqrt{\widehat{\text{Var}}[\hat{\beta} \mid x]}} = \frac{\hat{\beta}}{\sqrt{\widehat{\text{Var}}[\hat{\beta} \mid x]}} \tag{6.56}$$

$t_{a,n-2}$ を自由度 $n-2$ のステューデントの t 分布の両側 $a \times 100\%$ 水準の値とすれば，

$$\mathbb{P}\left(\left| \frac{\hat{\beta}}{\sqrt{\widehat{\text{Var}}[\hat{\beta} \mid x]}} \right| \geq t_{a,n-2} \right) = a \tag{6.57}$$

であり，$T_{\hat{\beta}}$ の絶対値が $t_{a,n-2}$ より大きければ，帰無仮説が真である確率は $a \times 100\%$ 以下になる。たとえば，$\alpha = 0.05$ とすれば，帰無仮説が成り立つ確率は 5% 以下でしかない。よって，帰無仮説 H_0 の棄却域を

$$T_{\hat{\beta}} \leq -t_{a,n-2} \quad \text{あるいは} \quad T_{\hat{\beta}} \geq t_{a,n-2} \tag{6.58}$$

と設定する。したがって，(6.58) を満たすとき帰無仮説 H_0 を棄却する。

例 6.6 ($\hat{\beta}$ の仮説検定)　例 6.1 の家計総消費支出額とエンゲル係数の回帰モデルについて，帰無仮説 $H_0 : \beta = 0$ を対立仮説 $H_1 : \beta \neq 0$ に対して有意水準 5% で定してみよう。例 6.1 より $\hat{\beta} = -0.0252$，例 6.4 より $\sqrt{\widehat{\text{Var}}[\hat{\beta} \mid x]} \approx$

0.01640 である。また，$t_{0.05,8} = 2.306$ であるから H_0 の棄却域は，

$$T_{\hat{\beta}} \leq -2.306 \quad \text{あるいは} \quad T_{\hat{\beta}} \geq 2.306 \tag{6.59}$$

で与えられる。$H_0 : \beta = 0$ が正しいときの検定統計量は，

$$t_{\hat{\beta}} = \frac{-0.0252}{0.01640} \approx -1.536595$$

となる。したがって，帰無仮説 H_0 を有意水準 5% で棄却することができない。例 6.1 のデータからは，家計総消費支出額がエンゲル係数を説明する系統的な要因であることを支持する強い証拠は得られなかった。□

練習問題

問1 日吉にあるアパートの面積あたり家賃 (月額円 $/m^2$) を被説明変数 y，日吉駅からアパートまで徒歩でかかる時間 [分] を説明変数 x とする単純線形回帰モデル $y = \alpha + \beta x + u$ を設定した。誤差項 u は，仮定 1〜6 を満たすものとする。インターネットで 15 件の家賃と駅からの時間を調べたところ，つぎの計算結果を得た。

$$\bar{y} = 2000, \ \bar{x} = 12.4,$$
$$\sum_{i=1}^{15}(y_i - \bar{y})^2 = 640000, \quad \sum_{i=1}^{15}(x_i - \bar{x})^2 = 800,$$
$$\sum_{i=1}^{15}(x_i - \bar{x})(y_i - \bar{y}) = -8000。$$

1. 回帰係数 α，β の推定値 $\hat{\alpha}$，$\hat{\beta}$ を最小 2 乗法によって計算せよ。
2. 決定係数 r^2 を計算せよ。
3. 誤差項 u の分散 σ^2 の不偏推定値 $\hat{\sigma}^2$ を計算せよ。残差平方和の計算には，決定係数の計算式 (6.16) を利用せよ。
4. $\sqrt{\widehat{\mathrm{Var}}[\hat{\beta} \mid x]}$ を求めよ。
5. 回帰係数 β に関する 95% の信頼区間を設定せよ。
6. 帰無仮説 $H_0 : \beta = 0$ を $H_1 : \beta \neq 0$ に対して有意水準 95% で検定せよ。

問2 (6.31) のウエイト c_i，d_i が，つぎの性質を満たすことを確認せよ。

6.5 回帰モデルにおける統計的推測

$$\sum_{i=1}^{n} c_i = 0, \quad \sum_{i=1}^{n} c_i x_i = 1, \quad \sum_{i=1}^{n} c_i^2 = \frac{1}{\sum_{i=1}^{n}(x_i - \bar{x})^2}$$

$$\sum_{i=1}^{n} d_i = 1, \quad \sum_{i=1}^{n} d_i x_i = 0, \quad \sum_{i=1}^{n} d_i^2 = \frac{1}{n} - \sum_{i=1}^{n} c_i^2 \bar{x}^2 \quad (6.60)$$

$$\sum_{i=1}^{n} c_i d_i = -\frac{\bar{x}}{\sum_{i=1}^{n}(x_i - \bar{x})^2}$$

問3 日本の国民経済計算の民間最終消費支出 (y: 2000 年不変価格表示兆円) と国内総生産 (x: 2000 年不変価格表示兆円) の 1980 年から 2009 年のデータ[14]に $y = \alpha + \beta x + u$ なる単純線形回帰モデルを当てはめてみた。さらに，期間を 1980 年から 1990 年と 1991 年から 2009 年の 2 つに分割してデータを分析したところ表 6.5 の結果を得た。

誤差項 u は仮定 1〜6 を満たし，その分散は全期間を通じて共通で σ^2 であるとする。全期間のデータを使ったモデル 0 の残差平方和を $SSRR$ とする。そして，モデル 1 の残差平方和とモデル 2 の残差平方和の合計を $SSRU$ とする。モデル 0 は，全期間を通じて回帰モデルに変化がないという仮説，

$$H_0 : \alpha_1 = \alpha_2 \text{ かつ } \beta_1 = \beta_2$$

表 6.5 民間最終消費支出 (y) と国内総生産 (x) の要約

	モデル 0	モデル 1	モデル 2
期間	1980 − 2009 年	1980 − 1990 年	1991 − 2009 年
モデル	$y = \alpha + \beta x$	$y = \alpha_1 + \beta_1 x$	$y = \alpha_2 + \beta_2 x$
n	30	11	19
$\bar{x}$	449.3	353.8	504.6
$\bar{y}$	253.7	201.0	284.2
$\sum_{i=1}^{n}(x_i - \bar{x})^2$	203673.2	28893.7	16348.1
$\sum_{i=1}^{n}(y_i - \bar{y})^2$	60600.5	7052.8	5256.2
$\sum_{i=1}^{n}(x_i - \bar{x})(y_i - \bar{y})$	110704.5	14256.1	8979.0

---

[14] 2000 年基準の 2009 年度確報より，統合勘定「国民総生産勘定 (暦年)」の民間最終消費支出と国内総生産を対応する主要系列表「デフレーター (連鎖方式)」によって 2000 年不変価格表示系列を作成した。データは内閣府経済社会総合研究所の Web サイト，http://http://www.esri.cao.go.jp/jp/sna/menu.html からダウンロードできる。

が成り立っていることを前提にしている。それに対して，モデル1とモデル2には回帰係数に関する制約がない。したがって仮説 H_0 が正しいときには，2つの残差平方和 $SSRR$ と $SSRU$ に差がないはずである。しかし，仮説 H_0 が成り立たない程度が大きくなればモデル0の残差 $SSRR$ は $SSRU$ に比して大きくなり，$SSRR - SSRU$ も大きくなる。これを利用してつぎの統計量を計算してみよう。

$$F = \frac{(SSRR - SSRU)/k}{SSRU/(n_1 + n_2 - 2k)} \qquad (6.61)$$

ここで，$k = 2$ は回帰モデルに含まれる回帰係数の数で，n_1 と n_2 はそれぞれモデル1とモデル2のサンプル・サイズである。統計量 F がゼロに近い値をとれば，それは仮説 H_0 と矛盾しない。一方で，F の値が大きくなるほど α または β のいずれかひとつは等しくないという証拠になる。統計量 F は，自由度 $(k, n_1 + n_2 - 2k)$ のスネデカーのF分布に従うことが知られている。したがって，自由度 $(k, n_1 + n_2 - 2k)$ のF分布の右側に $a \times 100\%$ 点を示す $F_a(k, n_1 + n_2 - 2k)$ をとれば，$F > F_a(k, n_1 + n_2 - 2k)$ のとき帰無仮説 H_0 を棄却することができる。つまり異なる期間あるいは異なるグループで回帰係数 α または β が違う値をとるという証拠を与える。このような検定を**チャウ検定**(Chow test)という。上の表に示した結果を使って有意水準5%でチャウ検定を実施せよ。

6.6 補論：最小2乗推定量の導出

回帰係数 α, β の最小2乗推定量 $\hat{\alpha}$, $\hat{\beta}$ の導出

(6.7) 式の両辺に $\frac{1}{n} \sum_{i=1}^n x_i$ を乗じて，(6.8) 式から引けば，

$$\left\{\sum_{i=1}^n x_i^2 - \frac{1}{n}\left(\sum_{i=1}^n x_i\right)^2\right\}\hat{\beta} = \sum_{i=1}^n x_i y_i - \frac{1}{n}\sum_{i=1}^n x_i \sum_{i=1}^n y_i$$

を得る。

$$\sum_{i=1}^n (x_i - \bar{x})^2 = \sum_{i=1}^n x_i^2 - \frac{1}{n}\left(\sum_{i=1}^n x_i\right)^2,$$

$$\sum_{i=1}^n (x_i - \bar{x})(y_i - \bar{y}) = \sum_{i=1}^n x_i y_i - \frac{1}{n}\sum_{i=1}^n x_i \sum_{i=1}^n y_i$$

であることを使えば，回帰係数 β の最小2乗推定量 $\hat{\beta}$ は

6.6 補論:最小2乗推定量の導出

$$\hat{\beta} = \frac{\sum_{i=1}^{n}(y_i - \bar{y})(x_i - \bar{x})}{\sum_{i=1}^{n}(x_i - \bar{x})^2}$$

となる。

一方,α の最小2乗推定量は,(6.7) 式より

$$\hat{\alpha} = \bar{y} - \hat{\beta}\bar{x}$$

となる。

$\hat{\alpha}, \hat{\beta}$ の線形性

(6.31) の

$$c_i \equiv \frac{x_i - \bar{x}}{\sum_{i=1}^{n}(x_i - \bar{x})^2}, \quad d_i \equiv \frac{1}{n} - c_i\bar{x}$$

を利用する。

$$\hat{\beta} = \frac{\sum_{i=1}^{n}(x_i - \bar{x})(y_i - \bar{y})}{\sum_{i=1}^{n}(x_i - \bar{x})^2} = \sum_{i=1}^{n} \frac{(x_i - \bar{x})}{\sum_{i=1}^{n}(x_i - \bar{x})^2}(y_i - \bar{y})$$

$$= \sum_{i=1}^{n} c_i(y_i - \bar{y}) = \sum_{i=1}^{n} c_i y_i - \bar{y}\sum c_i = \sum_{i=1}^{n} c_i y_i \quad (\because (6.60))$$

$$= \alpha \sum_{i=1}^{n} c_i + \beta \sum_{i=1}^{n} c_i x_i + \sum_{i=1}^{n} c_i u_i = \beta + \sum_{i=1}^{n} c_i u_i \quad (\because (6.60))$$

$$\hat{\alpha} = \bar{y} - \hat{\beta}\bar{x} = \frac{1}{n}\sum_{i=1}^{n} y_i - \bar{x}\sum_{i=1}^{n} c_i y_i \quad (\because \hat{\beta} \text{ の線形性})$$

$$= \sum_{i=1}^{n}\left(\frac{1}{n} - \bar{x}c_i\right)y_i = \sum_{i=1}^{n} d_i y_i = \alpha \sum_{i=1}^{n} d_i + \beta \sum_{i=1}^{n} d_i x_i + \sum_{i=1}^{n} d_i u_i$$

$$= \alpha + \sum_{i=1}^{n} d_i u_i \quad (\because (6.60))$$

$\hat{\alpha}, \hat{\beta}$ の分散,共分散の導出

$\hat{\beta}$ の条件付き分散

$$\mathrm{Var}[\hat{\beta} \mid x] \equiv \mathbb{E}\left[\left\{\hat{\beta} - \mathbb{E}[\hat{\beta} \mid x]\right\}^2 \Big| x\right], \quad \mathbb{E}[\hat{\beta} \mid x] = \beta, \ \hat{\beta} - \beta = \sum_{i=1}^{n} c_i u_i$$

だから,

$$\mathrm{Var}[\hat{\beta} \mid x] = \mathbb{E}\left[\left\{\sum_{i=1}^{n} c_i u_i\right\}^2 \Big| x\right] = \mathbb{E}\left[\sum_{i=1}^{n}\sum_{j=1}^{n} c_i c_j u_i u_j \Big| x\right]$$

$$= \sum_{i=1}^{n}\sum_{j=1}^{n} c_i c_j \mathbb{E}\left[u_i u_j | x\right] = \sum_{i=1}^{n}\sum_{j=1}^{n} c_i c_j \text{Cov}\left[u_i, u_j | x\right]$$

$i \neq j$ のとき $\text{Cov}\left[u_i, u_j | x\right] = 0$, $i = j$ のとき $\text{Cov}\left[u_i, u_i | x_i\right] = \text{Var}[u_i | x_i] = \sigma^2$ であるから,

$$\text{Var}[\hat{\beta} | x] = \sum_{i=1}^{n} c_i^2 \sigma^2 = \frac{\sigma^2}{\sum_{i=1}^{n}(x_i - \bar{x})^2}$$

最後の等式には, (6.60) の

$$\sum_{i=1}^{n} c_i^2 = \frac{1}{\sum_{i=1}^{n}(x_i - \bar{x})^2}$$

を利用した。

同様に, 条件付分散 $\text{Var}[\hat{\alpha} | x]$ も

$$\mathbb{E}[\hat{\alpha} | x] = \alpha, \quad \hat{\alpha} - \alpha = \sum_{i=1}^{n} d_i u_i$$

を利用して,

$$\text{Var}[\hat{\alpha} | x] = \mathbb{E}\left[\left\{\sum_{i=1}^{n} d_i u_i\right\}^2 \bigg| x\right]$$

$$= \sum_{i=1}^{n}\sum_{j=1}^{n} d_i d_j \mathbb{E}\left[u_i u_j | x\right] = \sum_{i=1}^{n}\sum_{j=1}^{n} d_i d_j \text{Cov}\left[u_i, u_j | x\right]$$

$$= \sum_{i=1}^{n} d_i^2 \sigma^2 = \left(\frac{1}{n} - \frac{\bar{x}^2}{\sum_{i=1}^{n}(x_i - \bar{x})^2}\right)\sigma^2 = \frac{\sum_{i=1}^{n} x_i^2}{n}\frac{\sigma^2}{\sum_{i=1}^{n}(x_i - \bar{x})^2}$$

最後に $\hat{\alpha}$ と $\hat{\beta}$ の条件付き共分散を求める。

$$\text{Cov}[\hat{\alpha}, \hat{\beta} | x] \equiv \mathbb{E}\left[(\hat{\alpha} - E[\hat{\alpha} | x])(\hat{\beta} - \mathbb{E}[\hat{\beta} | x]) \bigg| x\right],$$

$$\hat{\alpha} - \alpha = \sum_{i=1}^{n} d_i u_i, \quad \hat{\beta} - \beta = \sum_{i=1}^{n} c_i u_i$$

を利用して,

$$\text{Cov}[\hat{\alpha}, \hat{\beta} | x] = \mathbb{E}\left[\left\{\sum_{i=1}^{n} d_i u_i\right\}\left\{\sum_{j=1}^{n} c_j u_j\right\} \bigg| x\right] = \mathbb{E}\left[\sum_{i=1}^{n}\sum_{j=1}^{n} c_j d_i u_i u_j \bigg| x\right]$$

$$= \sum_{i=1}^{n}\sum_{j=1}^{n} c_j d_i \mathbb{E}\left[u_i u_j | x\right] = \sum_{i=1}^{n}\sum_{j=1}^{n} c_j d_i \text{Cov}\left[u_i, u_j | x\right]$$

$$= -\frac{\bar{x}}{\sum_{i=1}^{n}(x_i - \bar{x})^2}\sigma^2$$

6.6 補論：最小2乗推定量の導出

ガウス・マルコフの定理の証明

最初に，β の最小 2 乗推定量 $\hat{\beta}$ が線形不偏推定量のクラスの中で最小分散であることを示す。

β の任意の線形推定量を b とする。すなわち，k_i $(i=1,2,\ldots,n)$ を定数として，

$$b = \sum k_i y_i$$

とする。

つぎにこの推定量 b が不偏推定量であるための条件を求める。そのために，

$$k_i = c_i + h_i, \quad i = 1, 2, \ldots, n$$

とする。定数 k_i は任意に定めることができるわけであるから，これは h_i の定義であるといってもよい。したがって，

$$b = \sum_{i=1}^{n} k_i y_i = \sum_{i=1}^{n} (c_i + h_i) y_i = \sum_{i=1}^{n} (c_i + h_i)(\alpha + \beta x_i + u_i)$$
$$= \alpha \sum_{i=1}^{n} c_i + \beta \sum_{i=1}^{n} c_i x_i + \alpha \sum_{i=1}^{n} h_i + \beta \sum_{i=1}^{n} h_i x_i + \sum_{i=1}^{n} (c_i + h_i) u_i$$

c_i の性質 (6.60) より，

$$b = \beta + \alpha \sum_{i=1}^{n} h_i + \beta \sum_{i=1}^{n} h_i x_i + \sum_{i=1}^{n} (c_i + h_i) u_i \tag{6.62}$$

となる。

b の条件付期待値をとると，仮定 3 より，

$$\mathbb{E}[b \mid x] = \beta + \alpha \sum_{i=1}^{n} h_i + \beta \sum_{i=1}^{n} h_i x_i + \sum_{i=1}^{n} (c_i + h_i) E[u_i \mid x_i]$$
$$= \beta + \alpha \sum_{i=1}^{n} h_i + \beta \sum_{i=1}^{n} h_i x_i \quad (\because \mathbb{E}[u_i \mid x_i] = 0)$$

となる。したがって，推定量 b が線形不偏推定量であるためには，

$$\sum h_i = 0, \quad \sum h_i x_i = 0 \tag{6.63}$$

が成り立たなくてはならない。これらの条件を (6.62) に代入すれば，b を線形不偏推定量としてつぎのように書くことができる。

$$b = \beta + \sum_{i=1}^{n} (c_i + h_i) u_i$$

b の条件付分散を計算する前に，$\sum_{i=1}^{n} h_i c_i = 0$ となることを確かめておく。

$$\sum_{i=1}^{n} h_i c_i = \sum_{i=1}^{n} \frac{h_i(x_i - \bar{x})}{\sum_{i=1}^{n}(x_i - \bar{x})^2} = \frac{1}{\sum_{i=1}^{n}(x_i - \bar{x})^2} \left(\sum_{i=1}^{n} h_i x_i - \bar{x} \sum_{i=1}^{n} h_i \right)$$
$$= 0 \quad (\because (6.63))$$

b の条件付き分散は,

$$\mathrm{Var}[b \mid x] = \mathbb{E}\left[(b - \mathbb{E}[b \mid x])^2\right] = \mathbb{E}\left[(b - \beta)^2 \mid x\right]$$
$$= \mathbb{E}\left[\left(\beta + \sum_{i=1}^{n}(c_i + h_i)u_i - \beta\right)^2 \bigg| x\right] = \mathbb{E}\left[\left(\sum_{i=1}^{n}(c_i + h_i)u_i\right)^2 \bigg| x\right]$$
$$= \mathbb{E}\left[\sum_{i=1}^{n}\sum_{j=1}^{n}(c_i + h_i)(c_j + h_j)u_i u_j \bigg| x\right]$$
$$= \sum_{i=1}^{n}\sum_{j=1}^{n}(c_i + h_i)(c_j + h_j)\mathbb{E}\left[u_i u_j \mid x\right]$$
$$= \sum_{i=1}^{n}\sum_{j=1}^{n}(c_i + h_i)(c_j + h_j)\mathrm{Cov}[u_i u_j \mid x]$$

となる。仮定 4 (均一分散) と仮定 5 (系列相関なし) より,

$$\mathrm{Var}[b \mid x] = \sigma^2 \sum_{i=1}^{n}(c_i + h_i)^2 = \sigma^2 \sum_{i=1}^{n} c_i^2 + 2\sigma^2 \sum_{i=1}^{n} c_i h_i + \sigma^2 \sum_{i=1}^{n} h_i^2$$

となる。c_i の性質 (6.60) より

$$\sigma^2 \sum_{i=1}^{n} c_i^2 = \frac{\sigma^2}{\sum_{i=1}^{n}(x_i - \bar{x})^2} = \mathrm{Var}[\hat{\beta} \mid x]$$

であり $\sum_{i=1}^{n} h_i c_i = 0$ であるから, つぎを得る。

$$\mathrm{Var}[b \mid x] = \mathrm{Var}[\hat{\beta} \mid x] + \sigma^2 \sum_{i=1}^{n} h_i^2$$

右辺第 2 項の $\sigma^2 \sum_{i=1}^{n} h_i^2$ は必ずゼロ以上であるから,

$$\mathrm{Var}[b \mid x] \geq \mathrm{Var}[\hat{\beta} \mid x]$$

が成り立つ。等号が成り立つのは, すべての $h_i = 0$ のとき, すなわち $k_i = c_i$ のときだけである。以上より, 最小 2 乗推定量 $\hat{\beta}$ の条件付分散は, 線形不偏推定量のクラスの中で最小分散を持つことが示された。

α の最小 2 乗推定量 $\hat{\alpha}$ に関するガウス・マルコフの定理を証明方法も $\hat{\beta}$ の場合とほとんど同じである。自ら試みられたい。

6.6 補論:最小2乗推定量の導出

誤差分散 $\hat{\sigma}^2$ の不偏性の証明

最小2乗残差が,

$$\hat{u}_i \equiv y_i - \hat{\alpha} - \hat{\beta}x_i = \alpha + \beta x_i + u_i - \hat{\alpha} - \hat{\beta}x_i$$
$$= (\alpha - \hat{\alpha}) + (\beta - \hat{\beta})x_i + u_i \tag{6.64}$$

と書くことができるので,残差平方和は,

$$\sum_{i=1}^{n} \hat{u}_i^2 = \sum \hat{u}_i \hat{u}_i = \sum_{i=1}^{n} \left\{ (\alpha - \hat{\alpha}) + (\beta - \hat{\beta})x_i + u_i \right\} \hat{u}_i$$
$$= (\alpha - \hat{\alpha}) \sum_{i=1}^{n} \hat{u}_i + (\beta - \hat{\beta}) \sum_{i=1}^{n} x_i \hat{u}_i + \sum_{i=1}^{n} u_i \hat{u}_i$$

となる。最小2乗残差に関する性質 (6.12),(6.13) より,

$$\sum_{i=1}^{n} \hat{u}_i^2 = \sum_{i=1}^{n} u_i \hat{u}_i$$

ふたたび (6.64) を使って,

$$\sum_{i=1}^{n} \hat{u}_i^2 = \sum_{i=1}^{n} u_i \hat{u}_i = \sum_{i=1}^{n} u_i \left\{ (\alpha - \hat{\alpha}) + (\beta - \hat{\beta})x_i + u_i \right\}$$
$$= -(\hat{\alpha} - \alpha) \sum_{i=1}^{n} u_i - (\hat{\beta} - \beta) \sum_{i=1}^{n} x_i u_i + \sum_{i=1}^{n} u_i^2$$

を得る。これに,$\hat{\alpha} - \alpha = \sum_{k=1} d_k u_k$,$\hat{\beta} - \beta = \sum_{k=1} c_k u_k$ を代入して,期待値をとると,

$$\mathbb{E}\left[\sum_{i=1}^{n} \hat{u}_i^2 \bigg| x \right] = -\sum_{k=1}^{n} \sum_{i=1}^{n} d_k \mathbb{E}[u_k u_i \mid x] - \sum_{k=1}^{n} \sum_{i=1}^{n} c_k x_i \mathbb{E}[u_k u_i \mid x]$$
$$+ \sum_{i=1}^{n} \mathbb{E}[u_i^2 \mid x] = -\sigma^2 \sum_{i=1}^{n} d_i - \sigma^2 \sum_{i=1} c_i x_i + n\sigma^2$$

ここで (6.60) より,$\sum_{i=1}^{n} d_i = 1$,$\sum_{i=1} c_i x_i = 1$ であるから,残差平方和の条件付期待値は,

$$\mathbb{E}\left[\sum_{i=1}^{n} \hat{u}_i^2 \bigg| x \right] = -\sigma^2 - \sigma^2 + n\sigma^2 = (n-2)\sigma^2$$

となる。したがって

$$\mathbb{E}\left[\frac{\sum_{i=1}^{n} \hat{u}_i^2}{n-2} \bigg| x \right] = \mathbb{E}[\hat{\sigma}^2 \mid x] = \sigma^2$$

を得る。ここで,繰り返し期待値の規則 (第5章) を適用して $\hat{\sigma}^2$ の期待値を求めると,

$$\mathbb{E}[\hat{\sigma}^2] = \mathbb{E}\left[\mathbb{E}[\hat{\sigma}^2 \mid x]\right] = \sigma^2$$

となり，$\hat{\sigma}^2$ は σ^2 の不偏推定量であることが示された．

6.7 補論：最尤法，モーメント法による線形回帰モデルの推定

最 尤 法

第3章で学習した最尤推定法を単純線形回帰モデルに応用してみよう．仮定6より説明変数 x の水準が与えられたときの誤差項 $u_i = y_i - \alpha - \beta x_i$ の条件付き密度関数は，平均ゼロ，分散 σ^2 の正規分布であるから，

$$f(u_i \mid \alpha, \beta, \sigma^2) = \frac{1}{\sqrt{2\pi\sigma^2}} \exp\left[-\frac{(y_i - \alpha - \beta x_i)^2}{2\sigma^2}\right] \quad (6.65)$$

と書くことができる．また，$u_1, u_2, \ldots, u_n$ は独立に同一の分布に従うから，$u_1, u_2, \ldots, u_n$ の尤度関数は，

$$\begin{aligned}
lh(\alpha, \beta, \sigma^2 \mid u_1, \ldots, u_n) &= f(y_1 \mid \alpha, \beta, \sigma^2) \cdots f(y_n \mid \alpha, \beta, \sigma^2) \\
&= \frac{1}{(2\pi\sigma^2)^{(n/2)}} \exp\left[-\frac{1}{2\sigma^2}\sum_{i=1}^{n}(y_i - \alpha - \beta x_i)^2\right]
\end{aligned} \quad (6.66)$$

となる．また，その対数尤度関数はつぎのようになる．

$$l(\alpha, \beta, \sigma^2 \mid u_1, \ldots, u_n) = -\frac{n}{2}\ln(2\pi) - \frac{n}{2}\ln\sigma^2 - \frac{1}{2\sigma^2}\sum_{i=1}^{n}(y_i - \alpha - \beta x_i)^2 \quad (6.67)$$

対数尤度 (6.67) を α，β，σ^2 について最大化するときの必要条件としてつぎの連立方程式を得る．

$$\begin{aligned}
\frac{\partial l}{\partial \alpha} &= \frac{1}{\sigma^2}\sum_{i=1}^{n}(y_i - \alpha - \beta x_i) = 0 \\
\frac{\partial l}{\partial \beta} &= \frac{1}{\sigma^2}\sum_{i=1}^{n}(y_i - \alpha - \beta x_i)x_i = 0 \\
\frac{\partial l}{\partial \sigma^2} &= -\frac{n}{2\sigma^2} + \frac{1}{2\sigma^4}\sum_{i=1}^{n}(y_i - \alpha - \beta x_i) = 0
\end{aligned} \quad (6.68)$$

最初の2本の方程式は，最小2乗法における残差平方和最大化の条件と同等である．しがって，最小2乗法の場合と同様に正規方程式 (6.7) と (6.8) が導かれ，それを α と β について解くことによって，α，β の最尤推定量 $\hat{\alpha}_{ML}$，$\hat{\beta}_{ML}$ を得る．

6.7 補論：最尤法，モーメント法による線形回帰モデルの推定

これらは最小2乗推定量に等しく，不偏推定量である。

$$\hat{\beta}_{ML} = \frac{\sum_{i=1}^n (x_i - \bar{x})(y_i - \bar{y})}{\sum_{i=1}^n (x_i - \bar{x})^2} = \hat{\beta}$$
$$\hat{\alpha}_{ML} = \bar{y} - \hat{\beta}_{ML}\bar{x} = \hat{\alpha} \tag{6.69}$$

一方，分散 σ^2 の最尤推定量は (6.68) の第3式を σ^2 について解くことによって，

$$\hat{\sigma}^2_{ML} = \frac{1}{n}\sum_{i=1}^n (y_i - \hat{\alpha}_{ML} - \hat{\beta}_{ML}x_i)^2 \tag{6.70}$$

となる。これは残差平方和を $n-2$ ではなく，サンプル・サイズ n で割っているので σ^2 の不偏推定量にはならない。

モーメント法

回帰係数 α，β の最小2乗推定量 $\hat{\alpha}$，$\hat{\beta}$ が不偏推定量であるために，

$$\mathbb{E}[u_i] = 0, \quad i = 1, 2, \ldots, n \tag{6.71}$$

$$\mathrm{Cov}[x_i, u_i] = 0, \quad i = 1, 2, \ldots, n \tag{6.72}$$

を仮定した。説明変数 x_i と誤差項 u_u の共分散は，

$$\mathrm{Cov}[x_i, u_i] = \mathbb{E}[x_i u_i] - \mathbb{E}[x_i]\,\mathbb{E}[u_i]$$

で表され，$\mathbb{E}[u_i] = 0$ であるから，

$$\mathbb{E}[x_i u_i] = 0, \quad i = 1, 2, \ldots, n \tag{6.73}$$

を得る。このように母集団における平均値，つまり期待値がゼロになるという形で表現された条件を**モーメント条件** (moment condition) と呼ぶことがある。モーメント条件 (6.71) と (6.73) に $u_i = y_i - \alpha - \beta x_i$ を代入すると，つぎを得る。

$$\mathbb{E}[y_i - \alpha - \beta x_i] = 0, \quad i = 1, 2, \ldots, n \tag{6.74}$$

$$\mathbb{E}[(y_i - \alpha - \beta x_i)x_i] = 0, \quad i = 1, 2, \ldots, n \tag{6.75}$$

大数の弱法則 (定理 1.25) が成り立つことを仮定して，これら母集団における関係がサンプルについても成り立つと考えれば，標本平均に関して，

$$\frac{1}{n}\sum_{i=1}^n (y_i - \alpha - \beta x_i) = 0 \tag{6.76}$$

$$\frac{1}{n}\sum_{i=1}^n [(y_i - \alpha - \beta x_i)x_i] = 0 \tag{6.77}$$

が成り立つはずである。このサンプルに関するモーメント条件を連立させて母集団のパラメタ (この場合には α と β) を推定する方法を**モーメント法** (method of moment) という。(6.76), (6.77) を見てわかるように,線形回帰モデルの標本モーメント条件は,最小2乗法における残差平方和最大化の条件と同等である。しがって,回帰係数 α, β の**モーメント推定量** $\hat{\alpha}_{MM}$, $\hat{\beta}_{MM}$ も最小2乗推定量に等しく,不偏推定量である。

$$\hat{\beta}_{MM} = \frac{\sum_{i=1}^n (x_i - \bar{x})(y_i - \bar{y})}{\sum_{i=1}^n (x_i - \bar{x})^2} = \hat{\beta}$$
$$\hat{\alpha}_{MM} = \bar{y} - \hat{\beta}_{MM} \bar{x} = \hat{\alpha} \tag{6.78}$$

練習問題解答

第1章
第2節
問1 $\Omega = \{HH, HT, TH, TT\}$.
問2 (i) 排反 $\{X \geq 170\} \cap \{X < 170\} = \emptyset$.
(ii) 排反ではない。t 年の所得 $Y_t = 290$, 貯蓄 $S_t = 20$, 15 年間預金を下さなければ貯蓄残高は 300 となる。
(iii) 排反ではない。善人に「あなたは善人ですか」と質問して,「いえ」と答えたらウソだし,「はい」と答えたら善人とはいえない。
問3 (i) $\mathbb{P}(B|Sco) = 0.347$. (ii) $\mathbb{P}(X_t = E|X_{t-1} = N) = 0.1026$.
問4 $E_{t+1} = 104.79$, 105 人, $N_{t+1} = 95.21$, 95 人, $E_{t+2} = 108.8$, 109 人, $N_{t+2} = 91.2$, 91 人。
問5 50 代の人が迅速ウレアーゼ検査をした場合 $\mathbb{P}(感染 | 陽性) = 0.8739 \sim 0.977$, $\mathbb{P}(非感染 | 陰性) = 0.875 \sim 0.966$.
問6 感染率 0.01 のとき,検査左 $\mathbb{P}(感染 | 陽性) = 0.0396$, $\mathbb{P}(非感染 | 陰性) = 0.99879$, 検査右 $\mathbb{P}(感染 | 陽性) = 0.03066$, $\mathbb{P}(非感染 | 陰性) = 0.99381$, 感染率 0.1 のとき,検査左 $\mathbb{P}(感染 | 陽性) = 0.23227$, $\mathbb{P}(非感染 | 陰性) = 0.98689$, 検査右 $\mathbb{P}(感染 | 陽性) = 0.17216$, $\mathbb{P}(非感染 | 陰性) = 0.93591$

第3節
問1 (i) $\mathbb{P}(\Omega) = \mathbb{P}(\{0\} \cup \{1\}) = \mathbb{P}(\{0\}) + \mathbb{P}(\{1\}) = (1-p) + p = 1$.
(ii) $\mathbb{P}(\{1\} \cup \{2\} \cdots \{6\}) = 1/6 + \cdots + 1/6 = 1$
(iii) $a \leq x \leq b$ $f_X(x) = 1/(b-a)$, $\int_a^b f_X(x)dx = \int_a^b 1/(b-a)dx = 1$.
問2 $f_X(\mu+x) = f_X(\mu-x)$, $F_X(\mu) = \int_{-\infty}^0 f_X(\mu+x)dx = \int_{-\infty}^0 f_X(\mu-x)dx = \int_0^\infty f_X(x+\mu)dx = 1 - F_X(\mu)$, $F_X(\mu) = 0.5$.
問3 $\mathbb{P}(X = x) = \mathbb{P}(X \leq x) - \mathbb{P}(X < x)$,
$\mathbb{P}(X < x) = \lim_{\epsilon \to 0+} F_X(x+\epsilon) = F_X(x)$.

問 4 $\int_{0.2}^{0.5} f_X(x)dx = 0.3$.

第 4 節

問 1 (i) $\mathbb{E}[Y] = \mathbb{E}[X_1] + \mathbb{E}[X_2] = 2p$, $\text{Var}[Y] = \text{Var}[X_1] + \text{Var}[X_2] = 2(1-p)p$,
(ii) $\mathbb{E}[\sum_{i=1}^{n} X_i] = \sum_{i=1}^{n} p = np$,
$\text{Var}[\sum_{i=1}^{n} X_i] = \sum_{i=1}^{n} \text{Var}[X_i] = n(1-p)p$.

問 2 (i) $\mathbb{E}[X_1] = 1/2$, $\mathbb{E}[X_1 + X_2] = 1$, $\text{Var}[X_1] = 1/12$, $\text{Var}[X_1 + X_2] = 1/6$.
(ii) $\text{Var}[X_1 - X_2] = 1/6$.

問 3 (i) $\mathbb{E}[Z_1 + Z_2] = 0$, $\text{Var}[Z_1 + Z_2] = 2$. (ii) $\mathbb{E}[Z_1 - Z_2] = 0$, $\text{Var}[Z_1 - Z_2] = 2$.

第 2 章

第 1 節

問 1 各自調べること。

問 2 調査時点が同じではないため，目的となるダイエット行為以外の対象の属性が変化した可能性がある．たとえば，食べ物の種類と量，運動量，睡眠時間，そのほかの健康状態 (胃腸の調子，汗の量) もダイエット行為前と期間中で同じに保つ必要がある．

問 3 長い経験ということで，様々な外的要因がランダムに影響しているので無作為に近い状態とはいえるが，占いの結果を人々が知ることによって，そうと思い込んで行動したり考えが変わってしまう影響がある．

第 2 節

問 1 $\bar{x} = 12.652$, $s^2 = 1.4888$

問 2 a) $\sigma_{\bar{X}} = 0.0803$ b) $\bar{x}_1 - \bar{x}_2 = 0.8897$, $\sigma_{\bar{X}_1 - \bar{X}_2} = 0.160599$, 5.54 倍．

問 3 a) A 型の分散 $\sigma_{\hat{p}_A}^2 = 0.0024$, $\sigma_{\hat{p}_A} = 0.04899$,
B 型の分散 $\sigma_{\hat{p}_B}^2 = 0.0016$, $\sigma_{\hat{p}_B} = 0.04$,
O 型の分散 $\sigma_{\hat{p}_O}^2 = 0.0021$, $\sigma_{\hat{p}_O} = 0.0458$,
AB 型の分散 $\sigma_{\hat{p}_{AB}}^2 = 0.0009$, $\sigma_{\hat{p}_O} = 0.03$,
b) $n \geq 0.4 \times 0.6 / 0.0001 = 2400$, $n \geq 0.5 \times 0.5 / 0.0001 = 2500$, 100 人．
c) $\hat{p} = 0.369822$, $\sigma_{\hat{p}}^2 = 0.24/2704 = 0.000088757$, $\sigma_{\hat{p}} = 0.0094211$,
$(0.4 - 0.369822)/\sigma_{\hat{p}} = 3.203$ 倍．

問 4 $\bar{Y} = a + b\bar{X}$, $S_Y^2 = \frac{1}{n-1}\sum(Y_i - \bar{Y})^2 = \frac{b^2}{n-1}\sum(X_i - \bar{X})^2 = b^2 S_X^2$.

問 5 a) $\bar{X}_{n+1} = \left(1 - \frac{1}{n+1}\right)\bar{X}_n + \frac{1}{n+1}X_{n+1}$.
b) $S_{n+1}^2 = \left(1 - \frac{1}{n}\right)S_n^2 + \frac{1}{n+1}(X_{n+1} - \bar{X}_n)^2$ 定理 2.19 を見よ．

第 3 節

問 1 a) $\mathbb{P}(1 < X) = 0.1587$,
b) $\mathbb{P}(-20 < X < 5) = 0.9463$,

c) $\mathbb{P}(\bar{X} < 0) \geq 0.975$, $n \geq 5.5319$ $n = 6$.

問2 a) $(X+1)(X-1)(X-2) > 0$ となる X の領域の確率 $\mathbb{P}(\{(X+1)(X-1)(X-2) > 0\}) = 0.7485$.
b) $X^2 - 36 > 0$ となる確率 $\mathbb{P}(\{X^2 - 36 > 0\}) = 0.2388$.
c) $X^2 - 9 < 0$ となる確率 $\mathbb{P}(\{X^2 - 9 < 0\}) = 0.4332$.

問3 $\sigma_{\bar{X}}^2 = 25/2500 = 0.01$, $\sigma_{\bar{X}} = 0.1$, $\mathbb{E}[\bar{X}] = 5$ で正規分布に近い図 E.

第4節

問1 $\mathbb{E}\left[\frac{g(X)}{X}\right] = \frac{1}{\Gamma((p+2)/2)2^{(p+2)/2}} \int_0^\infty g(x) x^{p/2-1} x^{-x/2} dx$
$= \frac{\Gamma(p/2)2^{p/2}}{\Gamma((p+2)/2)2^{(p+2)/2}} \times \mathbb{E}[g(X)] = \frac{1}{p}\mathbb{E}[g(X)]$.

問2 $\mathbb{E}[T] = \mathbb{E}[Z]\mathbb{E}\left[1/\sqrt{\chi_\nu^2}\right] = 0$.

問3 $t = \pm\sqrt{(1-x)/x}\sqrt{\nu}$,
$2\int_{-\infty}^0 \frac{t^2}{(1+t^2/\nu)^{(\nu+1)/2}} dt = \nu^{3/2} \int_0^1 (1-x)^{1/2} x^{\nu/2-2} dx$,
$\mathbb{E}[T^2] = \frac{\nu}{\sqrt{\pi}}\Gamma(3/2)\frac{1}{\nu/2-1} = \frac{\nu}{\nu-2}$.

問4 $\mathbb{E}[F_{\nu_1,\nu_2}] = \frac{\nu_2}{\nu_2-2}$, $\mathbb{E}[F_{\nu_1,\nu_2}^2] = \frac{\nu_2^2}{\nu_1^2}\mathbb{E}[\{\chi_{\nu_1}^2\}^2]\mathbb{E}[1/\{\chi_{\nu_1}^2\}^2]$
に $\mathbb{E}[\{\chi_{\nu_1}^2\}^2] = \nu_1(\nu_1+2)$, および $\mathbb{E}\left[1/\{\chi_{\nu_1}^2\}^2\right] = \frac{1}{(\nu_2-2)(\nu_2-4)}$ を代入.

問5 a) (1) $\mu_{\bar{Z}} = 1 - 2p$, b) (2) $p = \frac{1-\mu_{\bar{Z}}}{2}$, c) (3) $\hat{p} = \frac{1-\bar{Z}}{2}$ (4) $\hat{p} = 0.55$,
d) (5) $\text{Var}[\hat{p}] = \frac{\sigma_{\bar{Z}}^2}{4}$.

第3章

第1節

問1 X_i の分散は $\text{Var}[X_i]$, $\bar{X}$ の分散は $\text{Var}[X_i]/n$.

問2 $\text{Var}[\hat{\sigma}^2] = \left(\frac{n-1}{n}\right)^2 \text{Var}[S^2]$, $n > 0$ より $\text{Var}[\hat{\sigma}^2] < \text{Var}[S^2]$.

問3 $\sum_{x=1}^\infty \frac{1}{e^\theta - 1} \frac{\theta^x}{x!} g(x) = 1 - e^{-\theta}$ となる $g(x)$ を求める.

$$\sum_{x=1}^\infty \frac{\theta^x}{x!} g(x) = e^\theta + e^{-\theta} - 2, \quad \sum_{x=0}^\infty \frac{\theta^x}{x!} = e^\theta$$

より, 右辺に $\sum_{x=1}^\infty \frac{\theta^x}{x!} = e^\theta - 1$, $\sum_{x=1}^\infty \frac{(-1)^x \theta^x}{x!} = e^{-\theta} - 1$ を代入する.

$$\sum_{x=1}^\infty \frac{\theta^x}{x!} g(x) = \sum_{x=1}^\infty \frac{\theta^x}{x!}\{1 + (-1)^x\} = 0$$

で $\theta^x/x! > 0$ で係数比較する.

第2節

問1 $5.312 < \mu < 6.488$. 問2 $21.972 < \mu < 22.6275$.
問3 $83.52 < \mu < 85.48$. 問4 $382.368 < \mu < 387.632$.

第3節

問1 $0.7450 < p < 0.9883$. 問2 $0.35977 < p < 0.42023$.

問3　$0.33368 < p < 0.38632$.

第4節
問1　$15.469 < \mu < 18.3306$.　　問2　$28.701 < \mu < 53.29867$.
問3　$230.58 < \mu < 323.42$.　　問4　$70.54 < \mu < 74.26, 72.026 < \mu < 74.174$.

第5節
問1　サンプル・サイズ n とすると，$\mathbb{E}\left[\frac{(n-1)S^2}{\sigma^2}\right] = n-1$ だから．
問2　$20.840 < \sigma^2 < 40.615, 4.565 < \sigma < 6.373$.
　　　$23.378 < \sigma^2 < 43.616, 4.835 < \sigma < 6.604$.
問3　$0.6674 < \sigma^2 < 3.83412, 0.81696 < \sigma < 1.95809$.
　　　$0.687746 < \sigma^2 < 2.45027, 0.82930 < \sigma < 1.56533$.

第4章
第2節
問1　$c = 90.7667, \bar{x} > c$ より棄却，増えた．
問2　$c = 45,609.1, \bar{x} < c$ より棄却，減った．
問3　$c_1 = 1.004, c_2 = 1.396, \bar{x} > c_2$ より棄却，差がある．

第3節
問1　$z = -1.7678$, サイズ5%の両側検定の場合，$|z| < 1.96$ より棄却できない．
問2　$\bar{x}/\sqrt{\sigma^2/n} \geq 1.645$ より，$n \geq 4679.795, n = 4680, n \geq 88716.3, n = 88717$.

第4節
問1　$c = 0.2658$ $\hat{p} = 0.24 < c$ 1. 大きい，2. 棄却できない，3. なんともいえない．
問2　$c_1 = 0.006173, c_2 = 0.09383$ $\hat{p} > c_2$ 1. 棄却できる，2. 高くなる．
問3　$c = 0.09452$, $\hat{p} > c$ であるため棄却域に入らない．10%より低いとはいえない．
問4　$c = 0.04545$, $\hat{p} > c$ より棄却域に入らない．変わらない．
問5　$c = 0.58225$, $\hat{p} > c$ より A の支持比率は 0.5 より高い．

第5節
問1　$\hat{p}_1 - \hat{p}_2 = 0.01667, z = 0.1116, c = 1.96 > |z|$ より，差はない．
問2　$\hat{p}_1 - \hat{p}_2 = 0.062, z = 1.914, c = 1.645 < z$ より，差がある．

第6節
問1　$t = 2.449, t_c = 2.015, t > c$ より，仮説は棄却される．
問2　$\bar{x}_1 - \bar{x}_2 = -2, t = -3.0237, t_{0.05, 30} = 2.042$, 棄却される．
問3　$\bar{x}_1 - \bar{x}_2 = -23, t = -0.82459, t_{0.05, 8} = 2.306$, 棄却できない．

練習問題解答

第5章
第1節
問1 $\mathrm{Var}[X+aY] = \mathbb{E}\left[\{X-\mathbb{E}(X)\}^2\right] + a^2\mathbb{E}\left[\{Y-\mathbb{E}(Y)\}^2\right]$
$\qquad\qquad\qquad +2a\mathbb{E}\left[\{X-\mathbb{E}[X]\}\{Y-\mathbb{E}[Y]\}\right]$
$\qquad\qquad = \mathrm{Var}[X] + a^2\mathrm{Var}[Y] + 2a\mathrm{Cov}[X,Y] \geq 0,$

判別式が 0 以下，$\frac{\mathrm{Cov}[X,Y]^2}{\mathrm{Var}[X]\mathrm{Var}[Y]} \leq 1$, $\rho^2 \leq 1$ より $-1 \leq \rho \leq 1$.

問2 $\mathbb{E}\{Y-(a+bX)-\mathbb{E}[Y]+a+b\mathbb{E}[X]\}^2 = \mathrm{Var}[Y]+b^2\mathrm{Var}[X]-2b\mathrm{Cov}[X,Y]$
と展開すると，
$$\mathrm{Var}[X]\{b-\mathrm{Cov}[X,Y]/\mathrm{Var}[X]\}^2 + \mathrm{Var}[Y](1-\rho^2)$$
のようになる．この最小値は，$b=\mathrm{Cov}[X,Y]/\mathrm{Var}[X]$ のとき，$\mathrm{Var}[Y](1-\rho^2)$ である．

問3 $f(x,z) = f_Z(z|x)f_X(x)$ を計算する．$y=(z-ax)/b$ と変数変換すると，
$$f_Z(z|x) = f_Y((z-ax)/b)(1/|b|) = \frac{1}{\sqrt{2\pi b^2}}e^{-\frac{1}{2}\left(\frac{z-ax}{b}\right)^2},$$
$$f(x,z) = \frac{1}{2\pi b}e^{-\frac{1}{2b^2}\left\{z^2-2axz+(a^2+b^2)x^2\right\}},$$
Z の分布は x について積分すると
$$f_Z(z) = \frac{1}{\sqrt{2\pi(a^2+b^2)}}e^{-\frac{z^2}{2(a^2+b^2)}}$$
と計算できる．平均 0，分散 a^2+b^2 の正規分布となる．

第2節
問1 $\mathrm{Var}[X] = \mathbb{E}_Y\{\mathbb{E}[(X-\mathbb{E}[X])^2|Y]\}$
$\qquad\qquad = \mathbb{E}_Y\{\mathbb{E}[X^2|Y] - 2\mathbb{E}[X|Y]\mathbb{E}[X] + \{\mathbb{E}[X]\}^2\}$
$\qquad\qquad = E_Y\{\mathbb{E}[X^2|Y] - \{\mathbb{E}[X]\}^2\}$

とし，$\mathrm{Var}[X|Y] = \mathbb{E}[X^2|Y] - \{\mathbb{E}[X|Y]\}^2$ を代入する．あるいは，$X - \mathbb{E}[X] = X - \mathbb{E}[X|Y] + \mathbb{E}[X|Y] - \mathbb{E}[X]$ を代入して展開する．
$$\mathbb{E}_Y[\mathrm{Var}[X|Y]] \equiv \mathbb{E}_Y\left[\mathbb{E}\left\{(X-\mathbb{E}[X|Y])^2|Y\right\}\right],$$
$$\mathbb{E}\left[\{X-\mathbb{E}[X|Y]\}\{\mathbb{E}[X|Y]-\mathbb{E}[X]\}|Y\right] = 0,$$

および
$$\mathrm{Var}_Y[\mathbb{E}[X|Y]] \equiv \mathbb{E}_Y\left[\{\mathbb{E}[X|Y]-\mathbb{E}[X]\}^2\right]$$
を代入する．

問2 $f_{X|N}(x|N) = {}_NC_x p^x(1-p)^{N-x}$, $f_N(n) = \lambda^n e^{-\lambda}/n!$, と置いて，$f(x,n) = f_{X|N}(x|n)f_N(n)$ で，
$$f(x) = \sum_{n=x}^{\infty} f(x,n)$$
を計算すると，$e^{-\lambda p}(\lambda p)^x/x!$ となるので，λp のポアソン分布である．

問3　$f(x|\theta)\pi(\theta) = \frac{1}{2\pi\sqrt{\sigma^2\tau^2}}e^{-\frac{1}{2}\frac{\sigma^2+\tau^2}{\sigma^2\tau^2}\left(\theta-\frac{\mu\tau^2+x\sigma^2}{\sigma^2+\tau^2}\right)^2}e^{-\frac{(x-\mu)^2}{2(\sigma^2+\tau^2)}}$,

$f(x) = \int_{-\infty}^{\infty} f(x,\theta)d\theta = \frac{1}{\sqrt{2\pi(\sigma^2+\tau^2)}}e^{-\frac{(x-\mu)^2}{2(\sigma^2+\tau^2)}}$

以上より，事後分布 $\pi(\theta|x) \equiv \frac{f(x|\theta)\pi(\theta)}{f(x)}$ に代入し，

$\pi(\theta|x) = \frac{1}{\sqrt{2\pi\sigma_\theta^2}}e^{-\frac{(\theta-\mu_\theta)^2}{2\sigma_\theta^2}}$,

平均 $\mu_\theta = \mu\left(\frac{\tau^2}{\sigma^2+\tau^2}\right) + x\left(1-\frac{\tau^2}{\sigma^2+\tau^2}\right)$，分散 $\sigma_\theta^2 = \frac{\sigma^2\tau^2}{\sigma^2+\tau^2}$ の正規分布。

第3節

問1　$\sum_{i=1}^{m}(o_i-e_i)^2/e_i = 3.165263$, $m=9$ より自由度8のカイ2乗分布の5%のカット・オフは $c=15.5073$ である。所得分布が対数正規分布と異ならないという仮説を棄却できない。

問2　$n\sum\sum(\hat{p}_{ij}-\hat{p}_{X,i}\hat{p}_{Y,j})^2/(\hat{p}_{X,i}\hat{p}_{Y,j}) = 26.65663$，自由度 $(2-1)\times(5-1)=5$ のカイ2乗分布の5%のカット・オフは $c=11.0705$ である。独立であるという仮説はサイズ5%で棄却される。

問3　相関係数 $r=0.1378527$, $t=6.221272$，自由度 $n-2=1998$ のt分布のカット・オフはサイズ1%の両側検定を行う場合，$t_c=2.578$(t分布表にはないので，自由度 ∞ の値 $t_c=2.576$ でもかまわない) である。$\rho=0$ という仮説は棄却できる。夫婦の背の高さには正の相関がある。

第6章

問1　■回帰係数の推定結果の要約

	推定値	標準偏差	95%信頼区間		t 値
			L(下方信頼限界)	U(上方信頼限界)	
$\hat{\alpha}$	2124	105.599	1895.906	2352.094	20.114
$\hat{\beta}$	-10	7.338	-22.996	2.996	-1.364
$r^2 = 0.125$,		$SSR = 560000$,	$\hat{\sigma}^2 = 43076.923$		

t 値は，仮説 H_0：回帰係数 $=0$, H_1：回帰係数 $\neq 0$ に対する検定統計量の値である。SSR は残差平方和を示す。

■ $\hat{\alpha}$, $\hat{\beta}$ の分散共分散行列

$$\begin{pmatrix} \widehat{\mathrm{Var}}[\hat{\alpha}] & \widehat{\mathrm{Cov}}[\hat{\alpha},\hat{\beta}] \\ \widehat{\mathrm{Cov}}[\hat{\alpha},\hat{\beta}] & \widehat{\mathrm{Var}}[\hat{\beta}] \end{pmatrix} = \begin{pmatrix} 11151.179 & -667.692 \\ -667.692 & 53.846 \end{pmatrix}$$

■ 回帰係数に関する仮説検定

$t_{0.05,13} = 2.16$ であるから，有意水準5%で帰無仮説 H_0：$\alpha=0$ は棄却できるが，H_0：$\beta=0$ は棄却できない。

練習問題解答

問2 平均からの偏差の和がゼロ, $\sum_{i=1}^{n}(x_i - \bar{x}) = 0$, 偏差平方和は,その変数の平方和と標本平均の2乗を n 倍したものの差, $\sum_{i=1}^{n}(x_i - \bar{x})^2 = \sum_{i=1}^{n} x_i^2 - n\bar{x}^2$ であることを使えば容易に導くことができる。

問3 ■ 回帰係数の推定結果の要約

	推定値	標準偏差	95%信頼区間		t 値
			L(下方信頼限界)	U(上方信頼限界)	
$\hat{\alpha}$	9.488	3.958	1.381	17.594	2.397
$\hat{\beta}$	0.544	0.009	0.526	0.561	62.727
$\hat{\alpha}_1$	26.436	3.045	19.548	33.323	8.682
$\hat{\beta}_1$	0.493	0.009	0.474	0.513	57.927
$\hat{\alpha}_2$	7.054	17.274	-29.393	43.502	0.408
$\hat{\beta}_2$	0.549	0.034	0.477	0.621	16.071

t 値は,仮説 H_0: 回帰係数 $= 0$,H_1: 回帰係数 $\neq 0$ に対する検定統計量の値である。

■ 決定係数と回帰分散の推定値

	モデル 0	モデル 1	モデル 2
r^2	0.993	0.997	0.938
SSR	428.193	18.866	324.591
$\hat{\sigma}^2$	15.293	2.096	19.094

SSR は残差平方和を示す。

■ 回帰係数の分散共分散行列の推定値

$$\begin{pmatrix} \widehat{\mathrm{Var}}[\hat{\alpha}] & \widehat{\mathrm{Cov}}[\hat{\alpha}, \hat{\beta}] \\ \widehat{\mathrm{Cov}}[\hat{\alpha}, \hat{\beta}] & \widehat{\mathrm{Var}}[\hat{\beta}] \end{pmatrix} = \begin{pmatrix} 15.667 & -0.034 \\ -0.034 & 7.508 \times 10^{-5} \end{pmatrix}$$

$$\begin{pmatrix} \widehat{\mathrm{Var}}[\hat{\alpha}_1] & \widehat{\mathrm{Cov}}[\hat{\alpha}_1, \hat{\beta}_1] \\ \widehat{\mathrm{Cov}}[\hat{\alpha}_1, \hat{\beta}_1] & \widehat{\mathrm{Var}}[\hat{\beta}_1] \end{pmatrix} = \begin{pmatrix} 9.272 & -0.026 \\ -0.026 & 7.255 \times 10^{-5} \end{pmatrix}$$

$$\begin{pmatrix} \widehat{\mathrm{Var}}[\hat{\alpha}_2] & \widehat{\mathrm{Cov}}[\hat{\alpha}_2, \hat{\beta}_2] \\ \widehat{\mathrm{Cov}}[\hat{\alpha}_2, \hat{\beta}_2] & \widehat{\mathrm{Var}}[\hat{\beta}_2] \end{pmatrix} = \begin{pmatrix} 298.387 & -0.589 \\ -0.589 & 1.168 \times 10^{-3} \end{pmatrix}$$

■ 回帰係数に関する仮説検定 (有意水準 5%)

	棄却域	$H_0 : \alpha = 0$	$H_0 : \beta = 0$
モデル 0	$|t| > t_{0.05, 28} = 2.048$	棄却できる	棄却できる
モデル 1	$|t| > t_{0.05, 9} = 2.262$	棄却できる	棄却できる
モデル 2	$|t| > t_{0.05, 17} = 2.110$	棄却できない	棄却できる

■ 構造変化に関するチャウ検定 (有意水準 5%)
$SSRR = 428.193, SSRU = 343.456, k = 2, n_1 + n_2 - 2k = 26$ であるから，構造変化がないとする帰無仮説に関する F 値は，$F = 3.207$ になる。帰無仮説の棄却域は，$F > F_{2,26} = 3.37$ である。したがって，構造変化がないという仮説を棄却することができない。

分 布 表

標準正規分布表

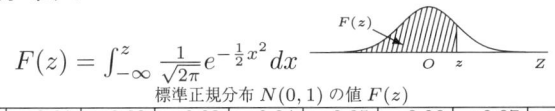

$$F(z) = \int_{-\infty}^{z} \frac{1}{\sqrt{2\pi}} e^{-\frac{1}{2}x^2} dx$$

標準正規分布 $N(0,1)$ の値 $F(z)$

z	0.00	0.01	0.02	0.03	0.04	0.05	0.06	0.07	0.08	0.09
0.0	0.5000	0.5040	0.5080	0.5120	0.5160	0.5199	0.5239	0.5279	0.5319	0.5359
0.1	0.5398	0.5438	0.5478	0.5517	0.5557	0.5596	0.5636	0.5675	0.5714	0.5753
0.2	0.5793	0.5832	0.5871	0.5910	0.5948	0.5987	0.6026	0.6064	0.6103	0.6141
0.3	0.6179	0.6217	0.6255	0.6293	0.6331	0.6368	0.6406	0.6443	0.6480	0.6517
0.4	0.6554	0.6591	0.6628	0.6664	0.6700	0.6736	0.6772	0.6808	0.6844	0.6879
0.5	0.6915	0.6950	0.6985	0.7019	0.7054	0.7088	0.7123	0.7157	0.7190	0.7224
0.6	0.7257	0.7291	0.7324	0.7357	0.7389	0.7422	0.7454	0.7486	0.7517	0.7549
0.7	0.7580	0.7611	0.7642	0.7673	0.7704	0.7734	0.7764	0.7794	0.7823	0.7852
0.8	0.7881	0.7910	0.7939	0.7967	0.7995	0.8023	0.8051	0.8078	0.8106	0.8133
0.9	0.8159	0.8186	0.8212	0.8238	0.8264	0.8289	0.8315	0.8340	0.8365	0.8389
1.0	0.8413	0.8438	0.8461	0.8485	0.8508	0.8531	0.8554	0.8577	0.8599	0.8621
1.1	0.8643	0.8665	0.8686	0.8708	0.8729	0.8749	0.8770	0.8790	0.8810	0.8830
1.2	0.8849	0.8869	0.8888	0.8907	0.8925	0.8944	0.8962	0.8980	0.8997	0.9015
1.3	0.9032	0.9049	0.9066	0.9082	0.9099	0.9115	0.9131	0.9147	0.9162	0.9177
1.4	0.9192	0.9207	0.9222	0.9236	0.9251	0.9265	0.9279	0.9292	0.9306	0.9319
1.5	0.9332	0.9345	0.9357	0.9370	0.9382	0.9394	0.9406	0.9418	0.9429	0.9441
1.6	0.9452	0.9463	0.9474	0.9484	0.9495	0.9505	0.9515	0.9525	0.9535	0.9545
1.7	0.9554	0.9564	0.9573	0.9582	0.9591	0.9599	0.9608	0.9616	0.9625	0.9633
1.8	0.9641	0.9649	0.9656	0.9664	0.9671	0.9678	0.9686	0.9693	0.9699	0.9706
1.9	0.9713	0.9719	0.9726	0.9732	0.9738	0.9744	0.9750	0.9756	0.9761	0.9767
2.0	0.9772	0.9778	0.9783	0.9788	0.9793	0.9798	0.9803	0.9808	0.9812	0.9817
2.1	0.9821	0.9826	0.9830	0.9834	0.9838	0.9842	0.9846	0.9850	0.9854	0.9857
2.2	0.9861	0.9864	0.9868	0.9871	0.9875	0.9878	0.9881	0.9884	0.9887	0.9890
2.3	0.9893	0.9896	0.9898	0.9901	0.9904	0.9906	0.9909	0.9911	0.9913	0.9916
2.4	0.9918	0.9920	0.9922	0.9925	0.9927	0.9929	0.9931	0.9932	0.9934	0.9936
2.5	0.9938	0.9940	0.9941	0.9943	0.9945	0.9946	0.9948	0.9949	0.9951	0.9952
2.6	0.9953	0.9955	0.9956	0.9957	0.9959	0.9960	0.9961	0.9962	0.9963	0.9964
2.7	0.9965	0.9966	0.9967	0.9968	0.9969	0.9970	0.9971	0.9972	0.9973	0.9974
2.8	0.9974	0.9975	0.9976	0.9977	0.9977	0.9978	0.9979	0.9979	0.9980	0.9981
2.9	0.9981	0.9982	0.9982	0.9983	0.9984	0.9984	0.9985	0.9985	0.9986	0.9986
3.0	0.9987	0.9987	0.9987	0.9988	0.9988	0.9989	0.9989	0.9989	0.9990	0.9990
3.1	0.9990	0.9991	0.9991	0.9991	0.9992	0.9992	0.9992	0.9992	0.9993	0.9993
3.2	0.9993	0.9993	0.9994	0.9994	0.9994	0.9994	0.9994	0.9995	0.9995	0.9995
3.3	0.9995	0.9995	0.9995	0.9996	0.9996	0.9996	0.9996	0.9996	0.9996	0.9997
3.4	0.9997	0.9997	0.9997	0.9997	0.9997	0.9997	0.9997	0.9997	0.9997	0.9998

χ^2 分布表

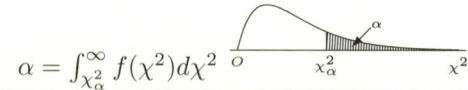

$$\alpha = \int_{\chi_\alpha^2}^{\infty} f(\chi^2) d\chi^2$$

自由度 ν	0.995	0.99	0.975	0.95	0.05	0.025	0.01	0.005
1	0.000039	0.000157	0.000982	0.003932	3.84146	5.02390	6.63489	7.87940
2	0.010025	0.020100	0.050636	0.102586	5.99148	7.37778	9.21035	10.5965
3	0.071724	0.114832	0.215795	0.351846	7.81472	9.34840	11.3449	12.8381
4	0.206984	0.297107	0.484419	0.710724	9.48773	11.1433	13.2767	14.8602
5	0.411751	0.554297	0.831209	1.14548	11.0705	12.8325	15.0863	16.7496
6	0.675733	0.872083	1.23734	1.63538	12.5916	14.4494	16.8119	18.5475
7	0.989251	1.23903	1.68986	2.16735	14.0671	16.0128	18.4753	20.2777
8	1.34440	1.64651	2.17973	2.73263	15.5073	17.5345	20.0902	21.9549
9	1.73491	2.08789	2.70039	3.32512	16.9190	19.0228	21.6660	23.5893
10	2.15585	2.55820	3.24696	3.94030	18.3070	20.4832	23.2093	25.1881
11	2.60320	3.05350	3.81574	4.57481	19.6752	21.9200	24.7250	26.7569
12	3.07379	3.57055	4.40378	5.22603	21.0261	23.3367	26.2170	28.2997
13	3.56504	4.10690	5.00874	5.89186	22.3620	24.7356	27.6882	29.8193
14	4.07466	4.66042	5.62872	6.57063	23.6848	26.1189	29.1412	31.3194
15	4.60087	5.22936	6.26212	7.26093	24.9958	27.4884	30.5780	32.8015
16	5.14216	5.81220	6.90766	7.96164	26.2962	28.8453	31.9999	34.2671
17	5.69727	6.40774	7.56418	8.67175	27.5871	30.1910	33.4087	35.7184
18	6.26477	7.01490	8.23074	9.39045	28.8693	31.5264	34.8052	37.1564
19	6.84392	7.63270	8.90651	10.1170	30.1435	32.8523	36.1908	38.5821
20	7.43381	8.26037	9.59077	10.8508	31.4104	34.1696	37.5663	39.9969
21	8.03360	8.89717	10.28291	11.5913	32.6706	35.4789	38.9322	41.4009
22	8.64268	9.54249	10.9823	12.3380	33.9245	36.7807	40.2894	42.7957
23	9.26038	10.1957	11.6885	13.0905	35.1725	38.0756	41.6383	44.1814
24	9.88620	10.8563	12.4011	13.8484	36.4150	39.3641	42.9798	45.5584
25	10.5196	11.5240	13.1197	14.6114	37.6525	40.6465	44.3140	46.9280
26	11.1602	12.1982	13.8439	15.3792	38.8851	41.9231	45.6416	48.2898
27	11.8077	12.8785	14.5734	16.1514	40.1133	43.1945	46.9628	49.6450
28	12.4613	13.5647	15.3079	16.9279	41.3372	44.4608	48.2782	50.9936
29	13.1211	14.2564	16.0471	17.7084	42.5569	45.7223	49.5878	52.3355
30	13.7867	14.9535	16.7908	18.4927	43.7730	46.9792	50.8922	53.6719
40	20.7066	22.1642	24.4331	26.5093	55.7585	59.3417	63.6908	66.7660
50	27.9908	29.7067	32.3574	34.7642	67.5048	71.4202	76.1538	79.4898
60	35.5344	37.4848	40.4817	43.1880	79.0820	83.2977	88.3794	91.9518
70	43.2753	45.4417	48.7575	51.7393	90.5313	95.0231	100.425	104.215
80	51.1719	53.5400	57.1532	60.3915	101.879	106.629	112.329	116.321
90	59.1963	61.7540	65.6466	69.1260	113.145	118.136	124.116	128.299
100	67.3275	70.0650	74.2219	77.9294	124.342	129.561	135.807	140.170

t 分布表

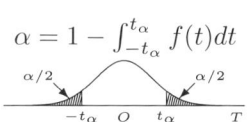

$$\alpha = 1 - \int_{-t_\alpha}^{t_\alpha} f(t)dt$$

α ν(自由度)	0.5	0.4	0.3	0.2	0.1	0.05	0.02	0.01	0.001
1	1.000	1.376	1.963	3.078	6.314	12.706	31.821	63.656	636.578
2	0.816	1.061	1.386	1.886	2.920	4.303	6.965	9.925	31.600
3	0.765	0.978	1.250	1.638	2.353	3.182	4.541	5.841	12.924
4	0.741	0.941	1.190	1.533	2.132	2.776	3.747	4.604	8.610
5	0.727	0.920	1.156	1.476	2.015	2.571	3.365	4.032	6.869
6	0.718	0.906	1.134	1.440	1.943	2.447	3.143	3.707	5.959
7	0.711	0.896	1.119	1.415	1.895	2.365	2.998	3.499	5.408
8	0.706	0.889	1.108	1.397	1.860	2.306	2.896	3.355	5.041
9	0.703	0.883	1.100	1.383	1.833	2.262	2.821	3.250	4.781
10	0.700	0.879	1.093	1.372	1.812	2.228	2.764	3.169	4.587
11	0.697	0.876	1.088	1.363	1.796	2.201	2.718	3.106	4.437
12	0.695	0.873	1.083	1.356	1.782	2.179	2.681	3.055	4.318
13	0.694	0.870	1.079	1.350	1.771	2.160	2.650	3.012	4.221
14	0.692	0.868	1.076	1.345	1.761	2.145	2.624	2.977	4.140
15	0.691	0.866	1.074	1.341	1.753	2.131	2.602	2.947	4.073
16	0.690	0.865	1.071	1.337	1.746	2.120	2.583	2.921	4.015
17	0.689	0.863	1.069	1.333	1.740	2.110	2.567	2.898	3.965
18	0.688	0.862	1.067	1.330	1.734	2.101	2.552	2.878	3.922
19	0.688	0.861	1.066	1.328	1.729	2.093	2.539	2.861	3.883
20	0.687	0.860	1.064	1.325	1.725	2.086	2.528	2.845	3.850
21	0.686	0.859	1.063	1.323	1.721	2.080	2.518	2.831	3.819
22	0.686	0.858	1.061	1.321	1.717	2.074	2.508	2.819	3.792
23	0.685	0.858	1.060	1.319	1.714	2.069	2.500	2.807	3.768
24	0.685	0.857	1.059	1.318	1.711	2.064	2.492	2.797	3.745
25	0.684	0.856	1.058	1.316	1.708	2.060	2.485	2.787	3.725
26	0.684	0.856	1.058	1.315	1.706	2.056	2.479	2.779	3.707
27	0.684	0.855	1.057	1.314	1.703	2.052	2.473	2.771	3.689
28	0.683	0.855	1.056	1.313	1.701	2.048	2.467	2.763	3.674
29	0.683	0.854	1.055	1.311	1.699	2.045	2.462	2.756	3.660
30	0.683	0.854	1.055	1.310	1.697	2.042	2.457	2.750	3.646
40	0.681	0.851	1.050	1.303	1.684	2.021	2.423	2.704	3.551
60	0.679	0.848	1.045	1.296	1.671	2.000	2.390	2.660	3.460
120	0.677	0.845	1.041	1.289	1.658	1.980	2.358	2.617	3.373
∞	0.674	0.842	1.036	1.282	1.645	1.960	2.326	2.576	3.290

F 分布表 ($\alpha = 0.05$)

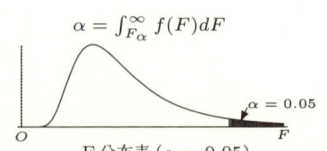

$$\alpha = \int_{F_\alpha}^{\infty} f(F)\,dF$$

F 分布表 ($\alpha = 0.05$)
$\nu_1 =$ 分子の自由度, $\nu_2 =$ 分母の自由度

$\nu_2 \backslash \nu_1$	1	2	3	4	5	6	7	8	9	10
1	161	199	216	225	230	234	237	239	241	242
2	18.5	19.0	19.2	19.2	19.3	19.3	19.4	19.4	19.4	19.4
3	10.13	9.55	9.28	9.12	9.01	8.94	8.89	8.85	8.81	8.79
4	7.71	6.94	6.59	6.39	6.26	6.16	6.09	6.04	6.00	5.96
5	6.61	5.79	5.41	5.19	5.05	4.95	4.88	4.82	4.77	4.74
6	5.99	5.14	4.76	4.53	4.39	4.28	4.21	4.15	4.10	4.06
7	5.59	4.74	4.35	4.12	3.97	3.87	3.79	3.73	3.68	3.64
8	5.32	4.46	4.07	3.84	3.69	3.58	3.50	3.44	3.39	3.35
9	5.12	4.26	3.86	3.63	3.48	3.37	3.29	3.23	3.18	3.14
10	4.96	4.10	3.71	3.48	3.33	3.22	3.14	3.07	3.02	2.98
11	4.84	3.98	3.59	3.36	3.20	3.09	3.01	2.95	2.90	2.85
12	4.75	3.89	3.49	3.26	3.11	3.00	2.91	2.85	2.80	2.75
13	4.67	3.81	3.41	3.18	3.03	2.92	2.83	2.77	2.71	2.67
14	4.60	3.74	3.34	3.11	2.96	2.85	2.76	2.70	2.65	2.60
15	4.54	3.68	3.29	3.06	2.90	2.79	2.71	2.64	2.59	2.54
16	4.49	3.63	3.24	3.01	2.85	2.74	2.66	2.59	2.54	2.49
17	4.45	3.59	3.20	2.96	2.81	2.70	2.61	2.55	2.49	2.45
18	4.41	3.55	3.16	2.93	2.77	2.66	2.58	2.51	2.46	2.41
19	4.38	3.52	3.13	2.90	2.74	2.63	2.54	2.48	2.42	2.38
20	4.35	3.49	3.10	2.87	2.71	2.60	2.51	2.45	2.39	2.35
21	4.32	3.47	3.07	2.84	2.68	2.57	2.49	2.42	2.37	2.32
22	4.30	3.44	3.05	2.82	2.66	2.55	2.46	2.40	2.34	2.30
23	4.28	3.42	3.03	2.80	2.64	2.53	2.44	2.37	2.32	2.27
24	4.26	3.40	3.01	2.78	2.62	2.51	2.42	2.36	2.30	2.25
25	4.24	3.39	2.99	2.76	2.60	2.49	2.40	2.34	2.28	2.24
26	4.23	3.37	2.98	2.74	2.59	2.47	2.39	2.32	2.27	2.22
27	4.21	3.35	2.96	2.73	2.57	2.46	2.37	2.31	2.25	2.20
28	4.20	3.34	2.95	2.71	2.56	2.45	2.36	2.29	2.24	2.19
29	4.18	3.33	2.93	2.70	2.55	2.43	2.35	2.28	2.22	2.18
30	4.17	3.32	2.92	2.69	2.53	2.42	2.33	2.27	2.21	2.16
40	4.08	3.23	2.84	2.61	2.45	2.34	2.25	2.18	2.12	2.08
50	4.03	3.18	2.79	2.56	2.40	2.29	2.20	2.13	2.07	2.03
60	4.00	3.15	2.76	2.53	2.37	2.25	2.17	2.10	2.04	1.99
120	3.92	3.07	2.68	2.45	2.29	2.18	2.09	2.02	1.96	1.91
∞	3.84	3.00	2.60	2.37	2.21	2.10	2.01	1.94	1.88	1.83

F 分布表 (つづき, $\alpha = 0.05$)
$\nu_1 =$ 分子の自由度, $\nu_2 =$ 分母の自由度

$\nu_2 \backslash \nu_1$	11	12	15	20	30	40	50	60	120	∞
1	243	244	246	248	250	251	252	252	253	254
2	19.4	19.4	19.4	19.4	19.5	19.5	19.5	19.5	19.5	19.5
3	8.76	8.74	8.70	8.66	8.62	8.59	8.58	8.57	8.55	8.53
4	5.94	5.91	5.86	5.80	5.75	5.72	5.70	5.69	5.66	5.63
5	4.70	4.68	4.62	4.56	4.50	4.46	4.44	4.43	4.40	4.36
6	4.03	4.00	3.94	3.87	3.81	3.77	3.75	3.74	3.70	3.67
7	3.60	3.57	3.51	3.44	3.38	3.34	3.32	3.30	3.27	3.23
8	3.31	3.28	3.22	3.15	3.08	3.04	3.02	3.01	2.97	2.93
9	3.10	3.07	3.01	2.94	2.86	2.83	2.80	2.79	2.75	2.71
10	2.94	2.91	2.85	2.77	2.70	2.66	2.64	2.62	2.58	2.54
11	2.82	2.79	2.72	2.65	2.57	2.53	2.51	2.49	2.45	2.40
12	2.72	2.69	2.62	2.54	2.47	2.43	2.40	2.38	2.34	2.30
13	2.63	2.60	2.53	2.46	2.38	2.34	2.31	2.30	2.25	2.21
14	2.57	2.53	2.46	2.39	2.31	2.27	2.24	2.22	2.18	2.13
15	2.51	2.48	2.40	2.33	2.25	2.20	2.18	2.16	2.11	2.07
16	2.46	2.42	2.35	2.28	2.19	2.15	2.12	2.11	2.06	2.01
17	2.41	2.38	2.31	2.23	2.15	2.10	2.08	2.06	2.01	1.96
18	2.37	2.34	2.27	2.19	2.11	2.06	2.04	2.02	1.97	1.92
19	2.34	2.31	2.23	2.16	2.07	2.03	2.00	1.98	1.93	1.88
20	2.31	2.28	2.20	2.12	2.04	1.99	1.97	1.95	1.90	1.84
21	2.28	2.25	2.18	2.10	2.01	1.96	1.94	1.92	1.87	1.81
22	2.26	2.23	2.15	2.07	1.98	1.94	1.91	1.89	1.84	1.78
23	2.24	2.20	2.13	2.05	1.96	1.91	1.88	1.86	1.81	1.76
24	2.22	2.18	2.11	2.03	1.94	1.89	1.86	1.84	1.79	1.73
25	2.20	2.16	2.09	2.01	1.92	1.87	1.84	1.82	1.77	1.71
26	2.18	2.15	2.07	1.99	1.90	1.85	1.82	1.80	1.75	1.69
27	2.17	2.13	2.06	1.97	1.88	1.84	1.81	1.79	1.73	1.67
28	2.15	2.12	2.04	1.96	1.87	1.82	1.79	1.77	1.71	1.65
29	2.14	2.10	2.03	1.94	1.85	1.81	1.77	1.75	1.70	1.64
30	2.13	2.09	2.01	1.93	1.84	1.79	1.76	1.74	1.68	1.62
40	2.04	2.00	1.92	1.84	1.74	1.69	1.66	1.64	1.58	1.51
50	1.99	1.95	1.87	1.78	1.69	1.63	1.60	1.58	1.51	1.44
60	1.95	1.92	1.84	1.75	1.65	1.59	1.56	1.53	1.47	1.39
120	1.87	1.83	1.75	1.66	1.55	1.50	1.46	1.43	1.35	1.25
∞	1.79	1.75	1.67	1.57	1.46	1.39	1.35	1.32	1.22	1.00

F 分布表 ($\alpha = 0.01$)

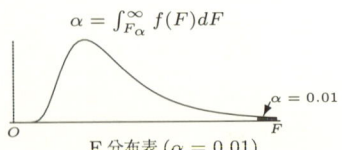

$$\alpha = \int_{F_\alpha}^{\infty} f(F) dF$$

F 分布表 ($\alpha = 0.01$)
$\nu_1 =$ 分子の自由度, $\nu_2 =$ 分母の自由度

$\nu_2 \backslash \nu_1$	1	2	3	4	5	6	7	8	9	10
1	4052	4999	5403	5625	5764	5859	5928	5981	6022	6056
2	98.5	99.0	99.2	99.2	99.3	99.3	99.4	99.4	99.4	99.4
3	34.1	30.8	29.5	28.7	28.2	27.9	27.7	27.5	27.3	27.2
4	21.2	18.0	16.7	16.0	15.5	15.2	15.0	14.8	14.7	14.5
5	16.3	13.3	12.1	11.4	11.0	10.7	10.5	10.3	10.2	10.1
6	13.75	10.92	9.78	9.15	8.75	8.47	8.26	8.10	7.98	7.87
7	12.25	9.55	8.45	7.85	7.46	7.19	6.99	6.84	6.72	6.62
8	11.26	8.65	7.59	7.01	6.63	6.37	6.18	6.03	5.91	5.81
9	10.56	8.02	6.99	6.42	6.06	5.80	5.61	5.47	5.35	5.26
10	10.04	7.56	6.55	5.99	5.64	5.39	5.20	5.06	4.94	4.85
11	9.65	7.21	6.22	5.67	5.32	5.07	4.89	4.74	4.63	4.54
12	9.33	6.93	5.95	5.41	5.06	4.82	4.64	4.50	4.39	4.30
13	9.07	6.70	5.74	5.21	4.86	4.62	4.44	4.30	4.19	4.10
14	8.86	6.51	5.56	5.04	4.69	4.46	4.28	4.14	4.03	3.94
15	8.68	6.36	5.42	4.89	4.56	4.32	4.14	4.00	3.89	3.80
16	8.53	6.23	5.29	4.77	4.44	4.20	4.03	3.89	3.78	3.69
17	8.40	6.11	5.18	4.67	4.34	4.10	3.93	3.79	3.68	3.59
18	8.29	6.01	5.09	4.58	4.25	4.01	3.84	3.71	3.60	3.51
19	8.18	5.93	5.01	4.50	4.17	3.94	3.77	3.63	3.52	3.43
20	8.10	5.85	4.94	4.43	4.10	3.87	3.70	3.56	3.46	3.37
21	8.02	5.78	4.87	4.37	4.04	3.81	3.64	3.51	3.40	3.31
22	7.95	5.72	4.82	4.31	3.99	3.76	3.59	3.45	3.35	3.26
23	7.88	5.66	4.76	4.26	3.94	3.71	3.54	3.41	3.30	3.21
24	7.82	5.61	4.72	4.22	3.90	3.67	3.50	3.36	3.26	3.17
25	7.77	5.57	4.68	4.18	3.85	3.63	3.46	3.32	3.22	3.13
26	7.72	5.53	4.64	4.14	3.82	3.59	3.42	3.29	3.18	3.09
27	7.68	5.49	4.60	4.11	3.78	3.56	3.39	3.26	3.15	3.06
28	7.64	5.45	4.57	4.07	3.75	3.53	3.36	3.23	3.12	3.03
29	7.60	5.42	4.54	4.04	3.73	3.50	3.33	3.20	3.09	3.00
30	7.56	5.39	4.51	4.02	3.70	3.47	3.30	3.17	3.07	2.98
40	7.31	5.18	4.31	3.83	3.51	3.29	3.12	2.99	2.89	2.80
50	7.17	5.06	4.20	3.72	3.41	3.19	3.02	2.89	2.78	2.70
60	7.08	4.98	4.13	3.65	3.34	3.12	2.95	2.82	2.72	2.63
120	6.85	4.79	3.95	3.48	3.17	2.96	2.79	2.66	2.56	2.47
∞	6.63	4.61	3.78	3.32	3.02	2.80	2.64	2.51	2.41	2.32

分布表

F 分布表 (つづき, $\alpha = 0.01$)
$\nu_1 = $ 分子の自由度, $\nu_2 = $ 分母の自由度

$\nu_2\backslash\nu_1$	11	12	15	20	30	40	50	60	120	∞
1	6083	6106	6157	6209	6261	6287	6303	6313	6339	6366
2	99.4	99.4	99.4	99.4	99.5	99.5	99.5	99.5	99.5	99.5
3	27.1	27.1	26.9	26.7	26.5	26.4	26.4	26.3	26.2	26.1
4	14.5	14.4	14.2	14.0	13.8	13.7	13.7	13.7	13.6	13.5
5	9.96	9.89	9.72	9.55	9.38	9.29	9.24	9.20	9.11	9.02
6	7.79	7.72	7.56	7.40	7.23	7.14	7.09	7.06	6.97	6.88
7	6.54	6.47	6.31	6.16	5.99	5.91	5.86	5.82	5.74	5.65
8	5.73	5.67	5.52	5.36	5.20	5.12	5.07	5.03	4.95	4.86
9	5.18	5.11	4.96	4.81	4.65	4.57	4.52	4.48	4.40	4.31
10	4.77	4.71	4.56	4.41	4.25	4.17	4.12	4.08	4.00	3.91
11	4.46	4.40	4.25	4.10	3.94	3.86	3.81	3.78	3.69	3.60
12	4.22	4.16	4.01	3.86	3.70	3.62	3.57	3.54	3.45	3.36
13	4.02	3.96	3.82	3.66	3.51	3.43	3.38	3.34	3.25	3.17
14	3.86	3.80	3.66	3.51	3.35	3.27	3.22	3.18	3.09	3.00
15	3.73	3.67	3.52	3.37	3.21	3.13	3.08	3.05	2.96	2.87
16	3.62	3.55	3.41	3.26	3.10	3.02	2.97	2.93	2.84	2.75
17	3.52	3.46	3.31	3.16	3.00	2.92	2.87	2.83	2.75	2.65
18	3.43	3.37	3.23	3.08	2.92	2.84	2.78	2.75	2.66	2.57
19	3.36	3.30	3.15	3.00	2.84	2.76	2.71	2.67	2.58	2.49
20	3.29	3.23	3.09	2.94	2.78	2.69	2.64	2.61	2.52	2.42
21	3.24	3.17	3.03	2.88	2.72	2.64	2.58	2.55	2.46	2.36
22	3.18	3.12	2.98	2.83	2.67	2.58	2.53	2.50	2.40	2.31
23	3.14	3.07	2.93	2.78	2.62	2.54	2.48	2.45	2.35	2.26
24	3.09	3.03	2.89	2.74	2.58	2.49	2.44	2.40	2.31	2.21
25	3.06	2.99	2.85	2.70	2.54	2.45	2.40	2.36	2.27	2.17
26	3.02	2.96	2.81	2.66	2.50	2.42	2.36	2.33	2.23	2.13
27	2.99	2.93	2.78	2.63	2.47	2.38	2.33	2.29	2.20	2.10
28	2.96	2.90	2.75	2.60	2.44	2.35	2.30	2.26	2.17	2.06
29	2.93	2.87	2.73	2.57	2.41	2.33	2.27	2.23	2.14	2.03
30	2.91	2.84	2.70	2.55	2.39	2.30	2.25	2.21	2.11	2.01
40	2.73	2.66	2.52	2.37	2.20	2.11	2.06	2.02	1.92	1.80
50	2.63	2.56	2.42	2.27	2.10	2.01	1.95	1.91	1.80	1.68
60	2.56	2.50	2.35	2.20	2.03	1.94	1.88	1.84	1.73	1.60
120	2.40	2.34	2.19	2.03	1.86	1.76	1.70	1.66	1.53	1.38
∞	2.25	2.18	2.04	1.88	1.70	1.59	1.52	1.47	1.32	1.00

標準的な分布関数

離 散 分 布

Bernoulli(p) ベルヌーイ分布
- pmf $\quad \mathbb{P}(X=x|p) = p^x(1-p)^{1-x}; \quad x=0,1, \quad 0 \leq p \leq 1$
- 平均, 分散 $\quad \mathbb{E}[X] = p, \quad \text{Var}[X] = p(1-p)$
- mgf $\quad M_X(t) = (1-p) + pe^t$

Binomial(n,p) 2 項分布 $0 \leq p \leq 1$
- pmf $\quad \mathbb{P}(X=x|n,p) = {}_nC_x p^x (1-p)^{n-x}; \quad x=0,1,\ldots,n$
- 平均, 分散 $\quad \mathbb{E}[X] = np, \quad \text{Var}[X] = np(1-p)$
- mgf $\quad M_X(t) = [(1-p) + pe^t]^n$

Discrete uniform(N) 離散一様分布
- pmf $\quad \mathbb{P}(X=x|N) = \dfrac{1}{N}; \quad x=0,1,\ldots,N; \quad N=1,2,\ldots$
- 平均, 分散 $\quad \mathbb{E}[X] = \dfrac{N+1}{2}, \quad \text{Var}[X] = \dfrac{(N+1)(N-1)}{12}$
- mgf $\quad M_X(t) = \dfrac{1}{N}\sum_{i=1}^{N} e^{it}$

Geometric(p) 幾何分布

pmf $\quad \mathbb{P}(X = x|p) = p(1-p)^{x-1}; \quad x = 1, 2, \ldots; \quad 0 \le p \le 1$

平均, 分散 $\quad \mathbb{E}[X] = \dfrac{1}{p}, \quad \mathrm{Var}[X] = \dfrac{1-p}{p^2}$

mgf $\quad M_X(t) = \dfrac{pe^t}{1-(1-p)e^t} \quad$ ただし $t < -\log(1-p)$ のとき

notes $\quad Y = X - 1$ は負の2項分布 $(1, p)$ となる。

Hypergeometric 超幾何分布

pmf $\quad \mathbb{P}(X = x|N, M, K) = \dfrac{{}_M C_x \cdot {}_{N-M} C_{K-x}}{{}_N C_K}; \quad x = 0, 1, \ldots, K$

$\quad M - (N - K) \le x \le M; \quad N, M, K \ge 0$

平均, 分散 $\quad \mathbb{E}[X] = \dfrac{KM}{N}, \quad \mathrm{Var}[X] = \dfrac{KM}{N} \dfrac{(N-M)(N-K)}{N(N-1)}$

Negative binomial(r, p) 負の2項分布 $0 \le p \le 1$

pmf $\quad \mathbb{P}(X = x|r, p) = {}_{r+x-1}C_x p^r (1-p)^x; \quad x = 0, 1, \ldots$

平均, 分散 $\quad \mathbb{E}[X] = \dfrac{r(1-p)}{p}, \quad \mathrm{Var}[X] = \dfrac{r(1-p)}{p^2}$

mgf $\quad M_X(t) = \left(\dfrac{p}{1-(1-p)e^t}\right)^r, \quad t < -\log(1-p)$

notes $\quad \mathbb{P}(Y = y \,|\, r, p) = {}_{y-1}C_{r-1} p^r (1-p)^{y-r}, \quad y = r, r+1, \ldots$
$\quad r$ は成功した回数, X は r 回成功するまでの失敗の回数,
$\quad Y$ は r 回成功するまでの試行回数

Poisson(λ) ポアソン分布

pmf $\quad \mathbb{P}(X = x|\lambda) = \dfrac{e^{-\lambda} \lambda^x}{x!}; \quad x = 0, 1, \ldots; \quad 0 \le \lambda < \infty$

平均, 分散 $\quad \mathbb{E}[X] = \lambda, \quad \mathrm{Var}[X] = \lambda$

mgf $\quad M_X(t) = e^{\lambda(e^t - 1)}$

連 続 分 布

以下では，標準偏差ないしはスケール・パラメターの $\sigma > 0$ は正を仮定する。mgf が記されていないものは存在しないことを意味する。

Beta(α, β) ベータ分布

pdf $\quad f(x|\alpha, \beta) = \dfrac{1}{B(\alpha, \beta)} x^{\alpha-1}(1-x)^{\beta-1}; \quad 0 \le x \le 1,\ \alpha, \beta > 0$

平均, 分散 $\quad \mathbb{E}[X] = \dfrac{\alpha}{\alpha + \beta}; \quad \mathrm{Var}[X] = \dfrac{\alpha \beta}{(\alpha + \beta)^2 (\alpha + \beta + 1)}$

mgf $\quad M_X(t) = 1 + \displaystyle\sum_{k=1}^{\infty} \left(\prod_{r=0}^{k-1} \dfrac{\alpha + r}{\alpha + \beta + r} \right) \dfrac{t^k}{k!}$

Cauchy(θ, σ) コーシー分布

pdf $\quad f(x|\theta, \sigma) = \dfrac{1}{\pi \sigma} \dfrac{1}{1 + \left(\frac{x-\theta}{\sigma}\right)^2}; \quad -\infty < x, \theta < \infty, \sigma > 0$

平均, 分散 $\quad$ 存在せず

Chi squared(p) カイ 2 乗分布

pdf $\quad f(x|p) = \dfrac{1}{\Gamma(p/2) 2^{p/2}} x^{(p/2)-1} e^{-x/2}; \quad 0 \le x < \infty,\ p = 1, 2, \ldots$

平均, 分散 $\quad \mathbb{E}[X] = p; \quad \mathrm{Var}[X] = 2p$

mgf $\quad M_X(t) = \left(\dfrac{1}{1-2t} \right)^{p/2},\ t < \dfrac{1}{2}$

Exponential(β) 指数分布

pdf $\quad f(x|\beta) = \dfrac{1}{\beta} e^{-x/\beta}; \quad 0 \le x < \infty,\ \beta > 0$

平均, 分散 $\quad \mathbb{E}[X] = \beta; \quad \mathrm{Var}[X] = \beta^2$

mgf $\quad M_X(t) = \dfrac{1}{1 - \beta t};\ t < \dfrac{1}{\beta}$

F 分布

pdf $\quad f(x|\nu_1, \nu_2) = \dfrac{\Gamma\left(\frac{\nu_1+\nu_2}{2}\right)}{\Gamma\left(\frac{\nu_1}{2}\right)\Gamma\left(\frac{\nu_2}{2}\right)} \left(\dfrac{\nu_1}{\nu_2}\right)^{\frac{\nu_1}{2}} \dfrac{x^{\frac{(\nu_1-2)}{2}}}{\left(1+\left(\frac{\nu_1}{\nu_2}\right)x\right)^{\frac{(\nu_1+\nu_2)}{2}}}$

$0 \leq x < \infty;\ \nu_1, \nu_2 = 1, 2, \ldots$

平均, 分散 $\quad \mathbb{E}[X] = \dfrac{\nu_2}{\nu_2-2};\ \mathrm{Var}[X] = 2\left(\dfrac{\nu_2}{\nu_2-2}\right)^2 \dfrac{\nu_1+\nu_2-2}{\nu_1(\nu_2-4)},$

$\mathbb{E}[X]$ は $\nu_2 > 2$ のとき, $\mathrm{Var}[X]$ は $\nu_2 > 4$ のときのみ存在

Gamma(α, β) ガンマ分布

pdf $\quad f(x|\alpha, \beta) = \dfrac{1}{\Gamma(\alpha)\beta^\alpha} x^{\alpha-1} e^{-x/\beta};\quad 0 \leq x < \infty,\ \alpha, \beta > 0$

平均, 分散 $\quad \mathbb{E}[X] = \alpha\beta;\quad \mathrm{Var}[X] = \alpha\beta^2$

mgf $\quad M_X(t) = \left(\dfrac{1}{1-\beta t}\right)^\alpha,\quad t < \dfrac{1}{\beta}$

Laplace(μ, σ) ラプラス分布

pdf $\quad f(x|\mu, \sigma) = \dfrac{1}{2\sigma} e^{-|x-\mu|/\sigma};\quad -\infty < x, \mu < \infty,\quad \sigma > 0$

平均, 分散 $\quad \mathbb{E}[X] = \mu;\quad \mathrm{Var}[X] = 2\sigma^2$

mgf $\quad M_X(t) = \dfrac{e^{\mu t}}{1-(\sigma t)^2},\ |t| < \dfrac{1}{\sigma}$

Logistic(μ, β) ロジスティック分布

pdf $\quad f(x|\mu, \beta) = \dfrac{1}{\beta} \dfrac{e^{-(x-\mu)/\beta}}{[1+e^{-(x-\mu)/\beta}]^2};\quad -\infty < x, \mu < \infty,\ \beta > 0$

平均, 分散 $\quad \mathbb{E}[X] = \mu;\quad \mathrm{Var}[X] = \dfrac{\pi^2 \beta^2}{3}$

mgf $\quad M_X(t) = e^{\mu t} \Gamma(1-\beta t)\Gamma(1+\beta t),\quad |t| < \dfrac{1}{\beta}$

Lognormal(μ, σ^2) 対数正規分布 $-\infty < \mu < \infty$

pdf $\quad f(x|\mu, \sigma^2) = \dfrac{1}{\sqrt{2\pi}\sigma} \dfrac{e^{-(\log x - \mu)^2/(2\sigma^2)}}{x};\quad 0 \leq x < \infty$

平均, 分散 $\quad \mathbb{E}[X] = e^{\mu + (\sigma^2/2)};\quad \mathrm{Var}[X] = e^{2(\mu+\sigma^2)} - e^{2\mu+\sigma^2}$

連続分布

Normal(μ, σ^2) 正規分布
    pdf $f(x|\mu,\sigma^2) = \dfrac{1}{\sqrt{2\pi}\sigma} e^{-(x-\mu)^2/(2\sigma^2)}; \quad -\infty < x, \mu < \infty$

    平均, 分散 $\mathbb{E}[X] = \mu; \quad \text{Var}[X] = \sigma^2$

    mgf $M_X(t) = e^{\mu t + \sigma^2 t^2/2}$

Pareto(α, β) パレート分布
    pdf $f(x|\alpha,\beta) = \dfrac{\beta \alpha^\beta}{x^{\beta+1}}; \quad \alpha \le x < \infty, \; \alpha, \beta > 0$

    平均, 分散 $\mathbb{E}[X] = \dfrac{\alpha\beta}{\beta - 1}, \; \beta > 1; \quad \text{Var}[X] = \dfrac{\alpha^2 \beta}{(\beta-1)^2(\beta-2)}, \; \beta > 2$

t 分布
    pdf $f(x|\nu) = \dfrac{\Gamma\left(\frac{\nu+1}{2}\right)}{\Gamma\left(\frac{\nu}{2}\right)} \dfrac{1}{\sqrt{\pi\nu}} \dfrac{1}{\left(1 + \left(\frac{x^2}{\nu}\right)\right)^{(\nu+1)/2}}$

                $-\infty < x < \infty; \; \nu = 1, 2, \ldots$

    平均, 分散 $\mathbb{E}[X] = 0, \nu > 1; \; \text{Var}[X] = \dfrac{\nu}{\nu - 2}, \; \nu > 2$

Uniform(a, b) 一様分布
    pdf $f(x|a,b) = \dfrac{1}{b - a}; \quad a \le x \le b$

    平均, 分散 $\mathbb{E}[X] = \dfrac{b + a}{2}; \; \text{Var}[X] = \dfrac{(b - a)^2}{12}$

    mgf $M_X(t) = \dfrac{e^{bt} - e^{at}}{(b - a)t}$

Weibull(γ, β) ワイブル分布
    pdf $f(x|\gamma,\beta) = \dfrac{\gamma}{\beta} x^{\gamma-1} e^{-x^\gamma/\beta}; \quad 0 \le x < \infty, \; \gamma, \beta > 0$

    平均, 分散 $\mathbb{E}[X] = \beta^{\frac{1}{\gamma}} \Gamma\left(1 + \dfrac{1}{\gamma}\right);$

                $\text{Var}[X] = \beta^{\frac{2}{\gamma}} \left[\Gamma\left(1 + \dfrac{2}{\gamma}\right) - \Gamma^2\left(1 + \dfrac{1}{\gamma}\right)\right]$

    mgf $\gamma \ge 1$ のとき存在するが複雑

ガンマ関数・ベータ関数

$$\Gamma(x) \equiv \int_0^\infty e^{-t}t^{x-1}dt, \ \Gamma(1/2) = \sqrt{\pi}, \ \Gamma(1) = 1$$

$$\Gamma(x+1) = x\Gamma(x); \ \text{したがって}, \ x\text{が自然数なら} \ x! = \Gamma(x+1)$$

$$B(p,q) \equiv \int_0^1 x^{p-1}(1-x)^{q-1}dx = \frac{\Gamma(p)\Gamma(q)}{\Gamma(p+q)}$$

注) この分布関数のリストと記号は Casella and Berger (2002) 前掲書によるところが大きい。

索　引

欧　文

ANOVA　80
BLUE　194
CLT　170
Excel　31, 100
iid　155
LRT　135
MGF　168, 170
MLE　104
p–値　116
UMP　141

あ　行

一様最強力検定　141
一様分布，離散　227
一様分布，連続　18, 22, 25, 231
一致性　109
伊藤　清　4
岩田暁一　40, 94
因果推論　119
インディケータ関数　28, 139

ウィリアムズ, D.　4, 110
ウィルクスの定理　108

F 分布　78, 230
エンゲル係数　34, 37, 40, 176

エントロピー　109
エントロピー, カルバック・ライブラーの相対　109
エントロピー, 最大　110

横断面データ　192
オッズ　142

か　行

回帰係数　177
回帰残差　180
回帰値　180
回帰の標準誤差　195
カイ 2 乗分布　54, 67, 69, 72, 96, 171, 197, 229
カイ 2 乗分布, 標本分散　69
外生変数　177
ガウス, J. C. F.　19, 179
ガウス，分布　19
ガウス・マルコフの仮定　194
ガウス・マルコフの定理　194
撹乱項　177
確率　6
確率, 条件付き確率　7
確率関数　16
確率実験　33
確率質量関数　16, 36
確率収束　30, 109
確率変数　14, 37

確率変数，期待値　20
確率変数，離散確率変数　15
確率変数，連続確率変数　15
確率変数の線形関数　169
確率密度関数　17, 36
確率密度関数，正規分布　56
確率論　15
「家計調査」　36, 41, 120, 121, 131, 133, 176, 192
可算加法性　6
仮説検定　111, 199
仮説検定，分散の比　134
仮想的な母集団　36
片側検定　114
加法定理　6
カルバック・ライブラーの相対エントロピー　109
観察値　38
感度，検査の感度　11
ガンマ関数　68, 171
ガンマ分布　69, 230

幾何分布　228
棄却　112
棄却域　113
基準化　57, 58, 61, 73, 74, 93, 113
疑似乱数　39
期待値　21, 22, 148, 151
期待値，標本分散　53
期待値，標本平均　46
帰無仮説　116, 199
共分散　148, 152
局外母数　141
均一分散　192

空事象　4
空集合　4
区間推定　88, 198
区間推定，割合　92
区間推定，分散　99
区間推定，平均　89, 95
区間推定量　88
くじ, 宝くじ　14

くじの賞金　20
繰り返し期待値の法則　155
クロス・セクション・データ　192
クロス・タビュレーション　157

経験分布　45
系統的部分　177
系列相関　192
結合質量関数　146, 147
結合密度関数　149
決定係数　183
ケトレー, A.　19
検定，平均　112
検定関数　139
検定統計量　199
検定のサイズ　112, 114
検定力　115
検定力関数　138

コイン投げ　2, 4, 17, 30, 31, 33, 35, 90, 145
広義積分　17
「工業統計」　192
交絡　43
コーシー分布　64, 229
「国勢調査」　39
誤差　85
誤差項　177
誤差の限界　89
ゴセット, W. S.　74
小平邦彦　163
ゴルトン, F.　177
コルモゴロフ, A. H.　1
コントロール　34

さ　行

さいころ投げ　4, 15
最小2乗残差　180
最小2乗推定量　180
最小2乗法　179
サイズ α の仮説検定　139
最大エントロピー　110
再抽出　45

索　引

最尤推定法　208
最尤推定量　104, 107, 208
最尤法　104, 105, 157
最尤法，ベルヌーイ分布　105
最尤法，正規分布　104
最良線形不偏推定量　194
差の分散　119
残差　178
残差平方和　179
サンプル　37
サンプル・サイズ　37
サンプル・セレクション・バイアス　44, 190
サンプル・メディアン　41

識別不可能　188
時系列データ　192
試行　5
事後確率　157
事象　4
指数分布　69, 229
事前分布　156
悉皆調査　39
実験計画法　44
指定変数　190
四分位　41
四分位間範囲　41
「就業構造基本調査」　9, 162
就業状態の遷移　8
収束　31
従属変数　177
自由度　77, 173
周辺質量関数　147
周辺分布　197
周辺密度関数　150
条件付き確率　7
条件付き期待値　154, 188, 191
条件付き質量関数　152
条件付き密度関数　153, 188
乗法定理　9
処置　42, 80
処置群　34
処理　42

信頼区間　89, 198
信頼区間，平均　95
信頼係数　89
信頼限界　89
信頼水準　89

推定値　180
推定の誤差　85
推定量　84
推定量，点推定量　84
スコア検定　137
スターリング, J.　31
スターリングの公式　31, 69, 77
スチューデントの t 分布　74, 75, 97, 197
スティグラー, S. M.　11, 30, 31
スネデカーの F 分布　78, 79, 202
スルツキーの補題　107, 108

正規分布　19, 22, 26, 56, 170, 196, 231
正規分布，最尤法　104
正規分布，標準正規分布　19
正規分布，標準正規分布への変換　23
正規方程式　179
正規母集団　37, 54, 130
正規母集団，対数尤度関数　103
制御変数　177
成長量，樹木　49
説明変数　177
全確率の法則　155
全期待値の法則　155
漸近理論　105
「全国学力テスト」　43
「全国消費実態調査」　51, 161
全事象　4
全数調査　37, 39

相関係数　148
相関係数の検定　160
測定誤差　189

た 行

第Ⅰ種の過誤　115
第Ⅰ種の過誤確率　115
対照群　34
対数正規分布　230
大数の法則　44
大数の法則, 強法則　30, 109
大数の法則, 弱法則　29, 30, 52
対数尤度関数　103, 208
対数尤度関数, 2項母集団　104
対数尤度関数, 正規母集団　103
対数尤度比　108
第Ⅱ種の過誤　115
第Ⅱ種の過誤確率　115
高木貞治　31, 163
単純仮説　114
単純線形回帰モデル　177
弾力性　186

チェビシェフ, P. L.　28
チェビシェフの不等式　28
チャウ検定　202
中位数　41
中央値　41
中心極限定理　61, 93, 113, 170
中心極限定理, 2次関数　63
中心極限定理, 一様分布　62
中心モーメント　53
超幾何分布　228

t 分布　231
データ　38
適合度検定　157, 172
点推定量　84

統計学　1, 15
統計学的な仮説　111
統計的規則性　33
統計的推測　38
統計的独立性　153
統計的に独立　97, 152, 197
統計的に有意　116

統計量　85
同時性　189
特異度, 検査の特異度　11
独立, 事象の独立　9
独立, 離散確率変数　17
独立, 連続確率変数　19
独立性の検定　159
独立で同一の分布　155
独立な確率変数　154
独立な確率変数の和　169
独立変数　177
ド・モアブル, A.　19, 61

な 行

内生変数　177

2元分割表　157
2項分布　50, 143, 172, 227
2項母集団　36, 102
2項母集団, 対数尤度関数　104
2変量正規分布　151
ニューサンス・パラメター　89, 141

ネイマン, J.　112, 140

ノンパラメトリック　38

は 行

バイアス　189
排反事象　5
箱髭図　40
はずれ値　42
パネル・データ　192
パラメター　38, 85
パラメトリック　38
パレート分布　231
反応　42
反応変数　177

ピアソン, E. S.　112, 140
ピアソン, K.　68, 74, 174
非系統的部分　177
ヒストグラム　40

索　引

被説明変数　177
左片側検定　114
非復元抽出　38
標準正規分布　19, 57, 113
標本　37
標本回帰直線　180
標本回帰方程式　180
標本選択バイアス　44, 190
標本相関係数　160, 184, 185
標本中位数　41
標本抽出　37
標本抽出，2項母集団　49
標本調査論　39
標本の大きさ　37
標本標準偏差　52
標本分散　52, 86
標本分散，カイ2乗分布　69
標本分散の期待値・平均　53
標本分散の分散　53
標本分散の分散，正規母集団　73
標本平均　46, 86
標本平均の期待値・平均　46
標本平均の分散 $\sigma_{\bar{X}}^2$　47
標本平均の有効性　87

フィッシャー, R. A.　68, 88, 106, 116, 119, 161
フィッシャーの情報行列　106, 107
フィッシャーの情報量　137
ブートストラップ法　45, 119
プール・データ　192
フォン・ミーゼス, R. E.　1
不均一分散　192
復元抽出　38
複合仮説　114
負の2項分布　228
不偏推定量　85, 187, 191, 195
不偏性　85
不偏性，標本分散　86
不偏性，標本平均　86
不良品調査　34
分散　24
分散，確率変数の和の分散　26

分散，正規母集団の標本分散　73
分散，標本分散　53
分散，標本平均　47
分散共分散行列　107
分散の区間推定　99
分散の比の仮説検定　134
分散分析　80
分配関数　156
分布関数　14
分布収束　30, 109

ペアになっている因子の差の仮説検定　122
平均　21
平均，標本平均　46
平均2乗収束　30
平均の仮説検定　112, 130, 136
平均の区間推定　89, 95
平均の差の仮説検定　120, 132
ベイジアンの仮説検定　142
ベイズ, T.　11
ベイズ推定　155
ベイズの定理　10
ベイズ・ファクター　142
ベータ分布　229
ベーレンス・フィッシャー問題　119, 132
ベリー・エッセンの定理　66
ベルヌーイ, J.　30
ベルヌーイ事象　16, 21, 25
ベルヌーイ事象，自動車を保有　51
ベルヌーイ分布　36, 172, 227
ベルヌーイ分布，最尤法　105
変数の変換　70, 162
変数の見落とし　189

ポアソン分布　88, 157, 228
ホールド, A.　30, 31
母集団　35
母集団回帰式　188
母集団の大きさ　35
母集団パラメター　85
母集団分布　36

母数　38
ほんとんど確実に収束　30

ま　行

マルコフ連鎖モンテ・カルロ法　45, 157

右片側検定　114
右連続関数　15
見本空間　4

無限母集団　35
無作為抽出　38, 44
無作為抽出標本　155
無作為に配分　44
無作為標本　38, 190

メディアン　41

モーメント　25, 168
モーメント条件　209
モーメント推定量　210
モーメント法　46, 210
モーメント母関数　168

や　行

ヤコビアン　70, 75, 79, 97, 165

有意水準　199
有意性検定　116
有限母集団　35
有効性　87, 192
有効性，標本平均　87
尤度　102
尤度，2項母集団　102
尤度，正規分布　102

尤度関数　102, 208
尤度比　108
尤度比検定　135
尤度比検定統計量　136

余事象　4

ら　行

ラプラス，P. S. de　1, 61
ラプラス分布　230
乱数　39
ランダム・サンプル　38

離散確率変数　15, 147
リサンプリング　45
両側検定　114
理論値　178, 180

累積分布関数　14
累積分布関数，正規分布　57
ルーディン，W.　31
ルジャンドル，A. M.　179

レベル α の仮説検定　139
連続確率変数　15

ロジスティック分布　230

わ　行

ワイブル分布　231
割合の区間推定　92
割合の検定　124
割合の差の仮説検定　128
ワルト，A.　138
ワルト検定　138

著者略歴

早見　均(はやみ　ひとし)
- 1988年　慶應義塾大学大学院経済学研究科博士課程単位取得退学
- 1989年　慶應義塾大学産業研究所助手，同研究所助教授，教授を経て
- 2001年　博士（商学）
- 2004年　慶應義塾大学商学部教授

主要著書
宇宙太陽発電衛星のある地球と将来
　　　　（共編著，慶應義塾大学出版会）
The Inter-Industry Propagation of Technical Change
　　（Keio Economic Observatory Monograph）
環境の産業連関分析（共著，日本評論社）
経済成長（共訳，ピアソン桐原）

新保一成(しんぽ　かずしげ)
- 1991年　慶應義塾大学大学院商学研究科博士課程単位取得退学
- 1990年　慶應義塾大学商学部助手，同学部助教授を経て
- 2005年　慶應義塾大学商学部教授

主要著書
地球環境保護への制度設計
　　　　（共編著，東京大学出版会）
入門パネルデータによる経済分析
　　　　（共著，日本評論社）

© 早見　均・新保一成　2012

2012年6月8日　初版発行
2020年2月25日　初版第5刷発行

基礎からの 統 計 学

著　者　早　見　　　均
　　　　新　保　一　成
発行者　山　本　　　格

発行所　株式会社　培風館
東京都千代田区九段南4-3-12・郵便番号 102-8260
電話(03)3262-5256(代表)・振替 00140-7-44725

中央印刷・牧 製本

PRINTED IN JAPAN

ISBN978-4-563-01009-6　C3033